“十二五”职业教育国家规划教材

网页动画制作

总主编　杨　华　李卫东

主　编　李卫东　李　峰

北　京　出　版　社

山东科学技术出版社

图书在版编目（CIP）数据

网页动画制作/李卫东，李峰主编. —济南：山东科学技术出版社,2016. 10
ISBN 978 - 7 - 5331 - 8233 - 5

Ⅰ. ①网… Ⅱ. ①李… ②李… Ⅲ. ①网页—动画制作软件—中等专业学校—教材 Ⅳ. ①TP391. 41

中国版本图书馆 CIP 数据核字(2016)第 091812 号

网页动画制作

主编　李卫东　李　峰

主管单位:北京出版集团有限公司
山东出版传媒股份有限公司
出 版 者:北京出版社
山东科学技术出版社
地址:济南市玉函路 16 号
邮编:250002　电话:(0531)82098088
网址:www. lkj. com. cn
电子邮件:sdkj@ sdpress. com. cn
发 行 者:山东科学技术出版社
地址:济南市玉函路 16 号
邮编:250002　电话:(0531)82098071
印 刷 者:山东金坐标印务有限公司
地址:莱芜市嬴牟西大街 28 号
邮编:271100　电话:(0634)6276023

开本: 787mm × 1092mm　1/16
印张: 12
字数: 270 千
印数: 1 - 2000
版次: 2016 年 10 月第 1 版　2016 年 10 月第 1 次印刷

ISBN 978 - 7 - 5331 - 8233 - 5
定价:27. 80 元

编写说明

随着科技和经济的迅速发展，互联网已成为生产和生活必不可少的一部分，社会、行业、企业对网站建设与管理人才的需求也与日俱增。如何培养满足企业需求的人才，是职业教育所面临的一个突出而又紧迫的问题。目前中职教材普遍存在理论偏重、偏难以及操作与实际脱节等弊端，突出的是以“知识为本位”而不是以“能力为本位”的理念，与就业市场对中职毕业生的要求相左。

为进一步贯彻落实全国教育工作会议精神、《国务院关于加快发展现代职业教育的决定》（国发[2014]19号）、《现代职业教育体系建设规划（2014－2020年）》（教发[2014]6号），北京出版社联合山东科学技术出版社结合网站建设与管理各中职学校发展现状及企业对人才的需求，在市场调研和专家论证的基础上，打造了反映产业和科技发展水平、符合职业教育规律和技能人才培养要求的专业教材。

本套专业教材以该专业教学标准及教学课程目标为指导思想，以中职学生实际情况为根据，以中职学校办学特色为导向，与具体的专业紧密结合，按照“基于工作流程构建课程体系”的建设思路（单元任务教学）编写，根据网站建设与管理的总体发展趋势和企业对高素质技能型人才的要求，构建与网站建设管理专业相配套的内容体系。本系列教材涵盖了专业核心课的各个方向。

本套教材在编写过程中着力体现了模块教学理念和特色，即以素质为核心、以能力为本位，重在知识和技能的实际灵活应用；彻底改变传统教材的以知识为中心、重在传授知识的教育观念。为了完成这一宏伟而又艰巨的任务，我们成立了教材编写委员会，委员会的成员由具有多年职业教育理论研究和实践经验的教育行政人员、高校教师和行业企业一线专业人士担任。从选题到选材，从内容到体例，都以职业化人才培养目标为出发点，制定了统一的规范和要求，为本套教材的编写奠定了坚实的基础。

本套教材的特点具体如下：

一、教学目标

在教材编写过程中明确提出以教育部“工学结合，理实一体”为编写宗旨，以培养知识与技能为目标，避免就理论谈理论、就技能教技能，要做到有的放矢。打破传统的知识体系，将理论知识和实际操作合二为一，理论与实践一体化，体现“学中做”和“做中学”。让学生在做中学习，在做中发现规律、获取知识。

二、教学内容

一方面根据教学目标综合设计新的知识能力结构及其内容，另一方面还要结合新知识、新技术的发展要求增删、更新教学内容，重视基础内容与专业知识的衔接。这样学生能更有效地建构自己的知识体系，更有利于知识的正迁移。让学生知道“做什么”“怎么做”“为什么”，使学生明白教学的目的，并为之而努力，这才能切实提高学生的思维能力、学习能力、创造能力。

三、教学方法

教材教法是一个整体，在教材中设计“单元—任务”方式，通过案例载体来展开，以任务的形式进行项目落实。每个任务以“完整”的形式体现，即完成一个任务后，学生可以完全掌握相关技能，以提升学生的成就感和兴趣。体现以学生为主体的教学方法，做到形式新颖。通过“教、学、做”一体化，按教学模块的教学过程，由简单到复杂开展教学，实现课程的教学创新。

四、编排形式

教材配图详细、图解丰富、图文并茂，引入的实际案例和设计等教学活动具有代表性，既便于教学又便于学生学习；同时，教材配套有相关案例、素材、配套练习及答案光盘以及先进的多媒体课件，强化感性认识、强调直观教学，做到生动活泼。

五、编写体例

每个单元都是以任务驱动、项目引领的模块为基本结构。具体栏目包括任务描述、任务目标、任务实施、任务检测、任务评价、相关知识、任务拓展、综合检测、单元小结等。其中，“任务实施”是教材中每一个单元教学任务的主题，充分体现“做中学”的重要性，以具有代表性、普适性的案例为载体进行展开。

六、专家引领，双师型作者队伍

本系列教材由北京出版社和山东科学技术出版社共同组织国家示范中等职业学校双师型教师编写，参加的学校有中山市中等专业学校、山东省淄博市工业学校、滨州高级技工学校、浙江信息工程学校、河北省科技工程学校等，并聘请山东省教研室主任助理杜德昌、山东师范大学教授刘凤鸣担任教材主审，感谢浪潮集团、星科智能科技有限公司给予技术上的大力支持。

本系列教材，各书既可独立成册，又相互关联，具有很强的专业性。它既是网站建设与管理专业教学的强有力工具，也是引导网站建设与管理专业的学习者走向成功的良师益友。

前　言

Flash 是一款跨平台多媒体动画制作软件，它功能强大，易于上手，具有交互性和流媒体特点，是现今网页动画制作领域最为流行的软件之一。

本书以中等职业学校《网站建设与管理专业教学标准(试行)》为依据编写，以“单元—任务”的方式，通过案例载体展开，是一本知识点详尽、范例充分的 Flash 教程。全书共分 8 个单元，包括初识 Flash CS 6，矢量图形的绘制，文字的编辑与应用，基本动画，高级动画，元件、实例和库，音频和视频的使用，网页动画综合实例。

本书对 Flash CS 6 的讲解从实例着手，图文并茂，由浅入深，采用任务式的讲解方式，可以帮助读者更好地理解制作思路，更细致地处理作品；同时，利用“相关知识”详尽地对实例中包含的知识点进行讲解，让读者在体会实例制作效果之余，更为扎实地理解相关知识点；在各任务后提供了“任务拓展”，来帮助读者熟练掌握任务内容；单元后的“综合测试”则让读者进一步巩固已掌握的知识点，以便能够更好地理解和应用 Flash。本书提供配套光盘，其中包括书中实例用到的素材、源文件和课后拓展练习的源文件。

本书适合作为中等职业学校网站建设与管理专业学生的专业技能课教材，也适合于 Flash 初中级用户、Flash 动画设计与制作人员、动画制作培训班学员使用。

本教材由李卫东、李峰主编，侯卫芹、杨倩宇、张金玲、白雯雯担任副主编，商和福、陆宏菊、李晨、贾成安、刘煜参与编写。

本书编写中查阅了大量相关教材及设计实例，对相关作者及技术人员表示感谢。由于编者水平有限，且编写任务重、时间紧，书中一定存在疏漏甚至错误，请读者不吝指出，以便再版修正，不胜感谢！

编　者

目录

CONTENTS

单元一　初识 Flash CS 6

单元概述

Flash 是一款交互式矢量多媒体制作软件,基本功能就是制作动画。目前 Flash 已被广泛用于应用程序创建,它们包含丰富的视频、声音、图形和动画。现在最新的软件版本是 Adobe Flash CS 6,为创建数字动画、交互式 Web 站点、桌面应用程序以及手机应用程序开发提供了功能全面的创作和编辑环境。

本单元旨在介绍 Flash 的基本概念、应用领域和界面介绍及基本操作,让学生熟悉软件的工作环境。

任务1 初识 Flash CS 6

任务描述

学习 Flash CS 6 的基础知识和相关术语，学会查看 Flash 的工作界面。

任务目标

- 能够熟悉 Flash CS 6 的软件界面，掌握面板选项设置。

任务分析

本任务是学习 Flash CS 6 软件的基础课程。要求在对计算机操作系统有基本操作能力的基础之上，充分熟悉 Flash CS 6 的工作界面。

任务实施

一、任务准备

Flash CS 6 软件。

二、任务实施

步骤1：启动 Flash CS 6 软件。单击任务栏中的【开始】|【程序】|Adobe | Adobe Flash Professional CS 6 命令或者双击桌面上的快捷方式图标，都可以启动 Flash CS 6 软件，如图1－1－1所示。

步骤2：新建一个文档，将出现 Flash CS 6 的工作界面。如图1－1－2所示。

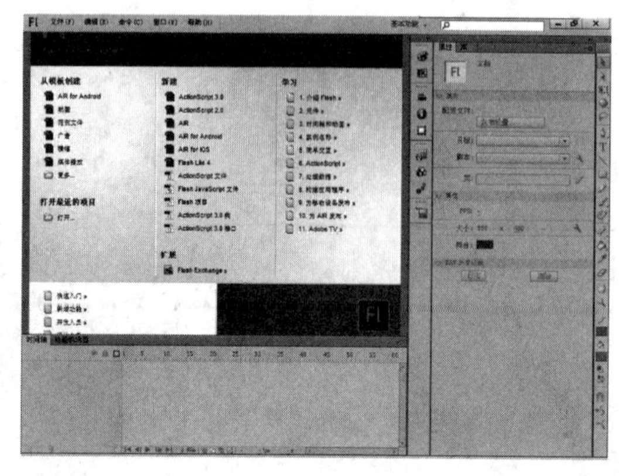

图1－1－1　Flash CS 6 启动向导对话框

图1－1－2　Flash CS 6 工作界面

步骤3：点击菜单栏中间的 基本功能 ▾ 按钮，设置工作界面为：传统。如图 1－1－3 所示。

步骤4：查看左侧的工具栏面板，点击 矩形工具(R) 矩形工具按钮，绘制一个默认设置的矩形。如图 1－1－4 所示。

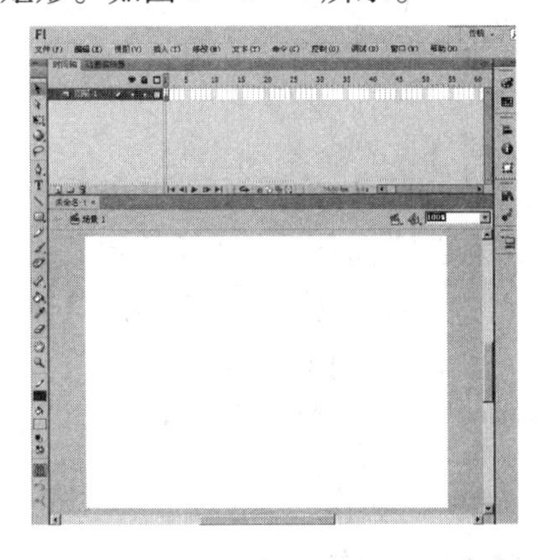

图 1－1－3　设置为传统视图方式

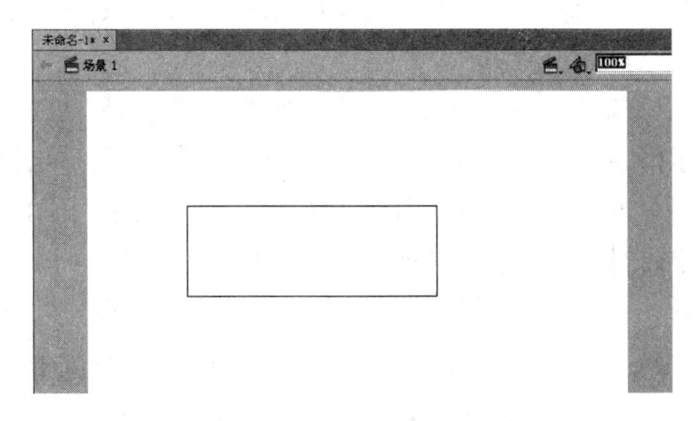

图 1－1－4　基本矩形的绘制

步骤5：使用工具箱中的 ╲ 线条工具，继续绘制小房子，如图 1－1－5 所示。

步骤6：使用快捷键【Ctrl＋Enter】，播放影片。如图 1－1－6 所示。

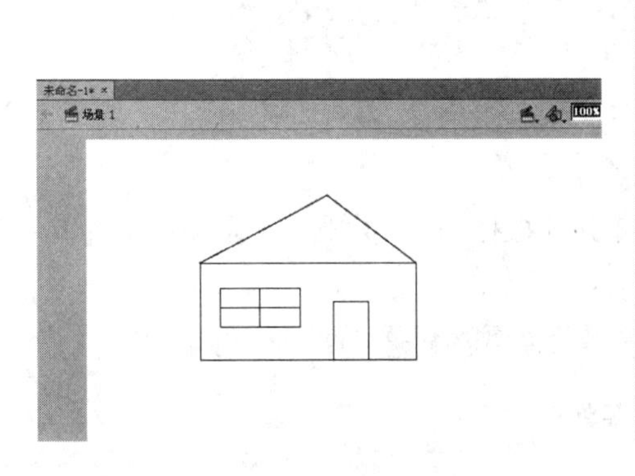

图 1－1－5　基本工具绘制的小房子

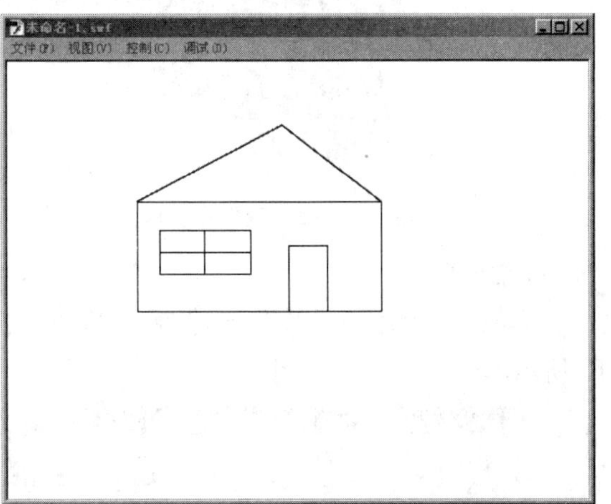

图 1－1－6

任务评价

评价项目	评价要素
创建文件	会新建文件
属性设置	设置工作界面为：传统模式
基本绘制	能掌握矩形工具的基本使用方法

相关知识

Flash 的工作界面

Flash 的工作界面由标题栏、菜单栏、工具栏、时间轴、工具栏、工作区域、属性面板以及其他浮动面板组成。熟悉并掌握工作界面是进行 Flash 操作的基础,接下来便对工作界面中各个组成部分的作用以及使用方法进行讲述。

1. 标题栏

Flash 软件的标题栏位于工作界面最顶端,自左向右分别显示软件图标、适用选项、搜索框,以及用于控制工作窗口的 3 个按钮:【最小化】【最大化】(向下还原)、【关闭】。其中单击最左侧的软件图标,可以弹出一个用于对工作窗口进行【还原】【移动】【大小】【最小化】【最大化】和【关闭】操作的下拉列表,如图 1-1-7、1-1-8、1-1-9 所示。

图 1-1-7　标题栏

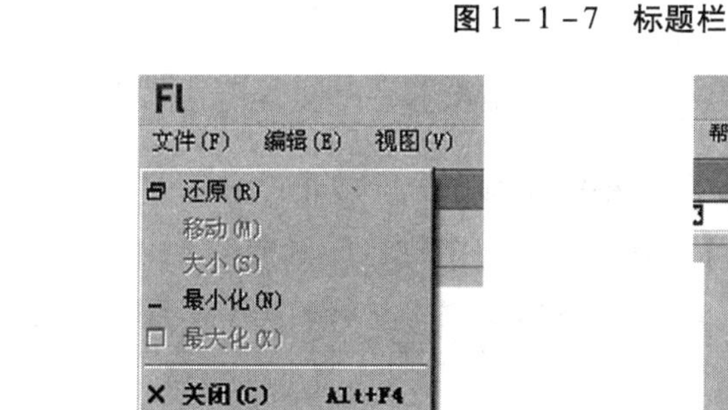

图 1-1-8　软件图标展开

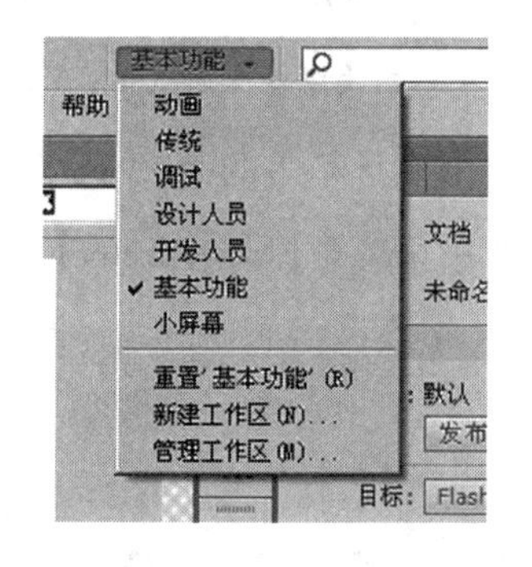

图 1-1-9　适用选项

2. 菜单栏

菜单栏处于标题栏的下方,包括了 Flash 大部分的操作命令,共有 11 项,如图 1-1-10 所示。

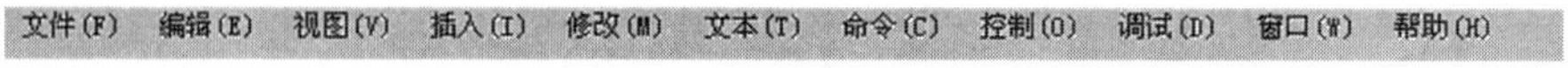

图 1-1-10　菜单栏

【文件】:该菜单主要用于操作和管理动画文件,包括比较常用的新建、打开、保存、导入、导出、发布等。

【编辑】:该菜单主要用于对动画对象进行编辑操作,如复制、粘贴等。

【视图】:该菜单主要用于控制工作区域的显示效果,如放大、缩小以及是否显示标尺、网格和辅助线等。

【插入】:该菜单主要用于向动画中插入元件、图层、帧与关键帧、场景等。

【修改】:该菜单主要用于对目标对象进行各项修改,包括变形、排列、对齐以及对位图、元件、形状进行各项修改等。

【文本】:该菜单主要用于对文本进行编辑,包括大小、字体、样式等属性。

【命令】:该菜单主要用于管理和运行,通过历史面板保存的命令。

【控制】:该菜单主要用于控制影片播放,包括测试影片、播放影片等。

【调试】:该菜单主要用于对影片进行调试、远程调试。

【窗口】:该菜单主要用于控制各种面板的显示与隐藏,包括时间轴、工具栏以及各浮动面板等。

【帮助】:该菜单提供了 Flash 的各种帮助信息。

3. 工具栏

使用快捷键【Ctrl + F2】,可以打开和隐藏工具栏。如图 1 - 1 - 11 所示。

4.【时间轴】面板

【时间轴】面板包含两个区域,一个是左侧的图层操作区,另一个是右侧的帧操作区域,如图 1 - 1 - 12 所示。

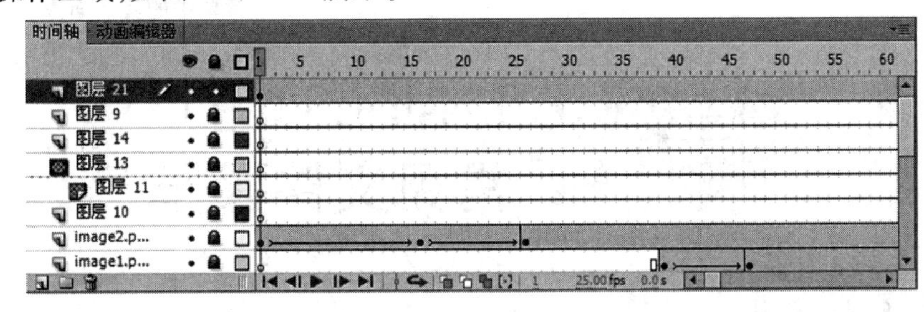

图 1 - 1 - 12 时间轴面板

图层操作区中的图层由上到下排列,上面图层中的对象会叠加到下面图层的上方,在图层操作区,可以对图层进行各项操作,如创建图层、删除图层、显示和锁定图层等。

【时间轴】面板的右侧为帧操作区域,Flash 动画是按照在时间轴中由左向右顺序播放的,每播放一格即是一帧,一帧对应一个画面,在对动画进行编辑操作时也就是对帧操作区域的帧进行编辑,帧包括插入帧、删除帧、复制帧、粘贴帧、创建补间动画等。

图 1 - 1 - 11 工具栏

5. 工作区域和舞台

系统默认下,Flash 中心白色的区域为动画对象演出的舞台,在 Flash 中舞台是展示动画的一个区域,也是最终导出影片实际显示的区域。如果在舞台外有动画对象,那么在最终导出影片中将不会显示出来,根据动画的需求,可以对 Flash 舞台长、宽、背景颜色进行更改。

工作区域相当于"后台",它是环绕在舞台外面的灰色部分,该区域的动画对象在影片播放时不会显示。如图 1 - 1 - 13 所示。

6. 其他面板

除以上常见面板之外,其他面板的打开与隐藏在【窗口】菜单。如图 1 - 1 - 14 所示。

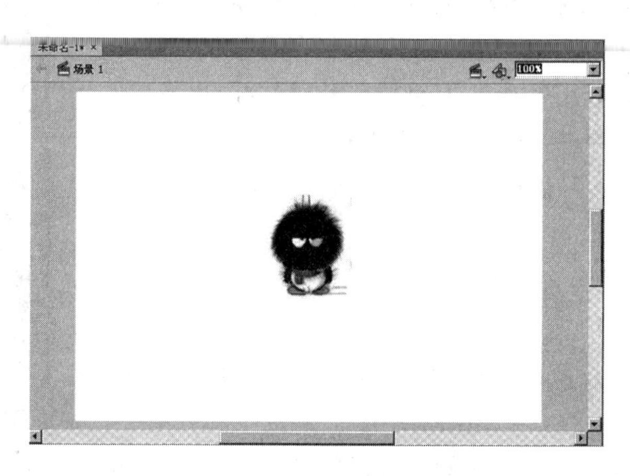

图 1－1－13　工作区域

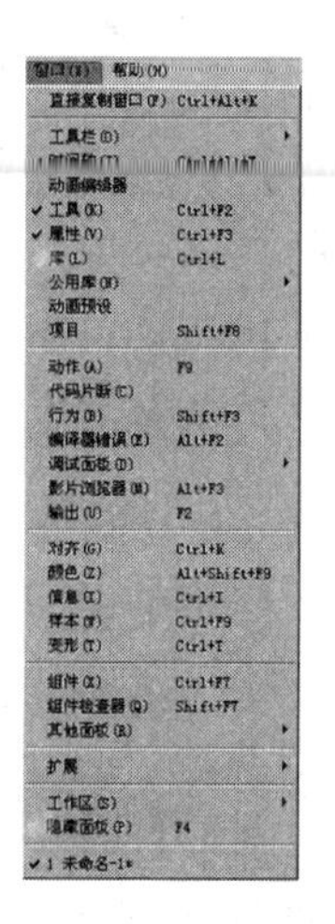

图 1－1－14　窗口菜单中的其他面板

Flash CS 6 的常见文件操作

任务描述

学习 Flash CS 6 的常用文件操作，重点是文件的创建与打开、保存和常见属性设置。

任务目标

- 能进一步地设置 Flash CS 6 的工作界面。
- 能掌握常用文件操作方法，包括创建、打开、保存、关闭文件。

任务分析

在前面学习的基础上，为下一步工作任务的学习做衔接准备，学会文件的基本操作并对各项参数设置有所掌握，尤其是帧频的设置。

任务实施

一、任务准备

Flash 软件。

二、任务实施

步骤 1：启动 Flash CS 6，选择 

按钮，新建一个文件。如图 1－2－1 所示。

图 1-2-1　新建文件

步骤 2：点击【文件】菜单中的【另存为】命令，将文件保存在磁盘，文件名：我的第一个 Flash 练习。点击【保存】按钮。

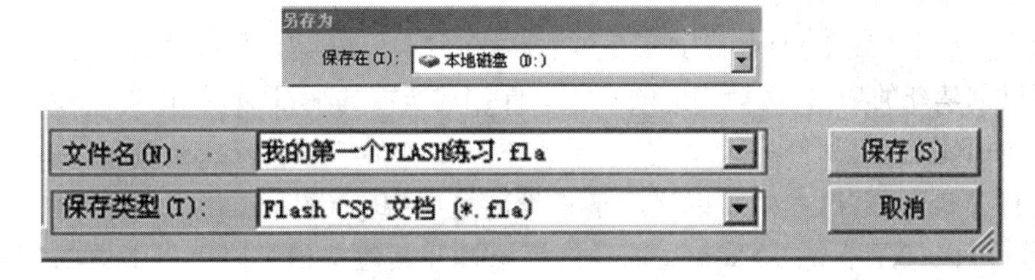

图 1-2-2　保存文件

步骤 3：使用快捷键【Ctrl + J】，打开文件属性面板，进行如下设置，如图 1-2-3 所示。

步骤 4：打开【窗口】菜单，点击【动作】命令，打开【动作】活动面板，点击，折叠这个面板为，将其合并至其他面板折叠区，如图 1-2-4 所示。

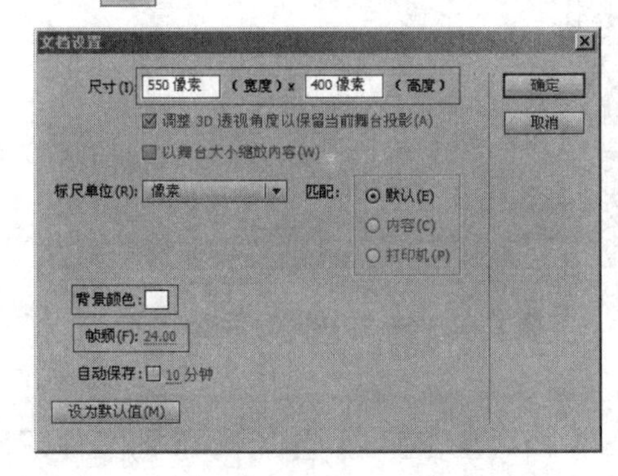

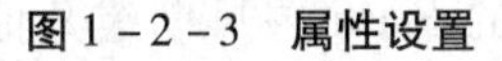

图 1-2-3　属性设置

图 1-2-4　面板的打开与移动

步骤 5：关闭文件，选择保存。

步骤 6：打开磁盘上的文件：我的第一个 Flash 练习.fla。查看面板布局。

任务评价

评价项目	评价要素
创建文件	能够新建文件,并保存在指定位置
面板操作	能够打开、隐藏、折叠面板

相关知识

一、Flash 文件的操作

1. 创建、打开、关闭 Flash 文档

创建与打开 Flash 文档是启动 Flash 后首先要进行的操作,方法与其他大部分应用软件类似,但是它也有其本身的一些特点。在 Flash 中的文档可以通过启动向导对话框进行创建与打开,也可以通过菜单命令创建与打开。

(1)从启动向导创建与打开 Flash 文档

启动 Flash 后,首先 Flash 启动向导对话框,在此不仅可以打开最近编辑过的 Flash 文档,还可以创建新的项目、选择相应的模板文件创建所需的项目,如图 1-2-5 所示。

(2)打开最近项目

在【打开最近项目】一栏可以显示最近编辑过的 10 个 Flash 文档,单击相应的 Flash 文档名称,可以打开相应的 Flash 文档。如果想打开其他文档可以单击下方的【打开】命令,弹出【打开】对话框,从中可以选择所要打开的 Flash 文档,如图 1-2-6 所示。

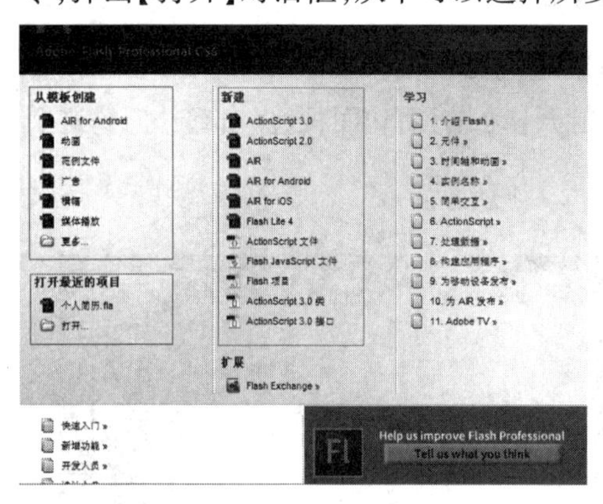

图 1-2-5 启动向导对话框

图 1-2-6 “打开”对话框

(3)创建新项目

从【新建】一栏中可以选择所要创建的 Flash 文档类型,建一个空白 Flash 的文件,默认名称为“未命名-1”。此外用户还可以通过其他类型的 Flash 项目创建其他类型的文档,如选择【Flash 幻灯片演讲文稿】将创建出新的 Flash 幻灯片,选择【Flash 表单应用程序】将创建出新的 Flash 表单动画。

(4)从模板创建

在【从模板创建】这一栏提供了多个内置的 Flash 模板类型文件供用户选择,单击其中的模板则会弹出【从模板创建】对话框,在此用户可以选择自己喜欢的模板,如图 1-2-7所示。选择模板后单击"确定"按钮创建出套用此模板类型的 Flash 文档。

(5)通过菜单命令打开与创建 Flash 文档

除了可以使用前面介绍的从启动向导打开或创建 Flash 文档外,还可以通过单击菜单栏中的相关命令打开已有的 Flash 文档或创建出新的 Flash 文档。

(6)打开最近编辑过的 Flash 文档

单击菜单栏中的【文件】|【打开最近的文档】命令后,会弹出最近编辑过的 10 个文档的菜单,如图 1-2-8 所示,选择 Flash 文档的名称,则在 Flash 工作界面中打开相应的 Flash 文档。

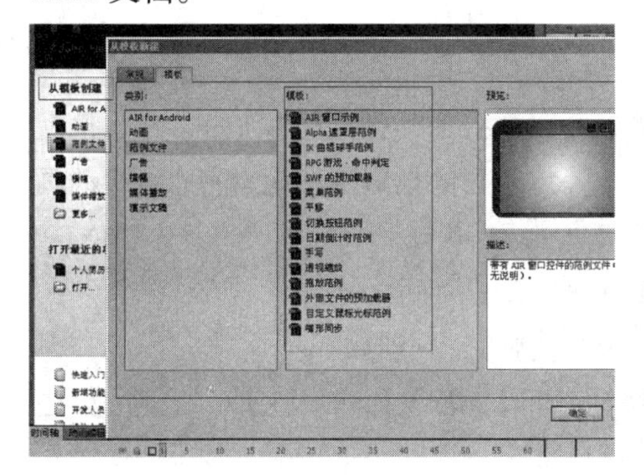

图 1-2-7 由模板创建 Flash 文档

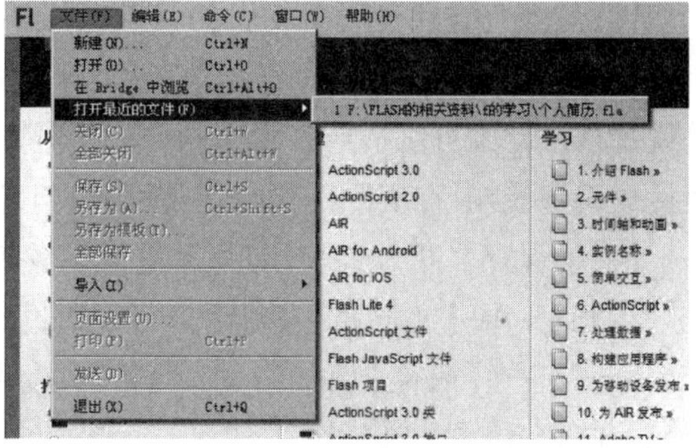

图 1-2-8 打开最近的文件

(7)打开文档

如果想打开其他的 Flash 文档,可以单击菜单栏中的【文件】|【打开】命令,弹出【打开】对话框,从中可以选择所要打开的 Flash 文档。

(8)创建新文档

如果想要在当前编辑的工作文档中创建一个新的 Flash 文档,可以单击菜单栏中的【文件】|【新建】命令,弹出【新建文档】对话框,在此对话框中选择所需的 Flash 文档类型文件,从而创建该类型的 Flash 文档。

2. 保存编辑过的文档

Flash 动画制作完成后需要将其文件保存,以便日后修改编辑,此外在编辑动画的过程中为了防止因发生意外而造成数据丢失,需要养成随时保存的好习惯,当然为了以防万一,最好的方法是将编辑的 Flash 文档另存一份新的文件,也就是对此文件进行备份。保存 Flash 文档非常简单,只需要单击菜单栏

图 1-2-9 保存对话框

中的【文件】|【保存】命令，弹出【另存为】对话框，如图 1－2－9 所示。在此对话框的【保存在】下拉列表中可以选择动画文件保存的路径，在【文件名】输入框中可以输入所要保存文件的名称，然后单击 保存(S) 按钮，即可将制作的动画文件保存。

3. 设置影片属性

通常情况下，在制作 Flash 动画时，首先要做的工作就是设置文档的属性，包括舞台区域的大小、舞台的背景颜色、动画的帧频等，文档属性的设置通过【文档属性】对话框来完成，如图 1－2－10 所示，设置相应的参数后，单击 确定 按钮，完成动画文档属性的设置。

【尺寸】：用于设置舞台的宽度与高度的参数值，其单位为 px（像素）。

【标尺单位】：从此下拉列表中可以选择舞台宽、高的单位标尺，通常都是选择默认的“像素”。

【背景颜色】：用于设置舞台的背景颜色。

【帧频】：用于设置动画的播放速度，其单位为 fps，是指每秒钟动画播放的帧数，也就是说每秒钟动画可以播放多少个画面，其参数值越大，动画的播放速度就越快，同时动画也播放得越流畅，在实际工作时通常可以将其设置为每秒 30 帧。

【自动保存】：指软件使用过程中，可设置其自动保存的时间。

在 Flash 中，【文档属性】对话框可以通过 3 种方法弹出，分别如下：

方法一：在【属性】面板中的“设置”图标按钮，可以弹出【文档属性】对话框。如图 1－2－11所示。

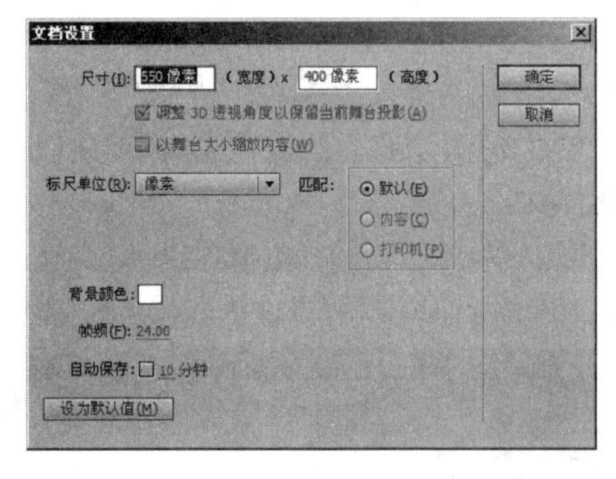

图 1－2－10　影片属性对话框

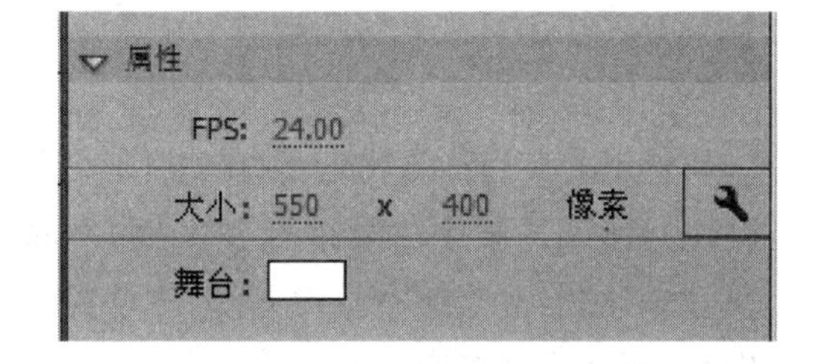

图 1－2－11　属性面板设置

方法二：在舞台空白位置单击鼠标右键，在弹出的菜单中选择【文档属性】命令，可以弹出【文档属性】面板。

方法三：单击菜单栏中【修改】|【文档】命令或【Ctrl + J】键，可以弹出【文档属性】面板。

4. 工作区的显示

在 Flash 动画创作的过程中，对于显示不清晰的对象，应该将其放大显示，从而进行细致的调整；对于场景过大的动画对象，则需要缩小工作区域，从而方便查看动画对象的整

体布局，工作区域的显示主要通过工具栏中的【缩放工具】或者单击【编辑栏】右侧的

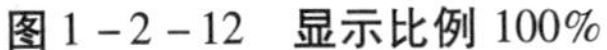

下拉列表，在弹出的下拉列表中进行设置，如图 1－2－12、图 1－2－13 所示。

图 1－2－12　显示比例 100%

图 1－2－13　显示比例 400%

5. Flash 面板操作

在 Flash 工作界面中有很多的工作面板，如【时间轴】面板、【属性】面板以及右侧的浮动面板。但是实际工作中不可能将这些面板全部都打开，而且在 Flash 工作界面中也无法全部显示这么多的面板，所以合理地安排这些面板就显得尤为重要。用户可以根据工作需要对这些面板进行合并/分离、收缩/展开等操作，还可以将面板拖动到界面中的任意位置，与其他面板进行随意地组合。

(1)收缩/展开工作面板

为了节省工作空间，可以将不常用的面板暂时收缩起来，需要使用时可以再将其展开。

面板的收缩/展开只需要单击相应的"面板"图标即可，如图 1－2－14 所示。

(2)合并/分离工作面板

Flash 工作界面中的面板是按照默认的方式排列的，用户也可以按照自己的需要安排各个面板的布局，从而打造自己个性化的空间。

当把鼠标移至面板左侧处，拖动鼠标左键则整个面板将随着鼠标也被拖动，松开鼠标左键，工作面板被拖动到松开鼠标的位置。

(3)合并/分离工作面板

如果是从右侧的面板组区域拖动面板到工作区域中，则此面板会被单独分离出来。

(4)关闭面板

在平时工作中可将一些不需要的面板关闭，从而节省屏幕的空间。关闭面板的操作很简单，可以在面板的蓝色标题上单击鼠标右键，或者在面板右上角处单击鼠标右键，在弹出的菜单中选择【关闭面板】命令，即可将工作面板关闭。

6. 定义工作布局

在 Flash 中可以根据自己的工作习惯将常用的面板布局保存为命令的形式，当面板组的布局被改变后，可以通过命令恢复自己的面板组布局。可单击【窗口】菜单的【工作区】命令，进行常见工作区设置的选择，及符合自己使用习惯的工作区的创建及管理。如图1－2－15 所示。

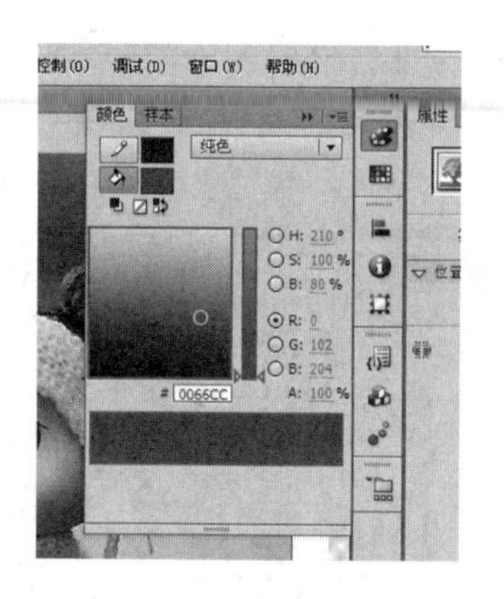

图 1－2－14　颜色面板的打开

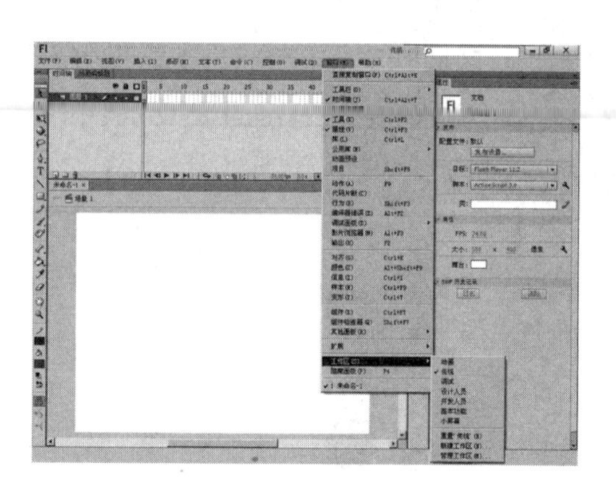

图 1－2－15　自定义工作区布局

任务拓展

Flash 中的几个概念

1. 位图图像和矢量图形

电脑图像分为“点阵图”(Bitmap images)和“矢量图”(Vector graphics)。“点阵图”(Bitmap images)也叫位图。

在 Flash 中,可以使用位图,也可以使用矢量图。

位图主要是导入外部位图文件,而矢量图可以在 Flash 中使用绘图工具绘制,也可以导入外部的矢量图形文件。

(1)位图

计算机中使用的图片大多数都是位图图像。位图图像是由数字阵列信息组成,从而以描述图像中各像素点的明亮度与颜色,适合于表现含有大量细节(如明暗变化、场景复杂和多种颜色等)的画面,并可直接、快速地在屏幕上显示出来。位图占用存储空间较大,一般需要进行数据压缩,而且最重要的一个特点是它们在缩放时清晰度将会降低,并且明显出现锯齿,如图 1－2－16 所示。位图有多种文件格式,常见的有 BMP、TIFF、JPEG、PNG、GIF、DLB、PIC、PCX、TGAT 等。

位图在放大后,清晰度降低,出现锯齿,请大家看图 1－2－16 和图 1－2－17 的区别。

图 1－2－16　100% 显示时的位图

图 1－2－17　400% 显示下的位图

位图是一连串排列的像素组合而成的，因此都有分辨率。分辨率代表单位面积内所包含的像素数，一般是以每英寸含多少个像素来计算的（像素/英寸），分辨率越高，在单位面积里的像素数就越多，图像也越清晰，同时，图像容量也越大，反之，则出现图像模糊或产生锯齿边缘以及色调不连续等情况。

由于位图的每一个元素并不是独立的物件，不能单独编辑位图文件里的物件。另外，由于位图文件体积较大，在 Flash 中位图一般用于制作动画背景图像，而不适合制作动画。

（2）矢量图

矢量图是用一组指令集合来描述图形的内容，这些指令用来描述构成该图形的所有直线、圆、圆弧、矩形、曲线等的位置、维数和形状。矢量图要有专门的软件来描述矢量图形的指令，然后转换成在屏幕上显示的形状和颜色。使用矢量图的一个很大的优点就是可以非常方便地对矢量图进行移动、缩放、旋转和扭曲等变换。矢量图和分辨率无关，矢量图容量都很小，并且放大不会失真，因此非常适合网络传输，如图 1－2－18 和图 1－2－19所示。因此，在 Flash 中，矢量图适合绘制轮廓清晰的图形（例如人物、动物以及各种卡通图）来充当各种角色。

图 1－2－18　100% 显示下的矢量图

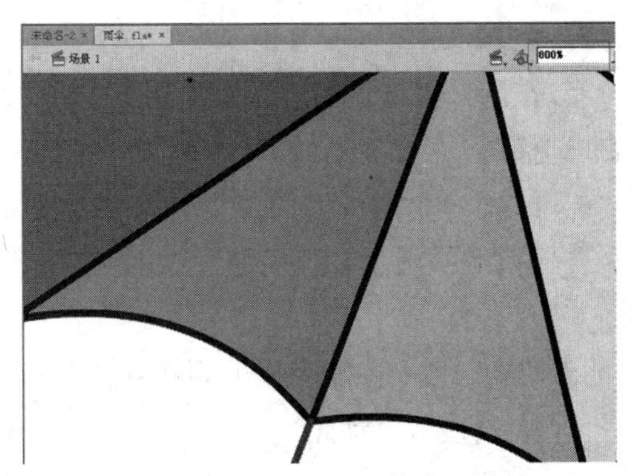

图 1－2－19　800% 显示下的矢量图

2. 动画和帧

动画并不是时时刻刻都在动，而是由一系列画面连续播放，给视觉上造成连续变化的图像。它的原理与电影、电视一样，都是视觉暂留原理。人类的眼睛看到一幅画或一个物体后，在$\frac{1}{24}$ s 内不会消失。利用这一原理，在一幅画还没消失前播放出下一幅画，就会给人造成一种流畅的视觉变化效果。

Flash 中的动画也是由一幅幅图像连续快速地播放而形成的视觉现象，其中每一幅画面叫作动画的“帧”，每秒钟可以播放多少个画面，也就是每秒钟可以播放多少帧，我们把每秒钟播放的画面数叫作“帧数率”或“帧频”。这个“帧数率”用于表示动画的播放速度，此参数值越大，播放速度越快，同时动画效果也就越平滑；反之值越小，播放速度越慢，同时动画效果也就越停顿，但是“帧数率”值并不是越高越好，通常“帧数率”的参数值超过 30 帧/秒以后基本看不出什么停顿，所以建议 Flash 的“帧数率”参数值不应超过30 帧/秒。

单元小结

本单元旨在介绍 Flash 软件的相关知识,进入 Flash 的奇妙世界,了解 Flash 在各方面的应用和发展前景,掌握基本文件操作和界面使用,学习相关术语尤其是动画工作原理术语,这有利于你在观看 Flash 短片时加入自己的思考。

综合测试

一、填空题

1. 电脑图像分为“点阵图”(Bitmap images)和“矢量图”(Vector graphics)。“点阵图”(Bitmap images)也叫__________。
2. 菜单栏中__________菜单主要用于控制各种面板的显示与隐藏,包括时间轴、工具栏以及各浮动面板等。
3. 快捷键【Ctrl + F2】,可以打开和隐藏__________。
4. Flash CS 6 的源文件格式后缀是. fla,发布的影片格式后缀是__________,脚本后缀是. as。
5. 在制作 Flash 动画的过程中,可以按快捷键__________快速播放影片。

二、选择题

1. (　　)是用一组指令集合来描述图形的内容,这些指令用来描述构成该图形的所有直线、圆、圆弧、矩形、曲线等的位置、维数和形状。
   A. 位图　B. 动态图　C. 矢量图　D. 静态图形
2. Flash CS 6 不能完成下列哪项任务?(　　)
   A. 创建数字动画　B. 对 FTP 站点上传下载文件
   C. 开发交互式 Web 站点　D. 手机应用程序开发
3. 下列哪种方式不是用来新建文件的?(　　)
   A. 使用快捷键【Ctrl + O】
   B. 在软件的欢迎界面点选新建文件
   C. 使用快捷键【Ctrl + N】
   D. 单击菜单栏中的【文件】|【新建】命令
4. 标尺、网格、辅助线等命令在(　　)菜单栏里。
   A. 文件　B. 编辑　C. 视图　D. 文本
5. 由于人类眼睛的视觉暂留,创建的 Flash 动画一般每秒帧数低于(　　)就会出现视觉停顿的现象。
   A. 29.7　B. 27　C. 25　D. 24

单元二　矢量图的绘制

单元概述

Flash 主要是用矢量图来制作动画的软件,动画中所使用的图片虽然可以从外部导入并进行加工处理,但是使用 Flash 绘图工具进行绘制不仅可以更加符合动画作者的创作初衷和意图,而且在修改维护等方面也有一定的优势。同时 Flash 的绘图工具简单、实用,与 Adobe 的其他图形绘制软件一样提供了丰富的图形绘制方法。

Flash CS 6 工具箱中的主要工具有如下这些:

选取调整类工具:【选择工具】、【部分选取工具】、【任意变形工具】、【3D 旋转工具】、【套索工具】。

图形绘制文字编辑类工具:【钢笔工具】、【文本工具】T、【线条工具】、【矩形工具】、【铅笔工具】、【刷子工具】、【Deco 工具】。

图形动画辅助类工具:【骨骼工具】、【颜料桶工具】、【滴管工具】、【橡皮擦工具】。

查看类工具:【手形工具】、【缩放工具】。

颜色属性定义:【笔触颜色】、【填充颜色】、【黑白】、【交换颜色】。

任务1 绘制雨中的伞

任务描述

使用 Flash CS 6 的【线条工具】勾勒雨伞的骨架，然后用【颜料桶工具】给雨伞填充颜色，并用【铅笔工具】的虚线属性绘制雨丝。重点学习和了解 Flash CS 6 的【线条工具】和【颜料桶工具】。绘制效果如图 2－1－1 所示。

图 2－1－1　绘制雨伞效果图

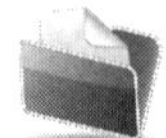

任务目标

- 学习了解 Flash CS 6 的【线条工具】【颜料桶工具】。
- 能定义【线条工具】的属性和样式，并绘制形状。
- 会使用【颜料桶工具】对封闭或有空隙的区域进行颜色填充。
- 会用【铅笔工具】绘制线条，并能够定义【铅笔工具】的属性。

任务分析

绘制雨伞的任务主要是为了快速掌握 Flash CS 6 的线条和颜料桶工具，也就是用鼠标绘制雨伞，其中的难点主要是线条的调整，线条工具、颜料桶工具、铅笔工具的属性设置。

任务实施

一、任务准备

Flash 软件。

二、任务实施

步骤1:打开 Flash CS 6 软件,点击欢迎屏幕中新建一栏的 Action Script 3.0 选项,建立一个新文件,右单击文档的空白处在弹出菜单选择【文档属性】或者按键盘上的【Ctrl + J】快捷键打开文档属性,宽度设置为【550】像素,高度设置为【400】像素,其他默认如图 2-1-2 所示。

步骤2:在工具箱选择【线条工具】,则属性面板显示【线条工具】的相关属性,可以在属性设置面板中进行【线条工具】的属性选项设置。如图 2-1-3 所示。

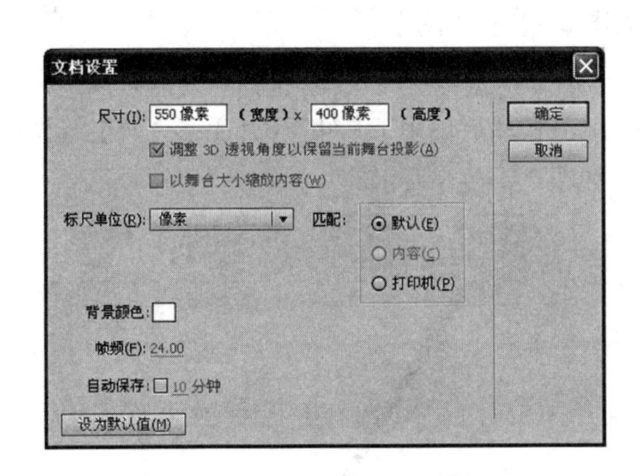

图 2-1-2 文档属性设置

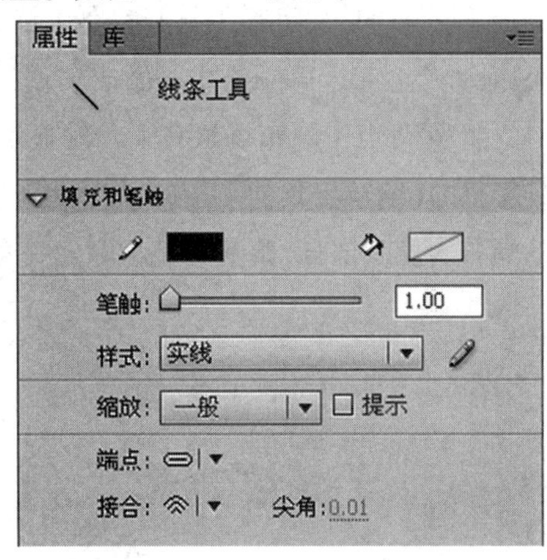

图 2-1-3 线条工具的属性面板

步骤3:在画布上按住鼠标拖动,画出一条横线条,然后用【选择工具】点选刚刚画出的线条,选中后线条呈现麻点状,然后按【Ctrl + D】快捷键复制一个线条出来,当然复制粘贴的动作也可以在点选线条之后用【Ctrl + C】【Ctrl + V】来完成。

注意,在绘制线条选择【线条工具】之后,要确保工具箱最后一组工具中的【对象绘制】是未被选中的状态,这样绘制出来的线条是一个形状而不是一个对象的属性。

绘制的线条和复制的线条如图 2-1-4 所示。

图 2-1-4 线条工具绘制线条并复制

步骤4:点选工具箱里的【选择工具】,将鼠标靠近第一条线条的中间,鼠标的尾部会出现一个弧形标志,表示拖拽可以使线条变弯。单击选中线条可以拖动线条的位置。使用【选择工具】将两条线条变形成如图 2-1-5 所示。

步骤5：将鼠标靠近第二条线条的中间部位，当鼠标尾部出现弧形的时候，按住Ctrl并往下方拖拽，可以将线条拖拽出一个尖角来。然后依次在线条的四分之一和四分之二处用同样的方法拖拽三个尖角出来，作为伞边。如图2－1－6所示。

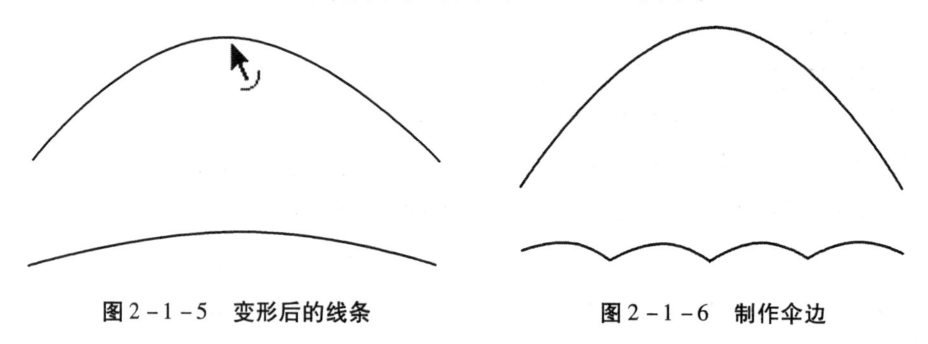

图2－1－5　变形后的线条　　　　图2－1－6　制作伞边

步骤6：使用【选择工具】双击选中做成的伞边，选中整条线条，然后用【选择工具】拖动伞边靠近第一条线条做成伞顶。如图2－1－7所示。

步骤7：点击画布场景右上角的显示比例菜单，将显示比例调整到800%，或者使用工具箱里的【缩放工具】，点击放大画布显示比例，然后使用工具箱里的【手形工具】调整画布的显示部分，调整到显示伞的一角。如图2－1－8所示。

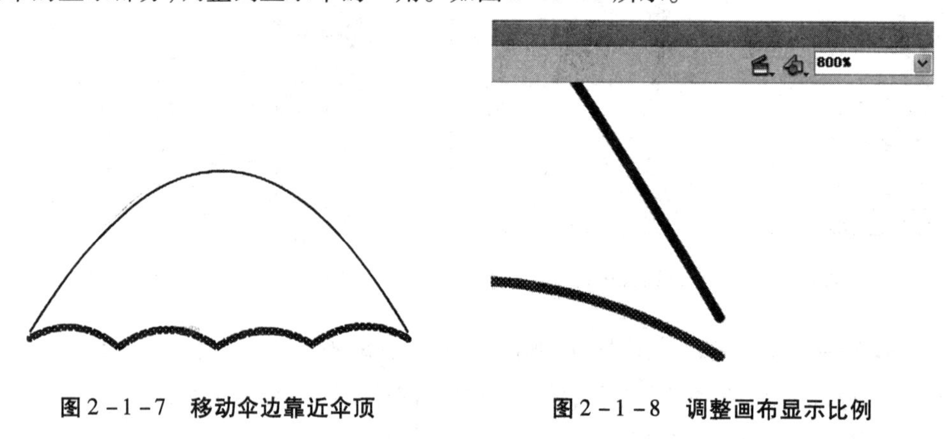

图2－1－7　移动伞边靠近伞顶　　　　图2－1－8　调整画布显示比例

步骤8：使用【选择工具】，并选中工具箱中的【贴紧至对象】选项，用鼠标靠近伞顶线段的端点，当鼠标尾部显示一个折线图标的时候点击伞顶线端点移向伞边线条的端点，从而使得两条线条接合起来，用同样的方法将伞顶线条的另一端与伞边线条接合起来，形成封闭的伞头部区块，然后使用【缩放工具】并按住【Alt】键缩小显示比例至100%。如图2－1－9所示。

步骤9：绘制伞柄直杆。使用【线条工具】在伞一侧绘制一条竖直的线条，然后用【选择工具】移动到伞中央。注意，移动伞杆线条的之前选中【贴紧至对象】选项，为了保证伞杆与伞顶接合，可放大显示比例查看，伞竖杆是否与伞顶接合好。绘制完竖杆之后的伞如图2－1－10所示。

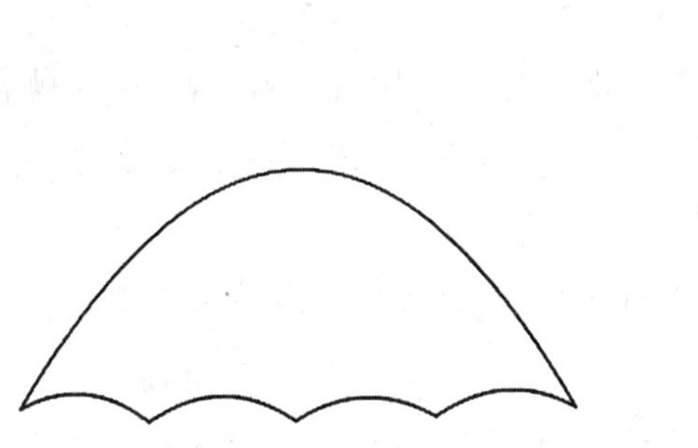

图 2-1-9 伞顶伞边线条接合

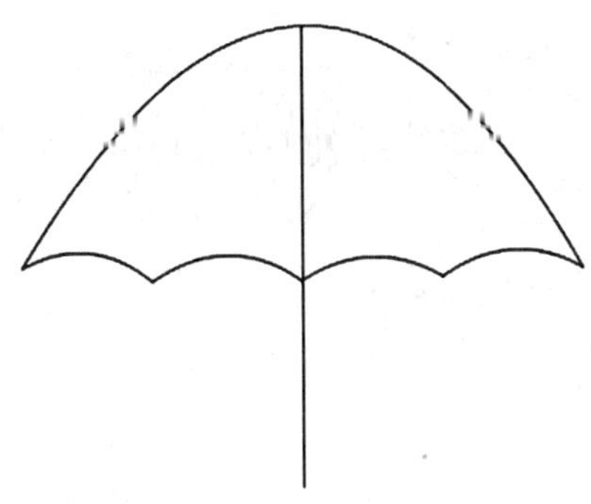

图 2-1-10 绘制好竖杆的伞

步骤 10:绘制伞手柄。使用【线条工具】绘制线条,并使用【选择工具】调整弯曲成手柄的形状,然后移动至伞竖杆的底部接合好。如图 2-1-11 所示。

步骤 11:绘制伞顶骨架。选中【贴紧至对象】选项,使用【线条工具】绘制伞的骨架,并使用【选择工具】调整骨架两头的位置,使得骨架线条与线条两头接合好。如图 2-1-12 所示。

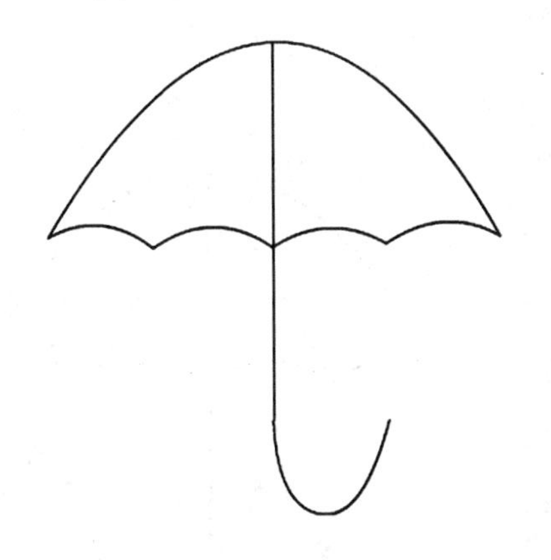

图 2-1-11 绘制好伞手柄

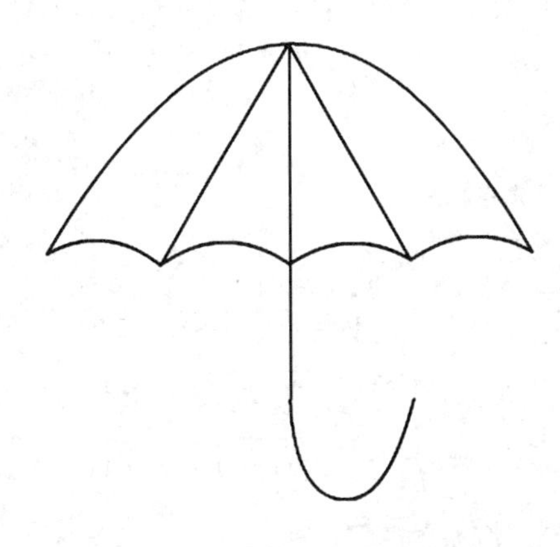

图 2-1-12 绘制伞的骨架

注意,单击工具栏中的【选择工具】按钮后,在工具栏的下方会弹出相应的选项设置。如图 2-1-13 所示。

图 2-1-13 选择工具对线条操作的选项

特别提示

【贴紧至对象】：前面介绍的【线条工具】中的选项设置相同，该按钮的作用与磁铁类似，如果此按钮被选中，表示此功能被激活，此时拖动对象，当拖动的对象靠近其他对象时会自动吸附。

【平滑】：用于简化选择曲线，单击该按钮，可以将所选线条的弯曲处变得比较光滑。

【伸直】：与【平滑】按钮使用相同，不过不是平滑曲线，而是将线段变直。单击该按钮，可以将所选线条的弯曲处变得比较尖锐。

步骤 12：给伞柄加颜色。点击工具箱中【颜料桶工具】右下角的小三角，可以选择【墨水瓶工具】，然后如图 2 - 1 - 14 所示定义墨水瓶的属性。

定义完墨水瓶属性之后，使用【墨水瓶工具】在伞柄位置点击鼠标给伞柄上色并加粗显示，完成后的效果如图 2 - 1 - 15 所示。

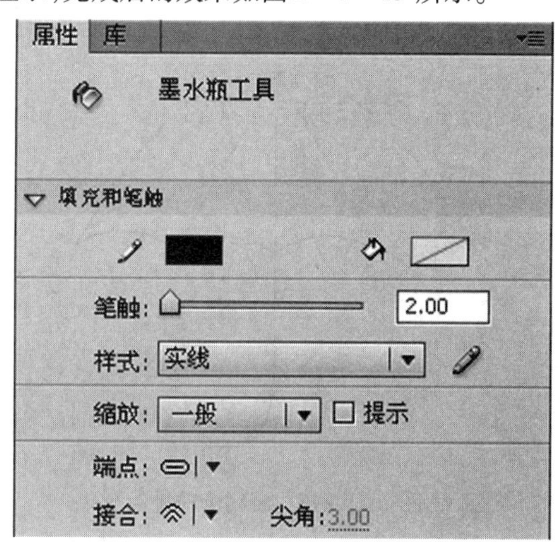

图 2 - 1 - 14　定义墨水瓶的属性

图 2 - 1 - 15　伞柄上色并加粗显示

步骤 13：给伞顶填充颜色。选中【颜料桶工具】，定义颜料桶工具的属性。如图 2 - 1 - 16 所示。在定义颜料桶填充颜色的时候，可以使用【滴管工具】选取当前窗口中的某些颜色，给使用者选取颜色提供了很大的方便。

定义好颜料桶工具的属性之后，将工具箱最后一组工具选项中的空隙大小选择为【封闭中等空隙】，如果点击伞顶空白区域无法填充颜色的话，极有可能是空间不是封闭的，有一定的空隙，点选【封闭中等空隙】的目的就是防止因为之前的线条绘制端点没有连接好而形成不封闭的空间导致的无法填充颜色，填充后的伞如图 2 - 1 - 17 所示。

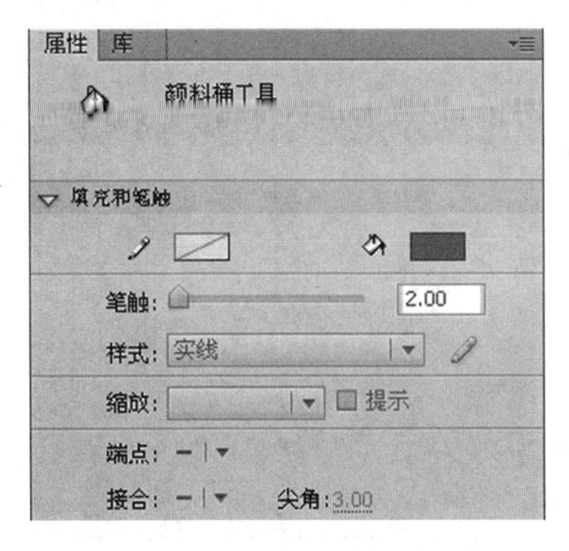

图 2－1－16 颜料桶工具的属性设置

图 2－1－17 填充颜色后的雨伞

特别提示

【空隙大小】大小的四种模式如图 2－1－18 所示。

图 2－1－18 空隙大小选项

【不封闭空隙】选项用于在没有空隙的条件下才可以进行颜色填充。

【封闭小空隙】选项用于在空隙比较小的条件下才可以进行填充。

【封闭中等空隙】选项用于在空隙比较大的条件下也可以进行颜色填充。

【封闭大空隙】选项用于在空隙很大的条件下进行颜色填充。

步骤 14：使用【铅笔工具】绘制雨丝。雨丝的绘制可以使用线条来绘制，也可以使用【铅笔工具】来绘制。首先选取【铅笔工具】，然后定义【铅笔工具】的属性选项，如图 2－1－19 所示。

在【铅笔工具】属性选项面板里设置好【笔触颜色】为【黑色】，【笔触】为【1.00】像素，【样式】选择【虚线】，然后点击【样式】后面的【编辑笔触样式】按钮，弹出笔触样式编辑对话框，选择虚线类型，设置虚线【16】点，间距【6】点，粗细【1】点。

点击铅笔工具属性面板中样式后面的铅笔图标，会弹出笔触样式的详细设置对话框，如图 2－1－20 所示。

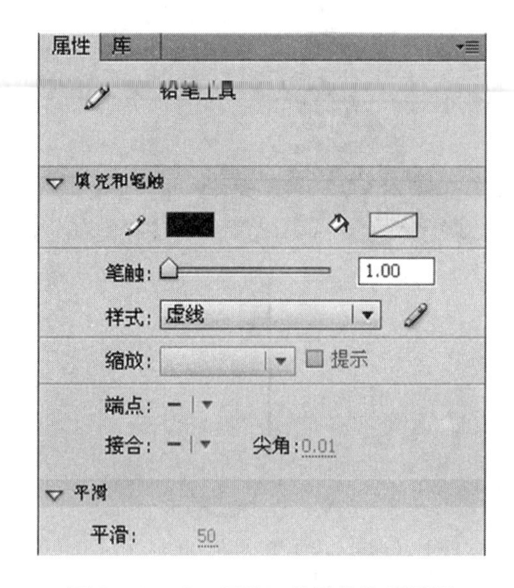

图 2-1-19　铅笔工具属性选项设置

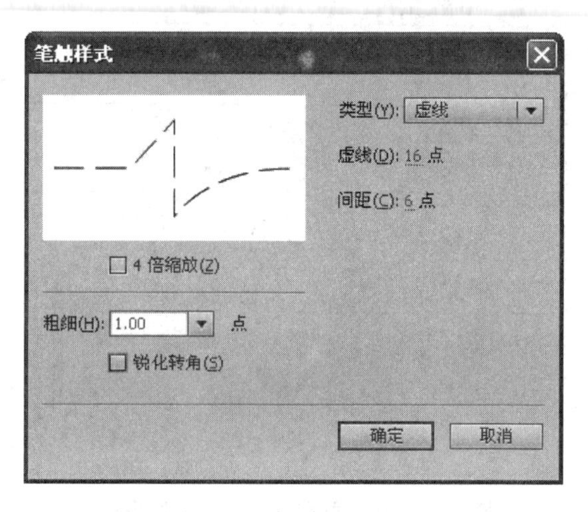

图 2-1-20　笔触样式编辑对话框

在工具箱最后一组的铅笔模式处选择【伸直】选项，然后按住【Shift】键绘制竖直的雨丝，效果如图 2-1-21 所示。

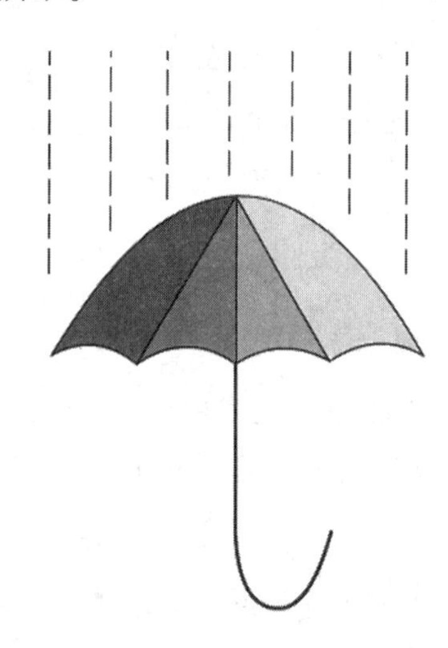

图 2-1-21　铅笔工具绘制雨丝效果

任务评价

评价项目	评价要素
线条工具	会进行工具的属性设置
颜料桶工具	掌握颜料桶工具的基本使用
铅笔工具	熟悉铅笔工具的使用方法

一、线条工具

【线条工具】的属性设置主要是笔触的颜色、笔触的高度、线条样式、线条端点形状、线条接合处的接合样式，具体如下：

1. 笔触颜色

笔触颜色就是用【线条工具】绘制的线条的颜色，因为线条绘制的形状没有中间的区块，所以填充颜色是不可设置的，在使用【矩形工具】【椭圆工具】等工具的时候除了可设置笔触颜色，还可以设置填充颜色。

2. 颜色设置

除了可直接点击属性面板上的颜色设置之外，也可以在选中绘图工具之后点击工具箱最后一组颜色类工具里面的【笔触颜色】来定义笔触颜色，用【填充颜色】工具来定义填充颜色，点击【黑白】选项可以将选择的颜色还原为默认的黑色笔触白色填充，选定笔触与填充颜色之后可以使用【交换颜色】选项来交换笔触和填充的颜色。颜色的设置面板如图 2 - 1 - 22 所示。

(1)笔触调节的是笔触的高度，单位是像素，如图 2 - 1 - 22 设置为【1.00】，即绘制宽度为【1】像素的线条，笔触高度最小可设置为【0.1】，最大可设置为【200】。

(2)样式指的是线条的表现形式，点击倒小三角可弹出所有可选的样式形式，有极细线、实线、虚线、点状线、锯齿线、点刻线、斑马线等，如图 2 - 1 - 23 所示。选定好样式之后，点击后面的铅笔按钮还可以进一步定义样式的细节属性。

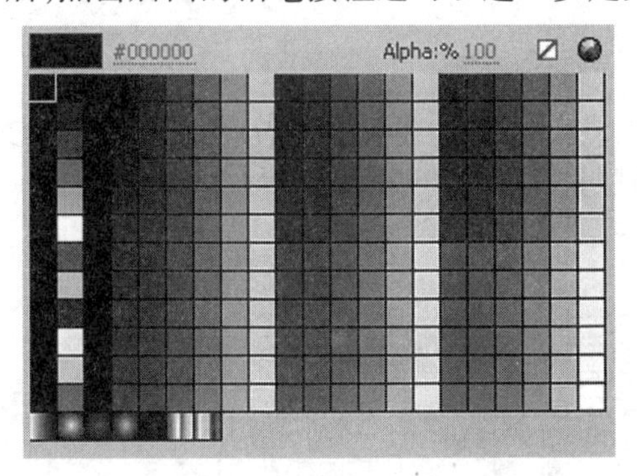

图 2 - 1 - 22　颜色设置面板

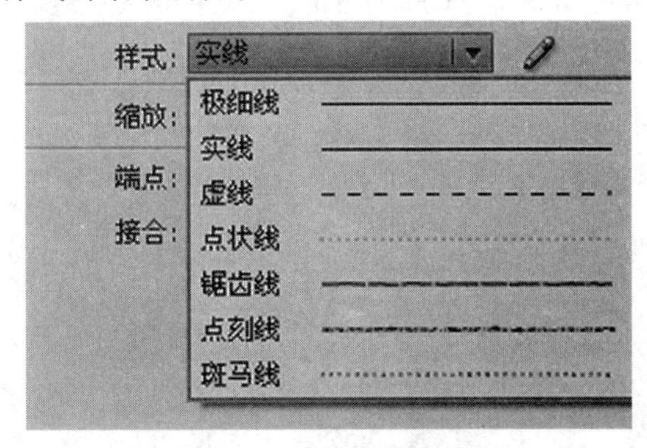

图 2 - 1 - 23　线条样式属性选项

极细线样式与实线样式的形状相同，不同的是极细线绘制的线条在 Flash 制作的作品放大的时候保持极细线的线条宽度，而不会像实线等线条样式一样随着画面显示的增大而变粗，因此，极细线一般用来勾勒边框。不同样式的线条绘制的表现形式如图2 - 1 - 24 所示。

(3)端点是用来设置线条一端的形状的，主要有圆角和方形两种线端形式，绘制效果如图 2 - 1 - 25 所示。

(4)接合指的是线条与线条连接的接合处的形状，有尖角、圆角、斜角三种形式，其中选择尖角的时候可以定义尖角的清晰度。

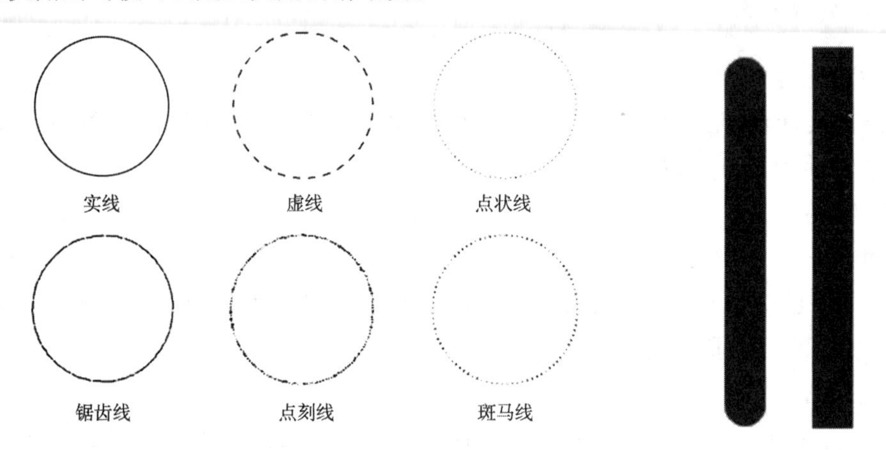

图 2-1-24　线条样式绘制效果　　　图 2-1-25　线条端点样式

【铅笔工具】与【线条工具】的使用方法基本相同，但是【铅笔工具】能够更加自如、随意地绘制直线与曲线，绘制路径不受直或者弯的限制，其快捷键为 Y。

单击工具栏中的【铅笔工具】按钮后，在工具栏下方的选项栏目中会出现两个选项，分别为【对象绘制】、【伸直】。单击图标，在弹出的下拉列表中可以选择铅笔的三种模式，分别为【伸直】、【平滑】和【墨水】，如图 2-1-26 所示。

【伸直】：选择该模式，在绘制线段时，系统会自动将线段细节部分转成直线，同时锐化其绘制的拐角处。使绘制的曲线形成折线效果，因此，该模式适合绘制有棱角的图形。如图 2-1-27 所示。

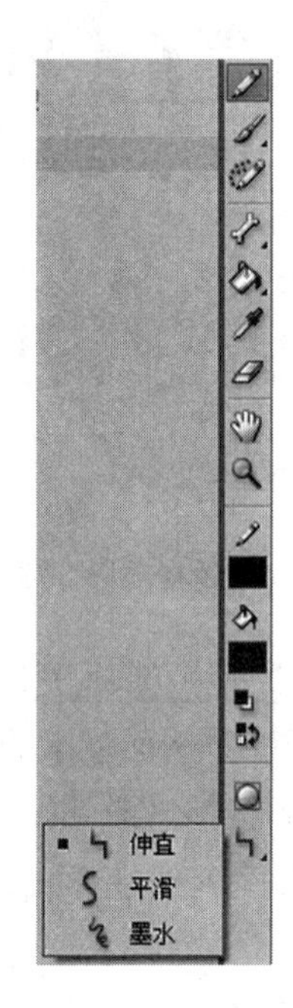

图 2-1-26　铅笔工具选项

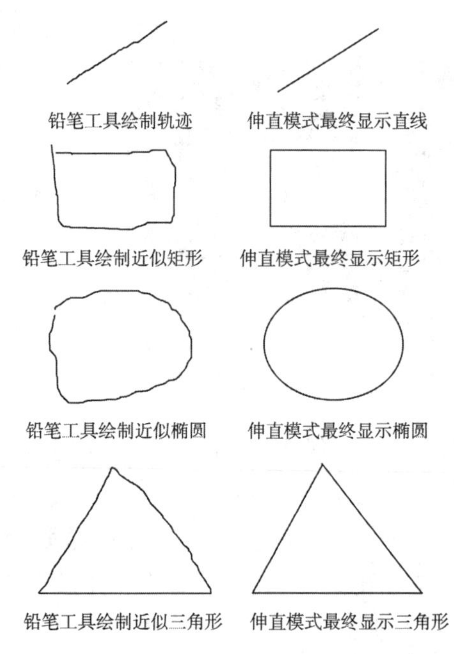

图 2-1-27　铅笔工具在伸直模式下自动转换效果

【平滑】:选择平滑模式,在绘制线条时系统会尽可能地消除矢量边缘的棱角,使绘制的矢量线更加平滑、平顺,如图 2 - 1 - 28 所示。

【墨水】:选择该模式,所绘制的线条会基本保持绘画原样,如图 2 - 1 - 29 所示。

铅笔工具绘制轨迹　平滑模式最终显示直线

图 2 - 1 - 28　铅笔工具在平滑模式下自动转换效果

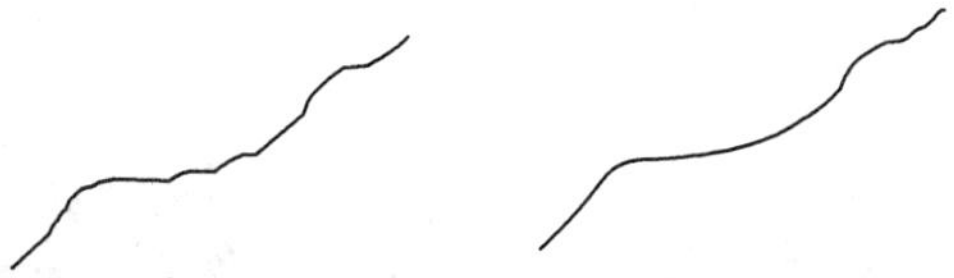

铅笔工具绘制轨迹　墨水模式最终显示直线

图 2 - 1 - 29　铅笔工具在墨水模式下绘制效果

【铅笔工具】与【线条工具】在绘制线条时,按住【Shift】键都可以绘制水平、垂直的直线条,但【铅笔工具】使用【Shift】键无法绘制 45 度角的直线。

二、选择工具

当将光标放置在舞台中时,光标会以不同的图标显示,不同的图标具有不同的功能,据此可以判断出它处于哪种模式下。

第 1 种:可以单击选择图形,或者拖动鼠标创建矩形框选择图形,在舞台空白区再次单击可以取消选择。

第 2 种:它是一个移动工具,如果出现此图标时,按住鼠标拖动可以移动整个选择图形。

第 3 种:当选择工具移动到图形边缘时,光标显示为图标,它是一个曲线调整工具,按住鼠标左键拖动,可以改变图形的形状。

第 4 种:当选择工具移动到图形的边角位置时,光标显示为图标,它是端点调整工具,按住鼠标左键拖动,可以改变边角的形状。

任务 2 绘制放映机矢量图

任务描述

使用 Flash CS 6 的【矩形工具】、【椭圆工具】、【基本矩形工具】、【基本椭圆工具】、【多角星形工具】绘制放映机,并使用【颜色】面板进行纯色和渐变颜色填充。重点学习和了解 Flash CS 6 绘制矩形、椭圆等形状的工具以及使用【部分选取工具】

进行的调整、变形等编辑方法。放映机绘制效果如图 2－2－1 所示。

图 2－2－1　Flash 绘制放映机效果

任务目标

- 了解 Flash CS 6 的【矩形工具】、【椭圆工具】、【基本矩形工具】、【基本椭圆工具】、【多角星形工具】。
- 能定义所使用的各工具的属性和样式，并绘制形状。
- 会使用【部分选取工具】对绘制的形状进行调整。

任务分析

分析放映机的组成部分，由圆角矩形、圆形、梯形等组成，因此，主要使用绘制矩形和椭圆形的工具来绘制放映机，由于矩形是圆角矩形、圆是标准的正圆或者说是圆环，需要对工具的属性进行设置，如果有必要可以使用辅助线进行辅助绘制。

任务实施

一、任务准备

Flash 软件。

二、任务实施

步骤 1：设置标尺及参考线。打开 Flash 软件，使用快捷键【Ctrl + N】新建一个文件。在画布上右单击鼠标，在弹出的对话框里选中【标尺】，使【标尺】前面显示对号，此时画布上、左两边将会显示标尺，如图 2－2－2 所示。

在画布空白处右单击，在弹出菜单里选中【辅助线】|【显示辅助线】，如图 2－2－3 所示。

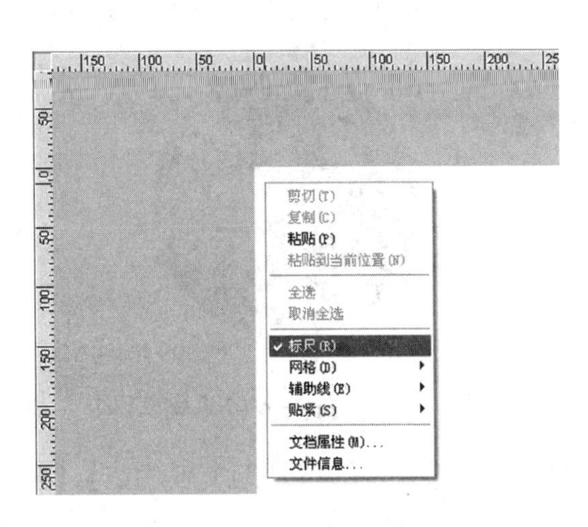

图 2-2-2 画布显示标尺

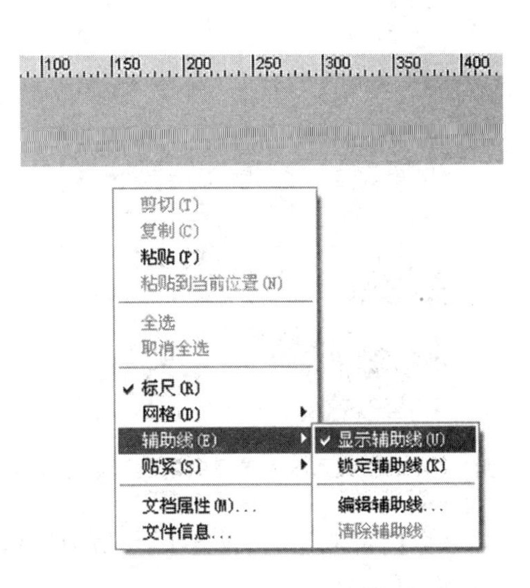

图 2-2-3 显示辅助线设置

鼠标点击画布边缘的标尺，按住鼠标左键不放，向画布中的适当位置拖拽，就可以拖拽出如图 2-2-4 的辅助线，如果辅助线位置不理想，可以使用工具箱里的【选择工具】进行调整位置。

步骤 2：绘制放映机上的圆形部件。在工具箱选择【椭圆工具】，在工具的属性面板设置【笔触颜色】和【填充颜色】均为【#1279BE】，【笔触样式】选择【极细线】，其他默认即可。如图 2-2-5所示。

图 2-2-4 布置辅助线

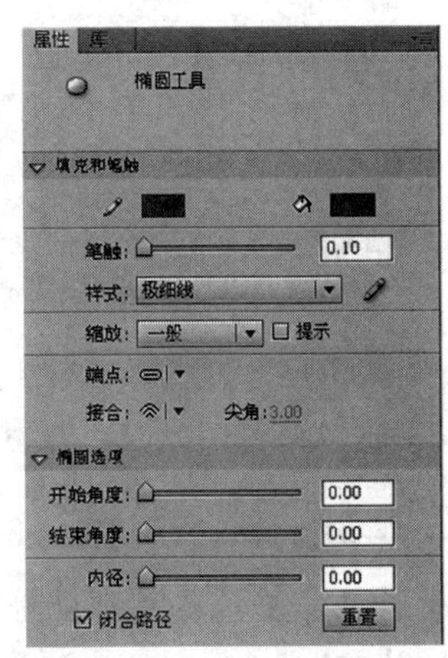

图 2-2-5 椭圆工具属性设置

关于笔触和填充颜色的设置除了可以在工具的属性面板设置，还可以在工具箱里面的【笔触颜色】【填充颜色】两个选项里设置，另外也可以直接在颜色面板进行设置。如图 2-2-6 所示。

步骤 3：在工具箱选定【椭圆工具】之后，在下面选中【贴紧至对象】，将鼠标放到参考线交叉口，按住键盘上的【Alt + Shift】快捷键组合，拖动鼠标，可绘制一个以参考线为圆心的正圆。如图 2－2－7 所示。

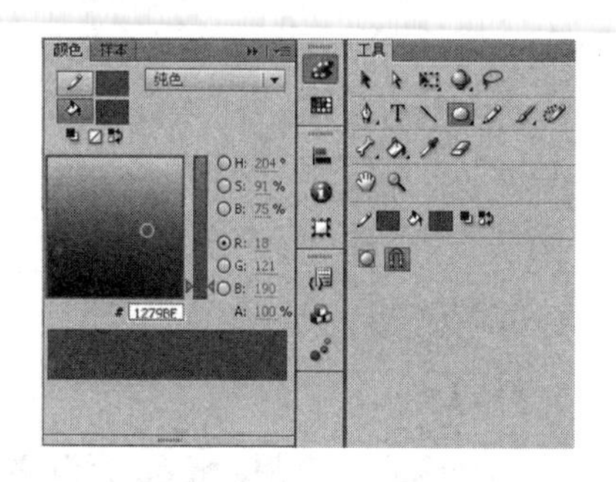

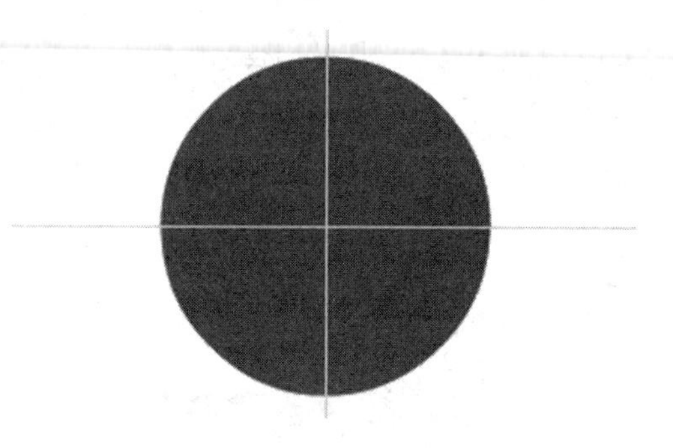

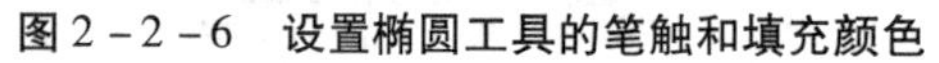

图 2－2－6　设置椭圆工具的笔触和填充颜色　　　图 2－2－7　以圆心为基点绘制正圆

选取【椭圆工具】，设置工具的属性，【笔触颜色】为【无】，【填充颜色】为【白色】，【椭圆选项】|【内径】设为【70】。如图 2－2－8 所示。

步骤 4：在工具箱选定【椭圆工具】之后，在下面选中【贴紧至对象】，将鼠标放到参考线交叉口，按住键盘上的【Alt + Shift】快捷键组合，拖动鼠标，可绘制一个以参考线为圆心的圆环。如图 2－2－9 所示。

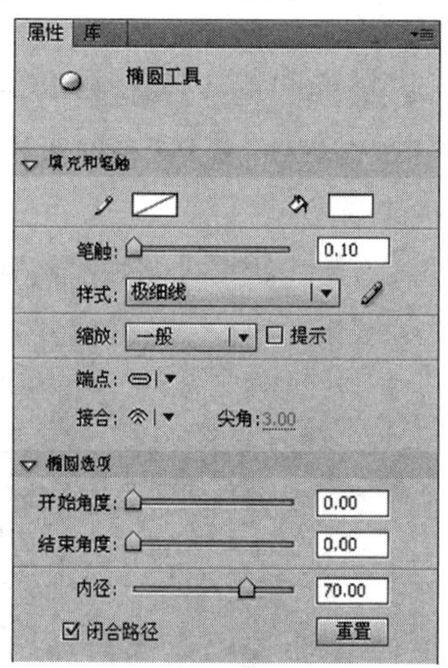

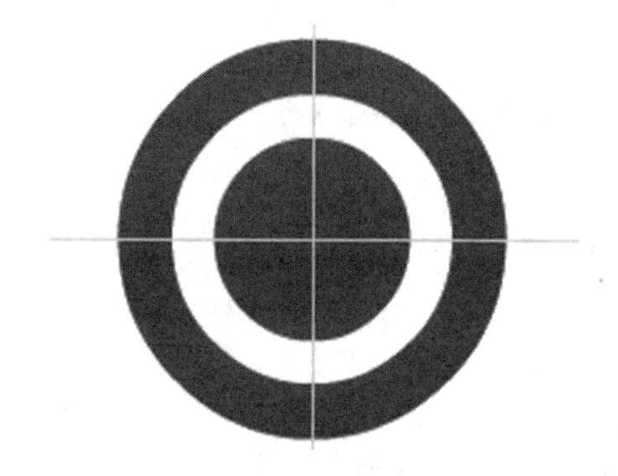

图 2－2－8　椭圆属性设置　　　图 2－2－9　绘制圆环

以上方法有一个缺点，那就是事先不能确定合适的【内径】参数，为解决这个问题，我们还可以使用【基本椭圆工具】来绘制圆环。点击菜单栏【编辑】|【撤销】绘制圆环的操作，在工具箱选择【基本椭圆工具】，工具的属性选项设置如图2－2－10 所示。

在工具箱选定【基本椭圆工具】之后，在下面选中【贴紧至对象】，将鼠标放到参考线交叉口，按住键盘上的【Alt + Shift】快捷键组合，拖动鼠标，绘制正圆如图 2－2－11 所示。

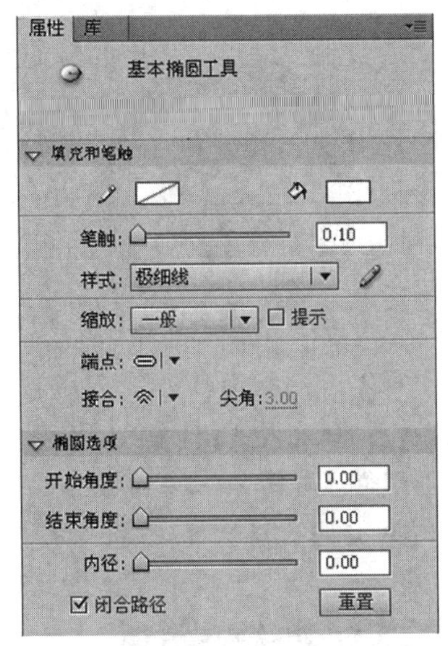

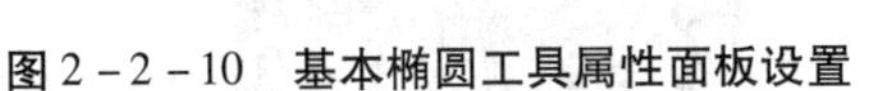
图 2-2-10 基本椭圆工具属性面板设置

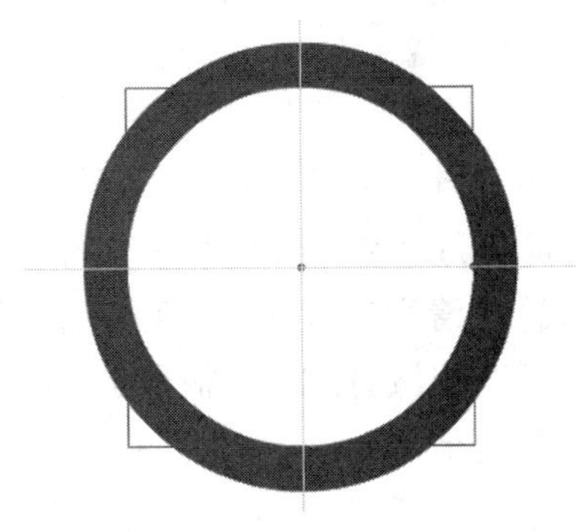
图 2-2-11 用基本椭圆工具绘制正圆

步骤 5:右单击画布空白处在弹出对话框选择【辅助线】将【显示辅助线】前面的对号点去。在工具选点选【选择工具】或【部分选取工具】,拖动刚刚绘制的基本椭圆的圆心小点,便可以产生并调整圆环内径,直至合适的大小。如图 2-2-12 所示。

步骤 6:复制并调整圆形部件。

使用【选择工具】框选白色圆环和蓝色正圆,按住键盘上【Ctrl + G】快捷键组合图元,此时白色圆环与蓝色正圆组成一个组,边框变为浅蓝色,当使用【选择工具】进行移动的时候,整体移动。如图 2-2-13所示。

选中放映机圆形组件,使用快捷键【Ctrl + D】复制一个圆形组件。在工具箱点选【任意变形工具】,并点选【贴紧至对象】,如图 2-2-14 所示。

选择【任意变形工具】之后对象会出现一系列控制点。如图 2-2-15 所示。

图 2-2-12 调整基本椭圆

图 2-2-13 将图元组成组

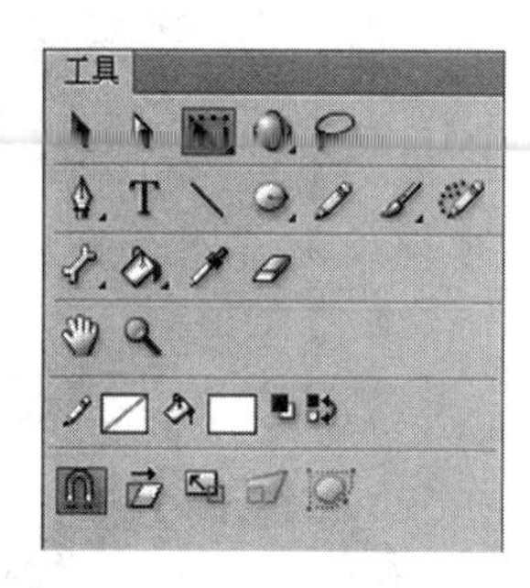

图 2-2-14　选择任意变形工具

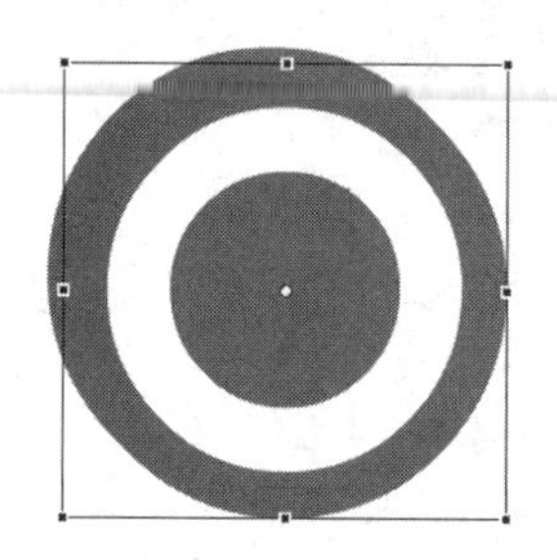

图 2-2-15　任意变形控制点

可以通过控制点对对象进行变形操作，右单击画布空白处在弹出菜单选择【辅助线】|【清除辅助线】，移动并缩小新复制的圆形组件。如图 2-2-16 所示。

步骤 7：用【选择工具】框选中这两个圆形，打开【对齐面板】，选择【底部对齐】。如图 2-2-17 所示。

图 2-2-16　调整圆形

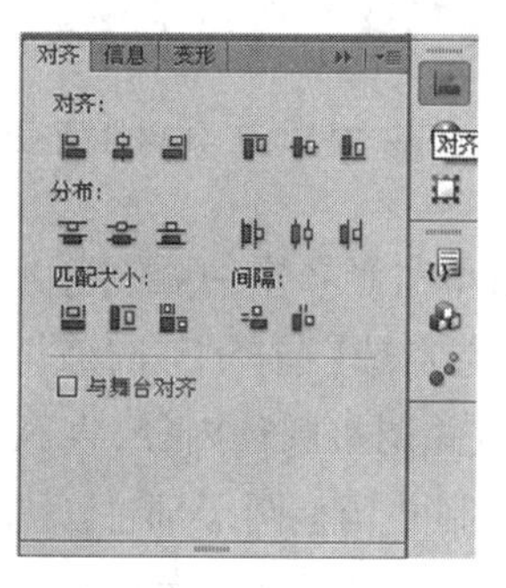

图 2-2-17　底部对齐

使用【选择工具】，并点选【贴紧至对象】，按住【Shift 键】水平调整至两个圆形靠在一起，如图 2-2-18 所示。

步骤 8：绘制放映机机身。

使用【选择工具】选中两个圆形部件，使用快捷键【Ctrl + G】组合它们，以防相对位置发生变化。

在工具箱选择【矩形工具】，属性参数设置【填充颜色】为【#1279BE】，【笔触颜色】为【无】，【矩形圆角】设置为【20】。如图 2-2-19 所示。

图 2-2-18　绘制完成并调整好的两个圆形部件

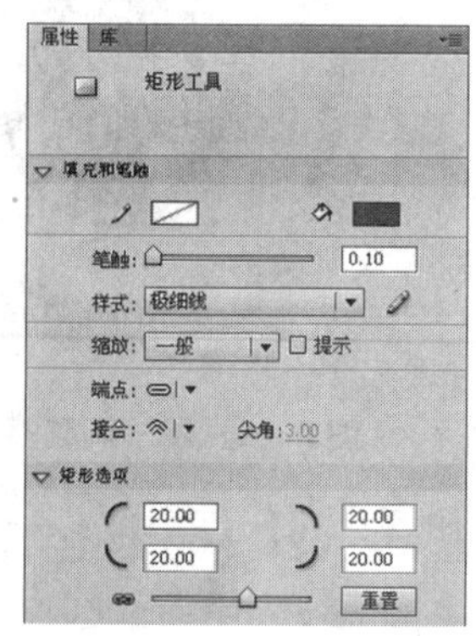

图 2-2-19　矩形工具属性选项

在画布上相应位置绘制放映机机身部分，绘制的圆角矩形如图 2－2－20 所示。

使用上述【矩形工具】，在绘制的时候一旦开始绘制便无法更改提前设置的矩形圆角程度了，更好的方法是使用【基本矩形工具】，在绘制完成之后不但可以使用【任意变形工具】进行任意的大小和位置变形，同时【基本矩形工具】绘制的矩形图元还可以进行圆角程度的调整。

使用【基本矩形工具】，属性选项设置如图 2－2－21 所示。

使用【基本矩形工具】绘制的矩形形状四个角上有可以调节的控制点，使用【选择工具】或者【部分选取工具】调节控制点便可以轻松调节矩形的圆角程度，同时也可以在图元的属性面板进行圆角程度的更改和设置。

图 2－2－20　绘制圆角矩形机身

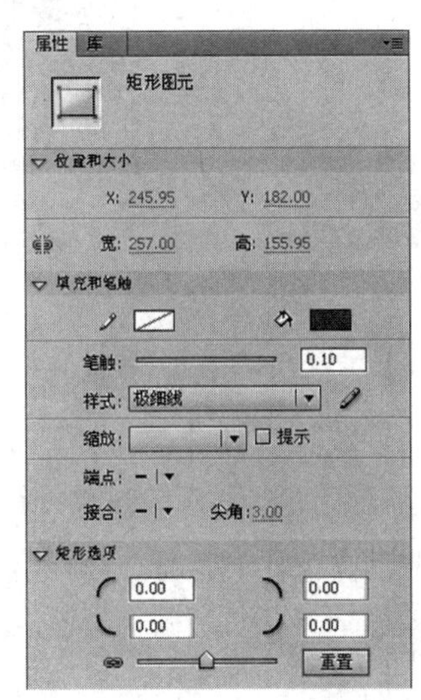

图 2－2－21　基本矩形属性选项

绘制的基本矩形图元如图 2－2－22 所示。

图 2－2－22　绘制基本矩形

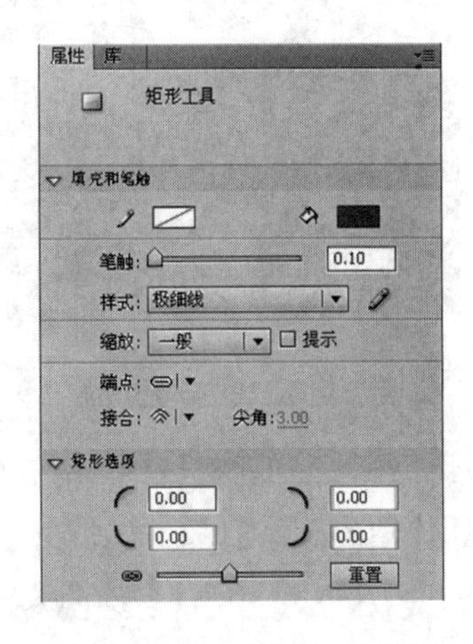

图 2－2－23　矩形属性设置

在工具箱点选【矩形工具】，设置矩形工具的属性选项，填充颜色为【#1279BE】，如图 2－2－23 所示。

步骤 9：绘制放映机镜头部分。

在放映机前绘制一个矩形，如图 2－2－24 所示。

图 2－2－24　绘制镜头矩形

使用【任意变形工具】，按住【Ctrl】键调整矩形左上角和左下角，使矩形变为梯形，并调整靠近放映机机身。如图 2－2－25 所示。

在绘制放映机镜头的时候，除了上面讲述的使用普通【矩形工具】方法，还可以使用对象绘制的方法绘制矩形，这样绘制出来的矩形是一个对象，使用【部分选取工具】对矩形进行变形，可直接移动浅绿色控制点，从而直接变成梯形，并且可以进行更改编辑，较为方便。如图 2－2－26 所示。

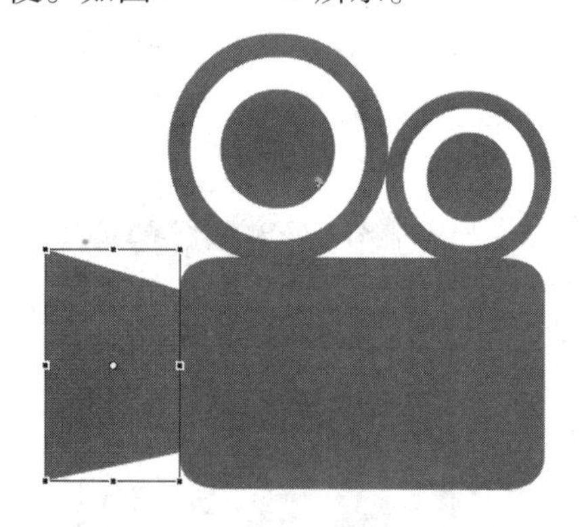

图 2－2－25　调整镜头形状

图 2－2－26　使用对象绘制来绘制梯形

步骤 10：绘制放映机投射出的光。

使用【矩形工具】，设置属性参数，【笔触】使用【极细线】，【填充颜色】为【无】，【笔触颜色】设置为【#CCCCCC】。如图 2－2－27 所示。

绘制一个矩形框，使用【选择工具】靠近矩形的角，当光标样式变为的时候拖拽矩形的角，调整为一个梯形。如图 2－2－28 所示。

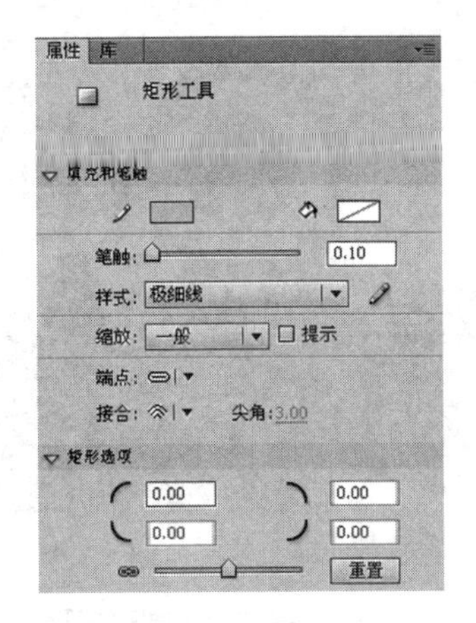

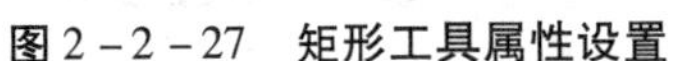
图 2－2－27　矩形工具属性设置

图 2－2－28　放映机投射光线区域边框绘制

点选【颜料桶工具】，然后定义颜色面板的属性，填充样式选择线性渐变。如图 2－2－29所示。

定义渐变色起始位置的颜色为【#CCCCCC】，结束位置颜色为【白色】。如图 2－2－30 所示。

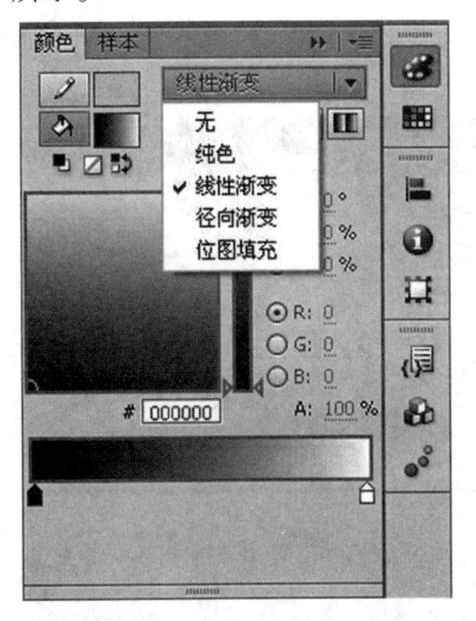

图 2－2－29　选择线性渐变

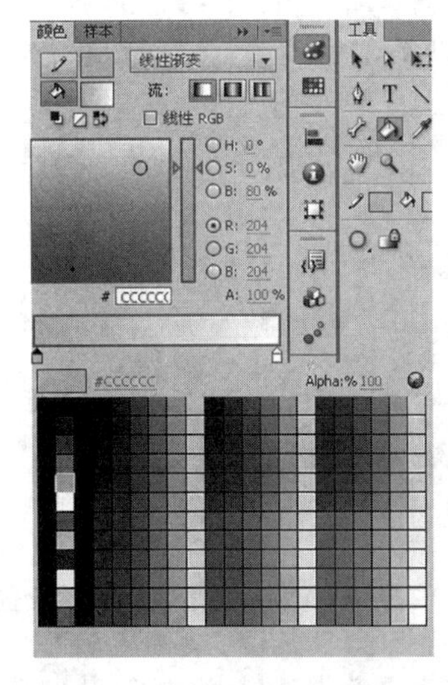

图 2－2－30　定义线性渐变颜色属性

先用【选择工具】双击选定要填充的区域的边线，然后使用【颜料桶工具】在选定的空间内按住鼠标拖曳填充线性渐变色。如图 2－2－31 所示。

使用【选择工具】单击不需要的浅灰色极细线边框，按键盘上的【Delete】键删除，如图2－2－32 所示。

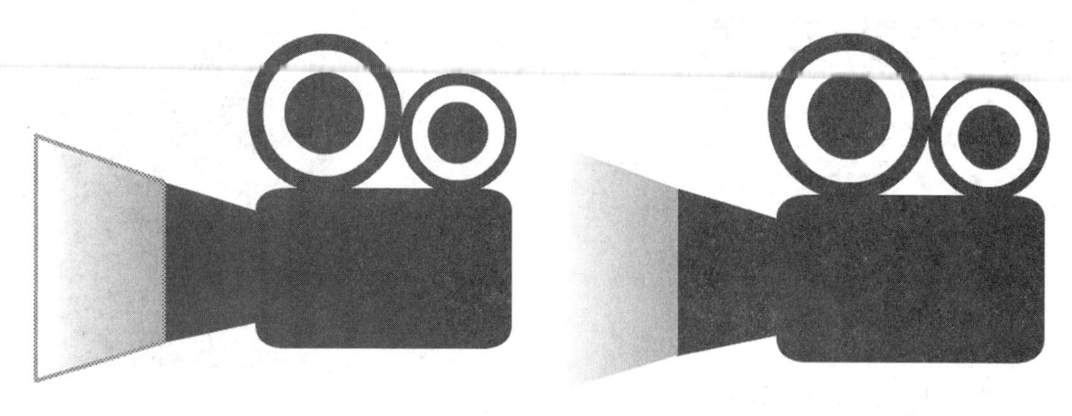

图 2-2-31　**填充渐变色**　　　　图 2-2-32　**删除多余的极细线边框**

步骤 11：给放映机加装饰的星星。

在工具箱选择【多角星形工具】，在工具的属性面板设置属性选项。如图 2-2-33 所示。

在【多角星形工具】属性设置面板上点击【工具设置】一栏的选项...按钮，进行进一步的工具设置，如图 2-2-34 所示。

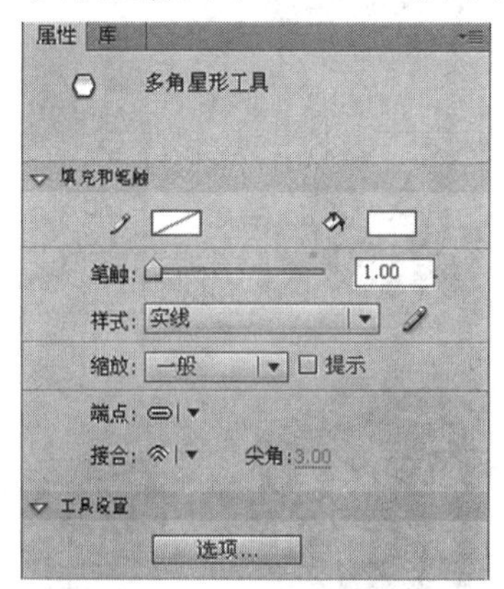

图 2-2-33　**多角星形工具属性设置**

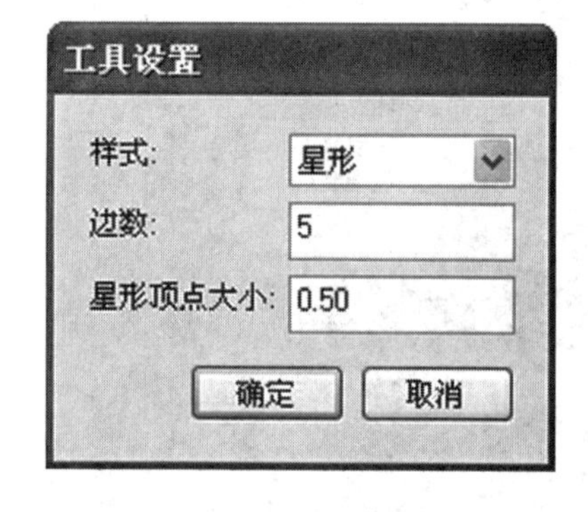

图 2-2-34　**工具设置**

同时在工具箱点选【对象绘制】选项，在放映机合适的位置装饰上五角星，如本书 26 页图2-2-1 所示。

任务评价

评价项目	评价要素
辅助线	会使用辅助工具
矩形工具	掌握矩形工具的属性和特殊设置
基本绘制	能掌握绘制和涂色的基本方法

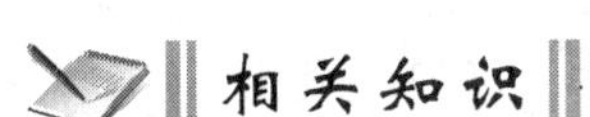

一、矩形、椭圆、基本矩形、基本椭圆与多角星形工具

使用【矩形工具】【椭圆工具】【基本矩形工具】【基本椭圆工具】和【多角星形工具】可以绘制矩形、椭圆以及多边形或者星形,在工具箱里的位置如图2-2-35所示。

使用【矩形工具】、【椭圆工具】、【基本矩形工具】、【基本椭圆工具】和【多角星形工具】绘制图形的方法与【线条工具】相似,单击工具栏中的相应按钮,在舞台合适位置处按住鼠标左键拖动,大小合适后释放鼠标即可绘制出所需的图形,值得注意的是,使用它们绘制出的图形包括内部填充区域和外部轮廓区域两个部分,如图2-2-36所示。

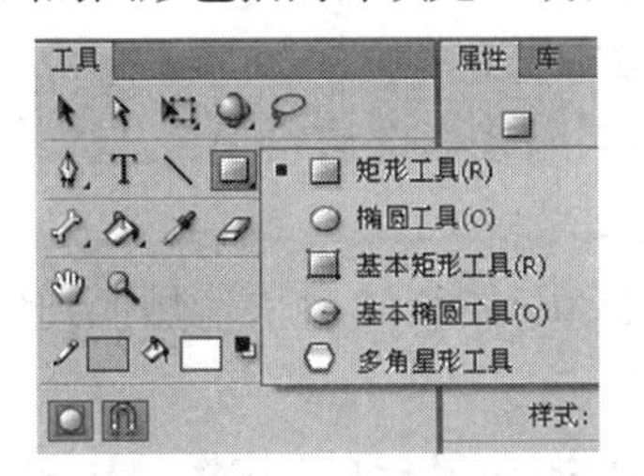

图2-2-35 矩形、椭圆、多边形绘制工具

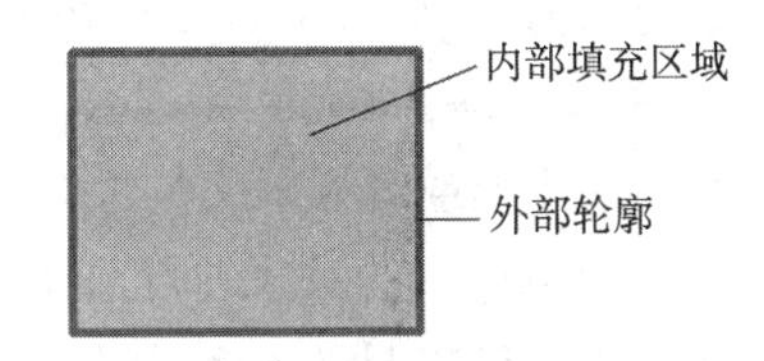

图2-2-36 绘制图形

外部轮廓线和内部填充区域除了可以定义为纯色之外,还可以定义为渐变色或者位图。

1. 绘制椭圆图形

使用【椭圆工具】可以绘制椭圆形或圆形,另外通过设置【笔触】或【填充颜色】为【无色】,可绘制无外部轮廓线或无内部填充区域的圆形(如图2-2-37所示)。

特别提示

【椭圆工具】的常用技巧:

按住Shift键的同时进行绘制,可以绘制正圆形。

按住Alt的同时进行绘制,可以从中心向周围绘制椭圆。

按住Alt+Shift的同时进行绘制,可以从中心向周围绘制正圆。

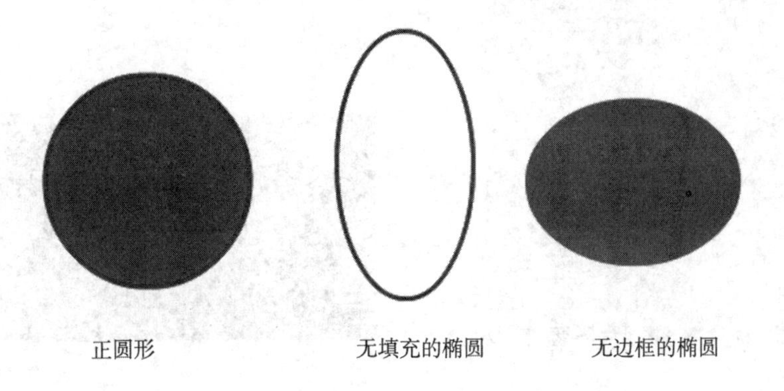

图2-2-37 使用椭圆工具绘制的不同圆形

2. 绘制矩形

使用【矩形工具】可以绘制各种矩形、正方形及圆角矩形，如图 2－2－38 所示。

图 2－2－38　绘制不同矩形的形态

按住【Shift】键的同时进行绘制，可以绘制出正方形。

系统默认情况下，绘制的矩形是直角，当然也可以设置矩形的边角半径从而绘制圆角矩形，如图 2－2－39 所示。

在使用矩形或者椭圆工具进行绘制的时候，按住【Ctrl】键可随时快速切换到【选择工具】，从而对舞台中的对象进行选择。

在使用矩形工具进行绘制的时候，可以在舞台中拖动鼠标的同时，单击键盘上的“上”和“下”的方向键，从而能够自由控制边角的锐化角度，该方法所见即所得，方便快捷。

3. 绘制基本矩形

通过基本矩形绘制的矩形是一个图元，而不是一个形状，可以通过使用快捷键【Ctrl + B】进行打散操作，使图元变为形状，从而进行其他形状操作。

通过基本矩形绘制的图元四个角上分别有一个控制点，可以使用【选择工具】或者【部分选取工具】进行调整矩形的边角半径，从而将矩形改变为圆角矩形。如图 2－2－40 所示。

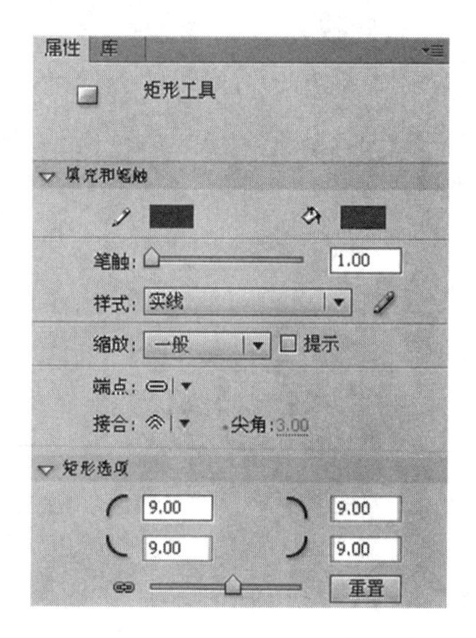

图 2－2－39　矩形的属性设置面板

图 2－2－40　基本矩形

图元性质的基本矩形选点之后，除了可以使用【选择工具】或者【部分选取工具】进行调节之外，还可以通过矩形图元的属性面板对矩形进行位置、大小、笔触颜色、填充颜色、边角半径等属性的调节，这一点是与普通的【矩形工具】不同的。调整绘制图 2－2－40 时的属性值如图 2－2－41 所示。

画布中图 2－2－40 所示的基本矩形变为改变属性后的基本矩形，如图 2－2－42 所示。

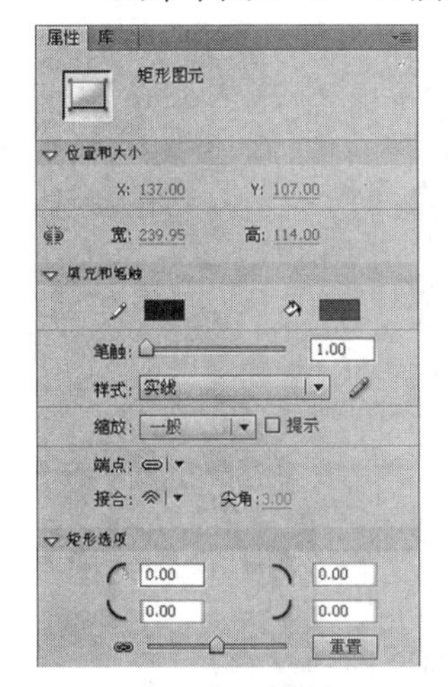

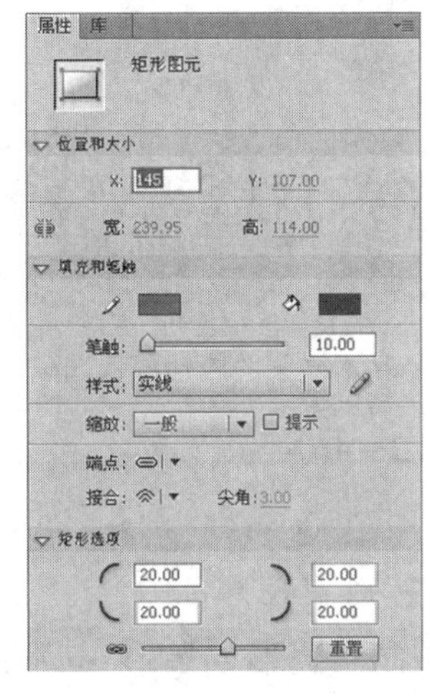

图 2－2－41 **更改基本矩形的属性**

图 2－2－42 **改变属性后的基本矩形**

4. 基本椭圆

与基本矩形类似，通过基本椭圆绘制的椭圆也是一个图元，而不是形状，可以通过使用快捷键【Ctrl＋B】进行打散操作，使图元变为形状，从而进行其他形状操作。绘制的基本椭圆如图 2－2－43 所示。

通过基本椭圆绘制的图元椭圆，在圆心和右侧边缘分别有一个控制点，可以使用【选择工具】或者【部分选取工具】调整椭圆的内径、开始角度和结束角度，从而改变基本椭圆的形状。如图 2－2－44 所示。

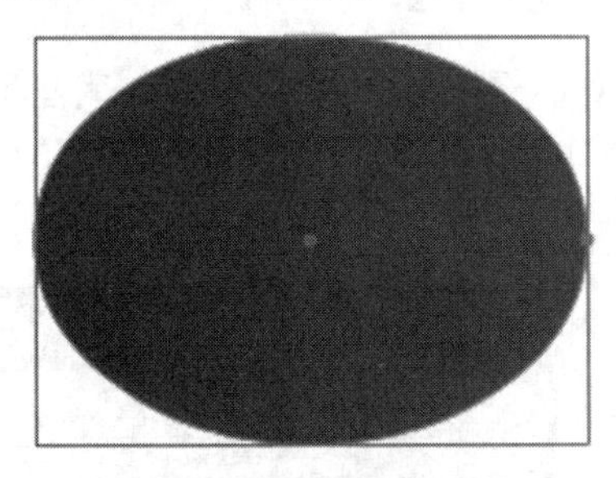

图 2－2－43 **基本椭圆**

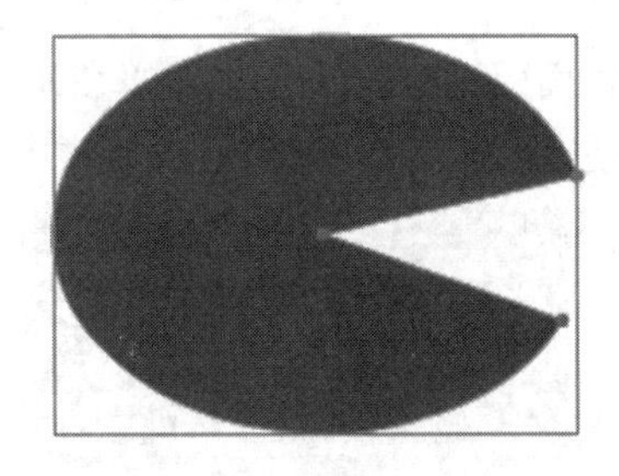

图 2－2－44 **调整基本椭圆**

除了可通过【选择工具】或者【部分选取工具】进行基本椭圆的调整，还可以通过基本椭圆的属性面板进行调整，在选中画布中的基本椭圆之后，调整属性面板即可。如图 2－2－45 所示。

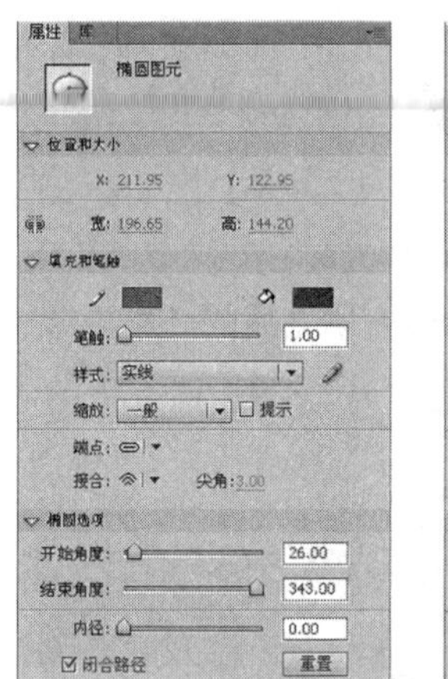

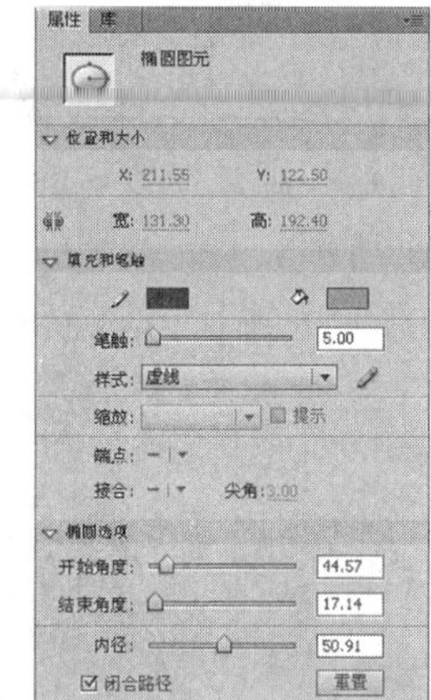

图 2－2－45　基本椭圆的属性面板调整

调整属性之后的基本椭圆如图 2－2－46 所示。

5. 绘制多角星形

选择【多角星形工具】后，将光标放置在舞台中合适位置处按住鼠标左键拖动，大小合适后，即可绘制多边形或星形，其形态如图 2－2－47所示。其中，按住【Shift】键的同时进行绘制，可以帮助沿着垂直和水平方向约束形状。

多角星形工具的属性面板可以对绘制的多角形或者星形的形状进行属性设置，如图 2－2－48 所示。

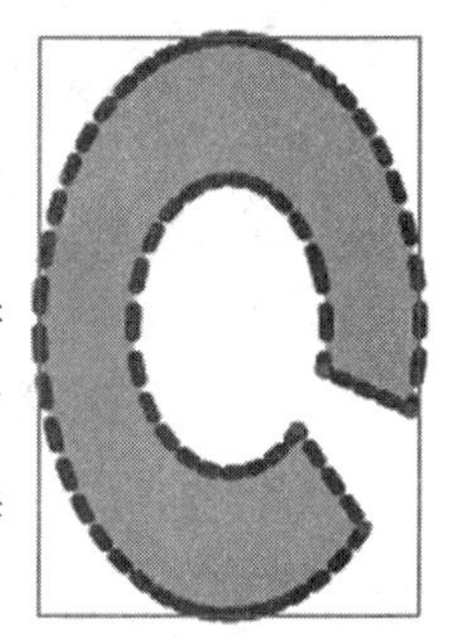

图2－2－46　改变属性之后的基本椭圆

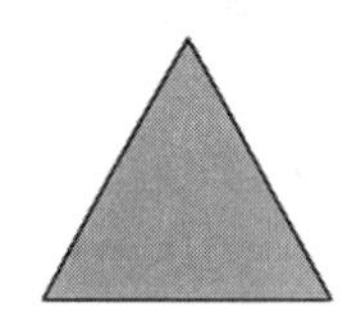
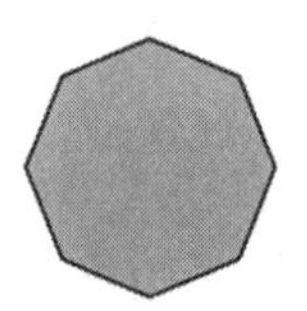

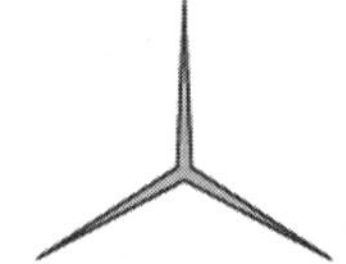

图 2－2－47　多边形与星形

点击属性面板的“选项”按钮，可以在弹出的对话框中选择绘制多边形或者星形，同时可设置边数以及星形顶点大小，星形顶点大小数值范围是0.01～1 之间。如图 2－2－49 所示。

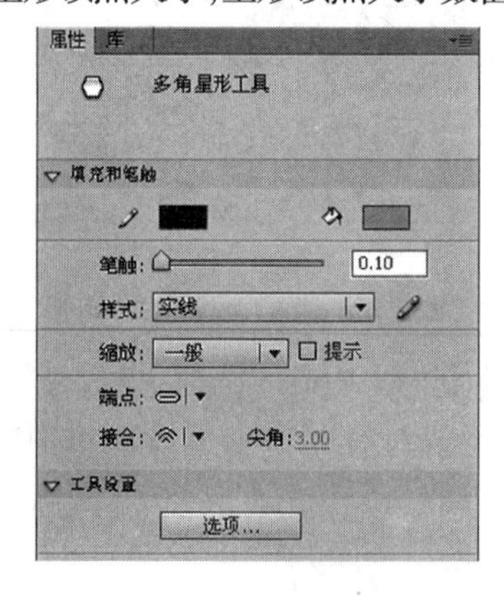

图 2－2－48　多角星形属性设置

图 2－2－49　多角星形工具设置

二、任意变形工具

【任意变形工具】用于对动画中的所有元素进行缩放和旋转操作，可以单独执行缩放操作，也可以将移动、旋转、缩放、倾斜、扭曲结合在一起操作，单击该按钮，在工具栏下方出现任意变形的各种选项按钮，如图 2-2-50 所示。

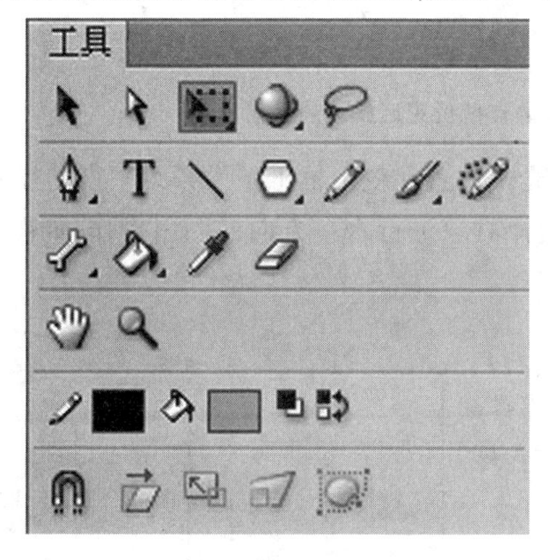

图 2-2-50　任意变形工具的选项

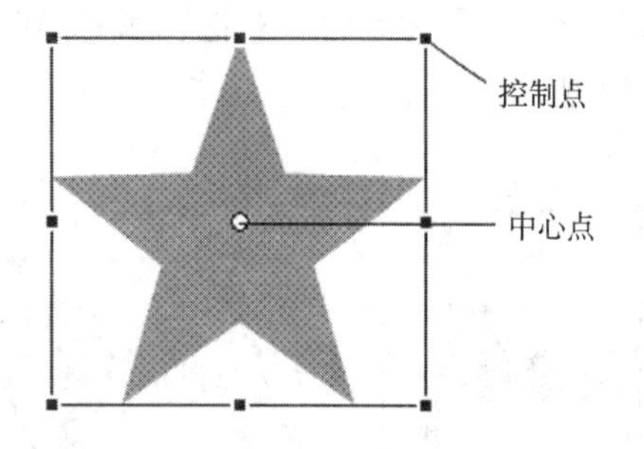

图 2-2-51　出现的变形框

1. 使用旋转与倾斜工具

【旋转与变形】用于对选择对象进行一定角度的旋转变形与倾斜变形。

按下 V 键，选择对象，然后单击工具栏中的【任意变形工具】按钮，并单击下方【选项】栏中的【旋转与变形】按钮，此时在对象的周围会出现一个带有 8 个控制点的变形框，并且中间位置有一个小圆圈，表示对象的中心点，如图 2-2-51 所示。

将光标放置在变形框四角的任意一角位置处，当光标显示为↺图标时，按住鼠标拖动，对选择对象进行旋转操作，如图 2-2-52 所示。

上面所做的操作是相对于小圆圈——对象的中心点为圆点进行旋转的，读者可以根据需要按住鼠标左键将中心点拖曳到其他位置，则旋转操作会根据小圆圈（中心点）的位置而进行。如图 2-2-53 所示。

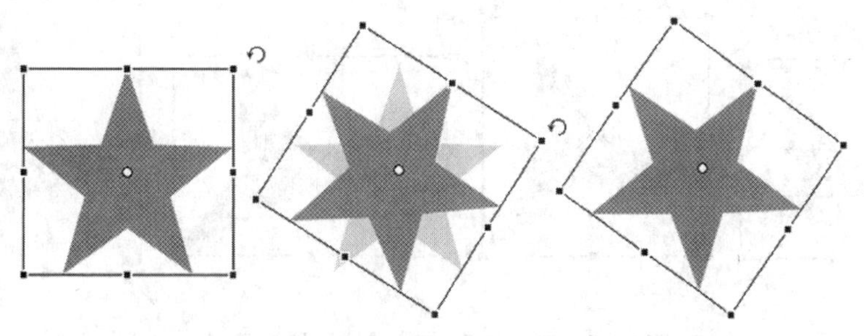

图 2-2-52　对象的旋转过程

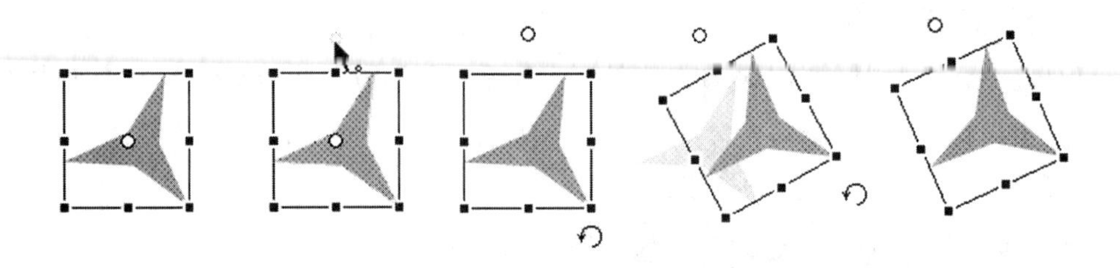

图 2－2－53 重新调整中心点的位置后旋转的过程

在选定被执行变形操作的对象之后，将光标放置在变形框上下两条线中点的控制点处，当光标显示为⇌时左右拖动鼠标，可以选择对象进行水平方向的倾斜操作，如图 2－2－54 所示。

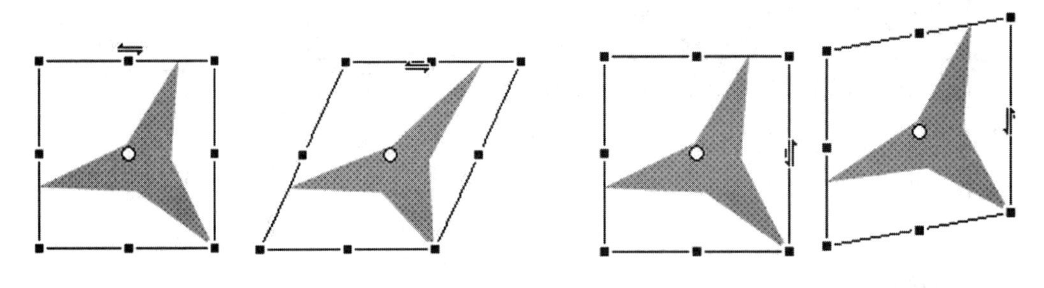

图 2－2－54 进行水平倾斜的过程　　图 2－2－55 进行垂直变形的过程

将光标放置在变形框左右两条中点的控制点处，当光标显示为“⥮”图标时上下拖动鼠标，对选择的对象进行垂直方向的变形操作，如图 2－2－55 所示。

2. 使用【任意变形工具】缩放对象

【缩放】用于对选择对象进行缩放变形，从而改变其大小。首先选择需要变形的对象，然后单击工具栏中的【任意变形工具】按钮，单击下方选项栏中的【缩放】按钮，此时在对象的周围会出现一个带 8 个控制点的变形框，并且中间位置处有一个小圆圈，如果将光标放置在变形框四个角的任意一角，此时光标显示为“⤢”时拖动鼠标，对选择对象进行等比例缩放操作，如图 2－2－56 所示。

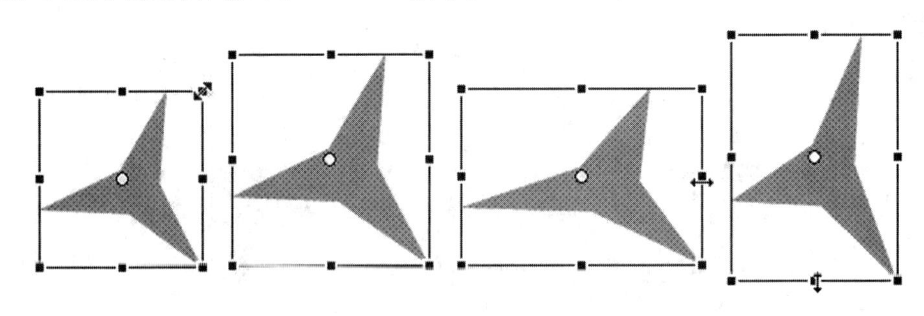

图 2－2－56 使用【缩放】按钮缩放图形

3. 使用【任意变形工具】扭曲对象

【扭曲】是通过单独移动控制点来改变对象原来的形状。首先选择需要变形的对象，然后通过单独移动控制点来改变原来的形状。首先选择需要变形的对象,然后单击工具栏中的【任意变形工具】按钮,并单击下方选项栏中的【扭曲】按钮,此时在对象的周围会出现一个有 8 个控制点的变形框,但是中间位置不再出现一个小圆圈,将光标放置在控制点处,此时光标显示为“▷”时拖动鼠标,从而改变选择对象原来的形状,如图2－2－57 所示。

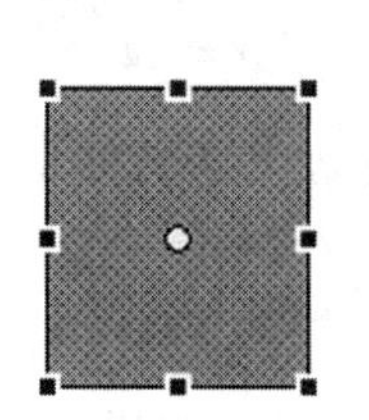
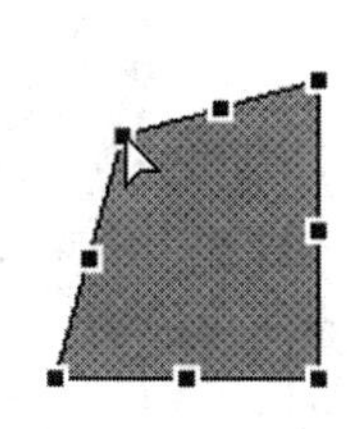
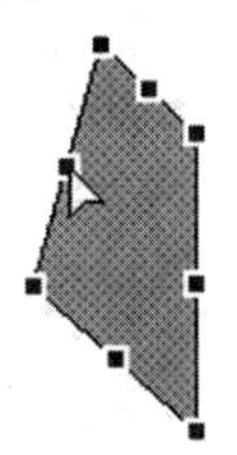

图 2－2－57 使用【扭曲】按钮变形图形

4. 使用【任意变形工具】封套改变对象形状

【封套】的作用也是用来改变选择对象原来的形状,但是与【扭曲】不同,它是通过改变选择对象周围的控制手柄来改变形状的。首先选择需要变形的对象,然后单击工具栏中【任意变形工具】按钮,并单击下方选项栏中的【封套】按钮,此时在对象的周围会出现一个带 8 个控制点的变形框,但是中间位置处不再出现一个小圆圈,而且控制点会出现其控制的手柄,将光标放置在控制点处,当光标显示为“▷”时拖动鼠标,从而改变选择对象原来的形状,如图 2－2－58 所示。在使用【封套】工具对选择对象进行变形时,为了便于操作,变形框中控制点以黑色方形显示,控制手柄以黑色圆形显示。

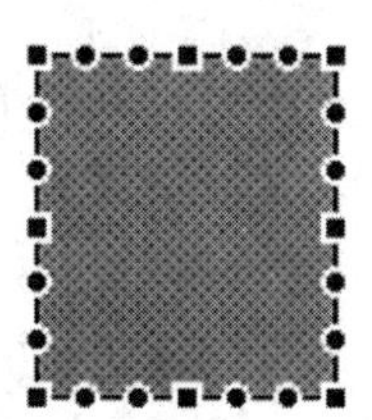
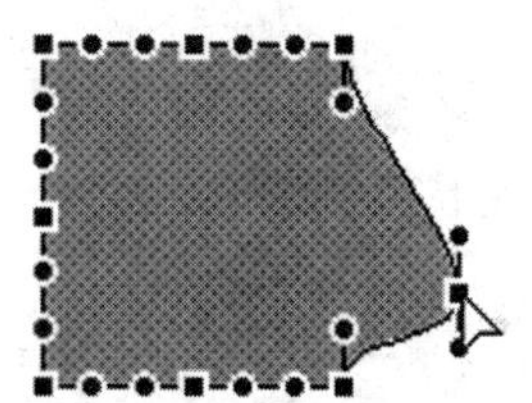
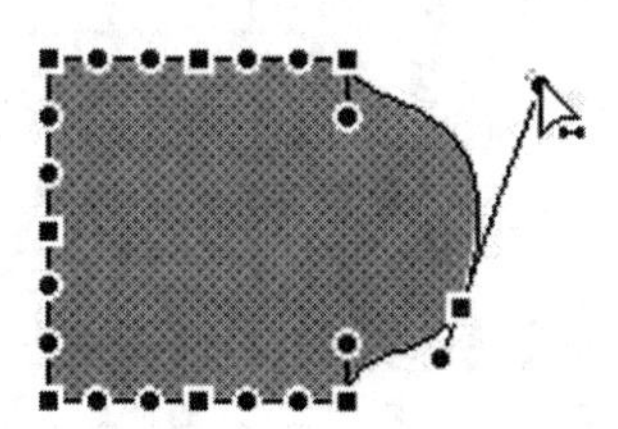

图 2－2－58 使用【封套】按钮变形图形

任务 3 绘制蓝精灵

任务描述

使用 Flash CS 6 的【刷子工具】勾勒蓝精灵的轮廓,然后用【线条工具】的极细线样式封闭需要填充颜色的区域，并用【颜料桶工具】给蓝精灵填充颜色。重点学习和了解Flash CS 6的【刷子工具】。绘制效果如图2－3－1所示。

图2－3－1　绘制蓝精灵效果图

任务目标

- 了解Flash CS 6的【刷子工具】。
- 能定义【刷子工具】的属性和样式，并进行绘制。
- 会用【线条工具】绘制极细线轮廓。
- 会使用【颜料桶工具】对封闭或有空隙的区域进行颜色填充。

任务分析

绘制蓝精灵的任务主要是为了快速掌握Flash CS 6的【刷子工具】，并能够用【刷子工具】绘制蓝精灵轮廓，其中的难点主要是使用【刷子工具】绘制以及调整。

任务实施

一、任务准备

Flash软件。

二、任务实施

步骤1：打开Flash CS 6软件，新建文件，在画布空白处右单击，设置文档属性将文档宽度和高度均设置为500像素。如图2－3－2所示。

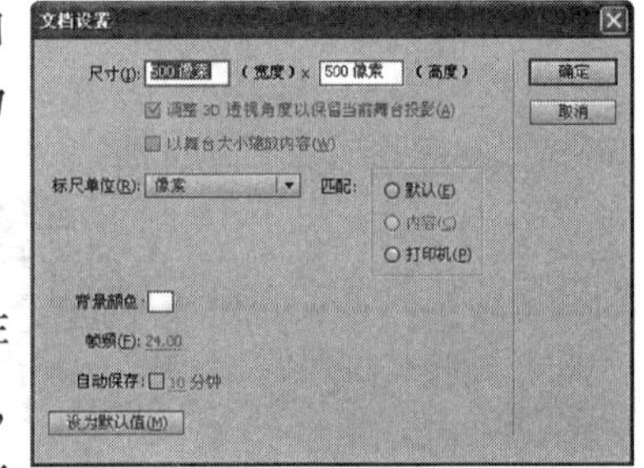

图2－3－2　文档属性设置

步骤2：勾勒蓝精灵的外部轮廓。

在工具箱点选【刷子工具】，设置【刷子工具】的属性面板，定义刷子【填充颜色】为【黑色】，【平滑】设置为【50】，当使用【刷子工具】的时候绘制的是形状的内部区块，因此不存在笔触，而本次绘制蓝精灵的例子之所以使用刷子绘制边框，也是因为刷子绘制的形状宽度以及具体方位均可以通过选择工具或者部分选取工具进行调节。刷子的属性设置，如图 2－3－3 所示。

点选【刷子工具】，设置【刷子工具】的选项，取消对象设置和锁定填充，【刷子模式】选择【标准绘画】，【刷子大小】设置为选项中的第二个，【刷子形状】选择为【圆形】。如图 2－3－4 所示。

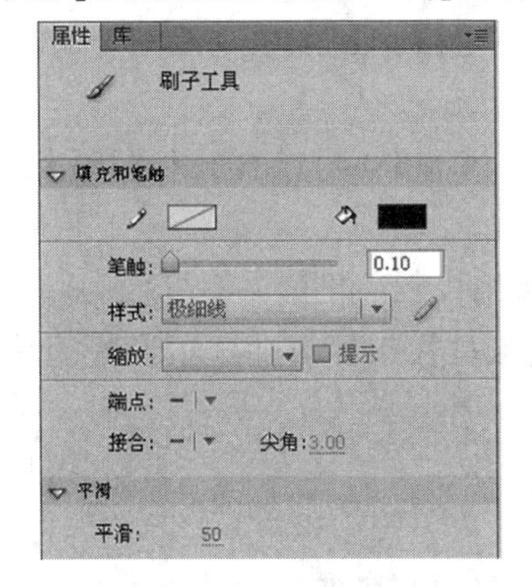

图 2－3－3 【刷子工具】属性设置

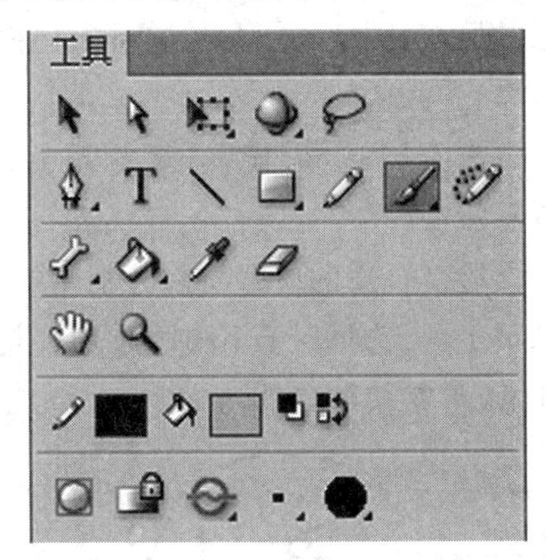

图 2－3－4 【刷子工具】选项设置

在左上部开始勾勒蓝精灵的脸部、帽子的轮廓，绘制效果如图 2－3－5 所示。

步骤 3：使用【选择工具】和【橡皮擦工具】修整蓝精灵的头部轮廓，比如嘴巴的形状、鼻尖的形状、帽檐的形状等。修整完效果如图 2－3－6 所示。

图 2－3－5 绘制的蓝精灵面部

图 2－3－6 修整后的蓝精灵面部

使用【刷子工具】绘制蓝精灵其他部位的轮廓，如图 2－3－7 所示。

使用【刷子工具】【选择工具】和【橡皮擦工具】对轮廓进行修整，调整轮廓的细节。效果如图 2－3－8 所示。

图 2－3－7 勾勒蓝精灵轮廓

图 2－3－8 修整后的轮廓

选用【刷子工具】，更改填充颜色为【深灰色】，绘制一些阴影。如图 2 –3 –9 所示。

步骤 4：给蓝精灵填充颜色。

蓝精灵的脸部、手臂和上身是蓝色的，帽子和下身是白色的，但是脸部与帽子交界处因为是连通的区域，因此为了只给脸部上色而不给帽子上色，需要绘制一条极细线来分割区域。

使用【线条工具】选择，设置【笔触颜色】为【#00B8F4】，【样式】选择【极细线】，如图 2 –3 –10所示。

在蓝精灵脸部合适的位置绘制分割用的极细线条，如图 2 –3 –11 所示。

给蓝精灵上色，选择工具箱中的【颜料桶工具】，工具属性选项设置，【填充颜色】为【#00B8F4】，如图 2 –3 –12 所示。

图 2 –3 –9　给蓝精灵添加阴影

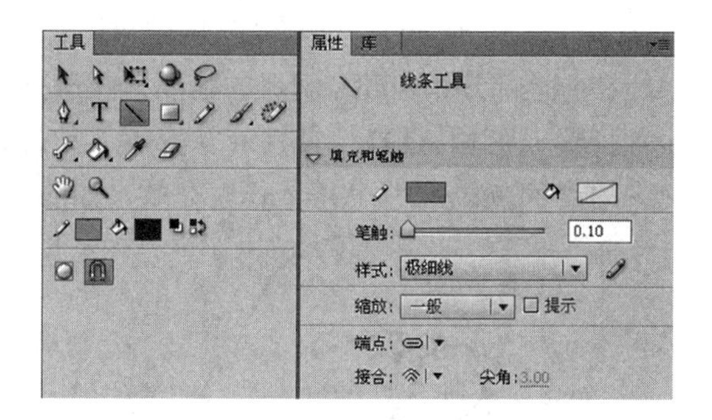

图 2 –3 –10　线条属性选项设置

图 2 –3 –11　绘制蓝精灵脸部极细线条

图 2 –3 –12　给蓝精灵上色

睡觉的蓝精灵绘制完成。

任务评价

评价项目	评价要素
刷子工具	掌握使用【刷子工具】进行绘制的技巧
铅笔工具	会进行【铅笔工具】的细节设置
整体效果	能熟练综合运用所学工具

相关知识

【刷子工具】主要用于绘制毛笔绘图效果的工具，应用于绘制对象或者内部填充。它与【铅笔工具】虽然都是绘图工具，但所画的图形属性却不相同，用【刷子工具】绘画使用的是填充颜色，而【铅笔工具】绘制使用的却是笔触颜色。单击工具栏中的【刷子工具】按钮后，在下方的选项栏中显示其相应的选项设置，共有 5 项，分别为【绘制对象】【锁定填充】【刷子模式】【刷子大小】和【刷子形状】，如图 2－3－13 所示。

1.【锁定填充】

【锁定填充】用于锁定填充的区域，选择此工具后，当刷子的填充颜色为渐变色时，使用刷子工具绘制的各个图形其填充颜色的区域是相同的。

2.【刷子模式】

【刷子模式】用于设置笔刷的着色模式。单击该按钮，可以弹出如图 2－3－14 所示的下拉式列表。

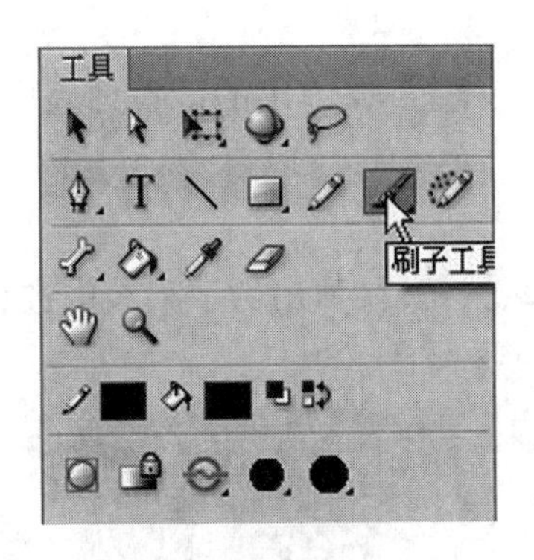

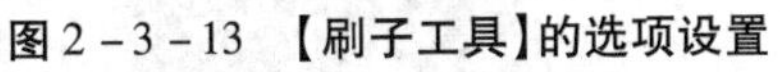
图 2－3－13 【刷子工具】的选项设置

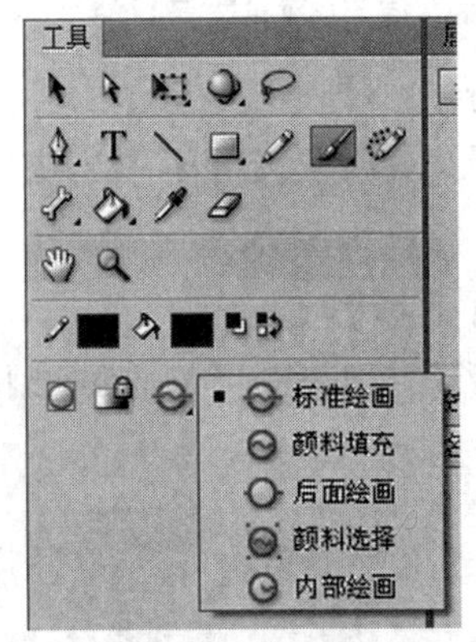

图 2－3－14 【刷子模式】选项

【标准绘画】：使用该模式所画的图形将覆盖原来的图形，如图 2－3－15 所示。

【颜料填充】：使用该模式时，所画的图形只覆盖原来图形的填充色，而不影响轮廓线，如图 2－3－16 所示。

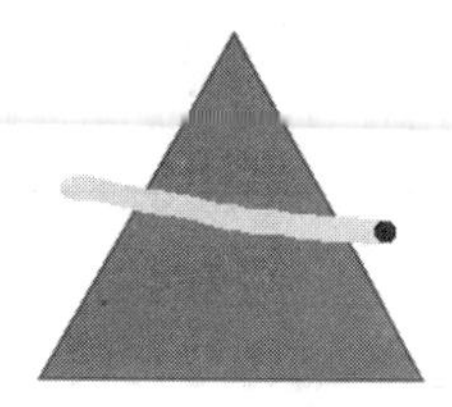
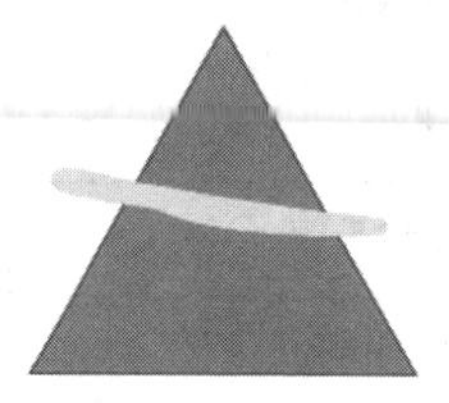

图 2－3－15　使用【标准绘画】模式绘制的效果

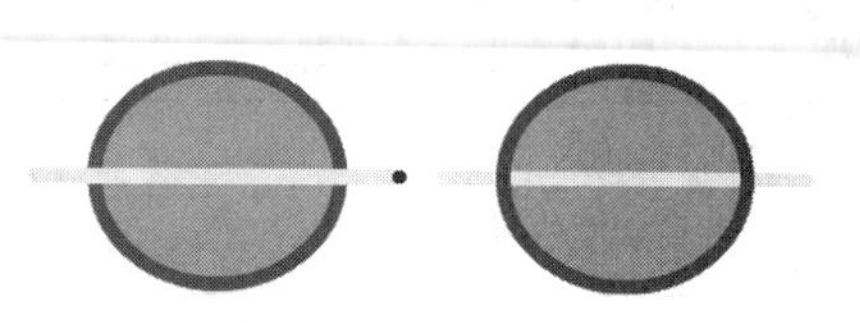

图 2－3－16　使用【颜料填充】模式绘制的效果

【后面绘画】:使用该模式时所画的图形将位于舞台的最底层,新图形被原有的图形覆盖,如图 2－3－17 所示。

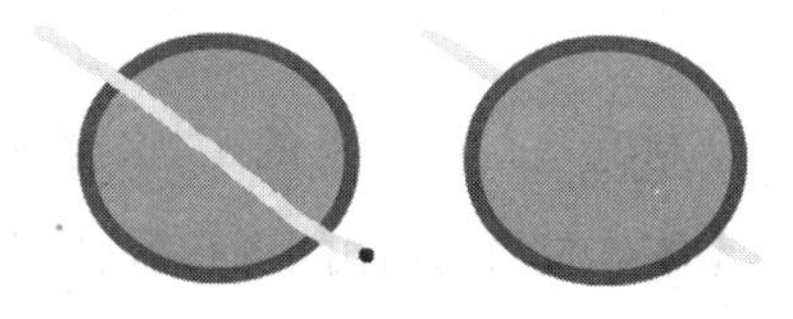

图 2－3－17　使用【后面绘画】模式绘制的效果

【颜料选择】:使用该模式时,只能对选择区域进行绘画,如图 2－3－18 所示。

【内部绘画】:使用该模式时,画笔的起点必须在轮廓线以内,而且画笔的范围也只作用在轮廓线以内,所画的图形也只覆盖原图形的填充色,而不影响轮廓线,如图 2－3－19 所示。

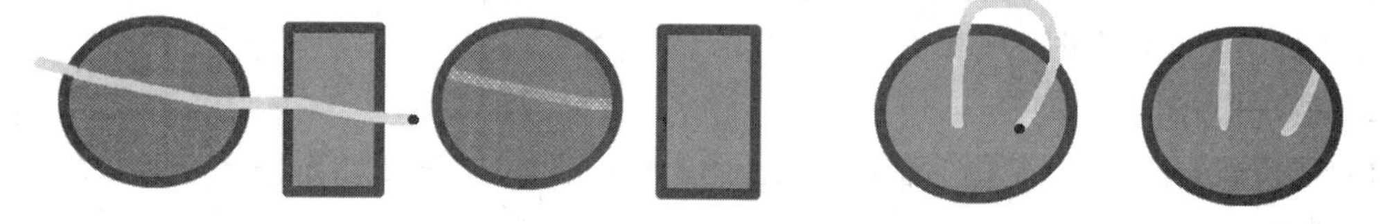

图 2－3－18　使用【颜料选择】模式绘制的效果　　图 2－3－19　使用【内部绘画】模式绘制的效果

3.【刷子大小】

【刷子大小】用于设置笔刷的大小。单击该按钮,在弹出的下拉列表中进行选择设置。如图 2－3－20 所示。

4.【刷子形状】

【刷子形状】用于设置笔刷的形状。单击该按钮,在弹出的下列表中进行选择设置,如图 2－3－21 所示。

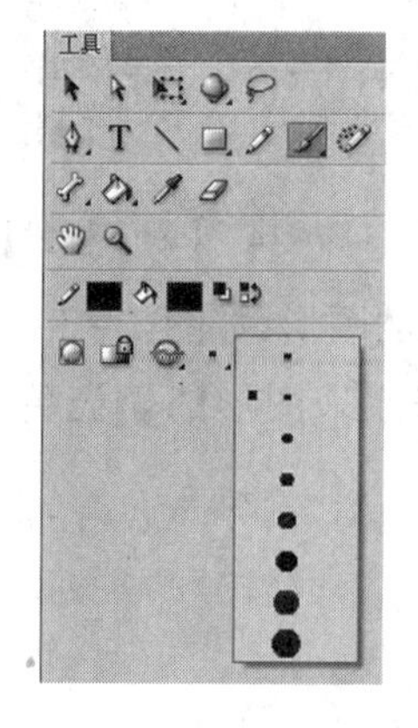

图 2－3－20　设置【刷子大小】

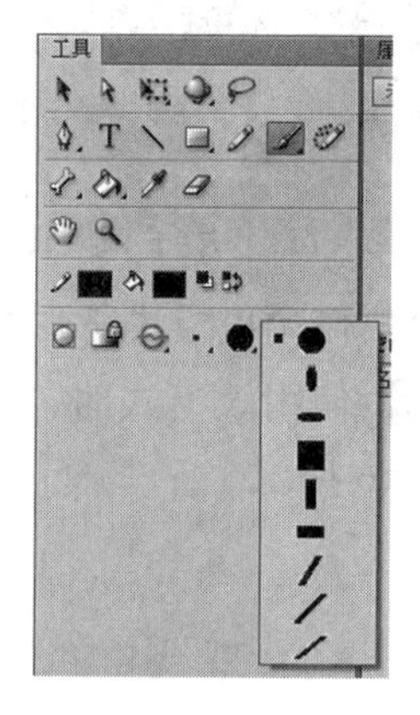

图 2－3－21　设置【刷子形状】

任务4 使用钢笔绘制心形

任务描述

使用 Flash CS 6 的【钢笔工具】绘制心形，然后使用【部分选取工具】进行路径调整，并使用【颜料桶工具】给心形路径进行渐变填充颜色，最后使用【渐变变形工具】对渐变填充进行调整。重点学习和了解 Flash CS 6 的【钢笔工具】、【部分选取工具】对路径的调整和【渐变填充】及其调整。绘制效果如图 2－4－1 所示。

图 2－4－1　绘制心形效果图

任务目标

- 学习了解 Flash CS 6 的【钢笔工具】、【部分选取工具】对路径的调整。
- 能定义【颜料桶工具】的渐变填充选项，并进行渐变填充及其调整。

任务分析

绘制心形的任务主要是为了快速掌握 Flash CS 6 的【钢笔工具】和【部分选取工具】对路径的调整，同时学习渐变填充以及渐变填充的调整。

任务实施

一、任务准备

Flash 软件。

二、任务实施

步骤 1：设置网格和参考线。

打开 Flash CS 6 软件，新建一个文件，在软件右侧的文档属性面板设置文档大小为【550】像素×【400】像素。或者右单击画布，在弹出菜单选择文档属性。如图 2－4－2 所示。

在菜单栏点击【视图】|【标尺】，使【标尺】前面显示对号，此时画布边缘将会显示标尺，快捷键是【Ctrl＋Alt＋Shift＋R】，也可以在文档空白处右单击，在弹出菜单选择标尺。如图 2－4－3 所示。

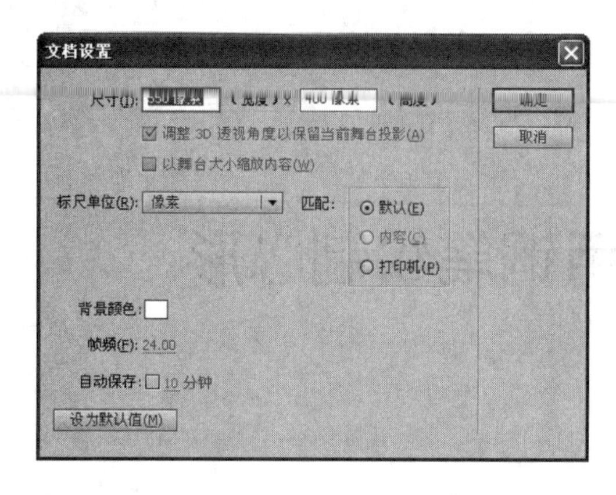

图 2－4－2　文档属性设置

图 2－4－3　显示标尺

在菜单栏点击【视图】|【网格】|【显示网格】，使其前面打上对号，或者在画布空白处右单击，在弹出菜单选择【网格】|【显示网格】，另外也可以使用快捷键【Ctrl + '】。

点击菜单栏【视图】|【网格】|【编辑网格】，或者右单击画布空白处，在弹出菜单选择【网格】|【编辑网格】，或者使用快捷键【Ctrl + Alt + G】，编辑网格，点选【显示网格】和【贴紧至网格】，设置网格宽度和高度为【20】像素，如图 2－4－4 所示。

点击菜单栏【视图】|【贴紧】，选择【贴紧对齐】【贴紧至网格】【贴紧至辅助线】【贴紧至对象】等选项，如图 2－4－5 所示。

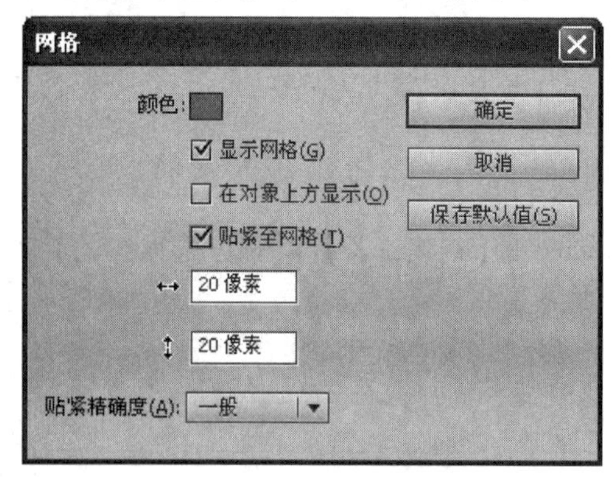

图 2－4－4　编辑网格

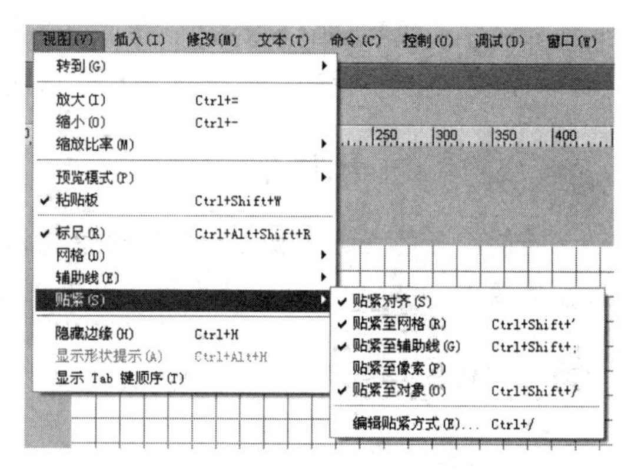

图 2－4－5　贴紧设置

在工具箱选择【选择工具】，鼠标左键点击画布边缘的标尺，按住鼠标左键不放，向画布中拖放辅助线，辅助线布局如图 2－4－6 所示。

步骤 2：绘制贝赛尔曲线。

在工具箱中点选【钢笔工具】，点选【贴紧至对象】按钮，设置【钢笔工具】的属性面板，设置【笔触颜色】为红色【#FF0000】，填充为【空白】，【笔触宽度】设置为【1.00】，【样式】为【实线】，其他默认，如图 2－4－7 所示。

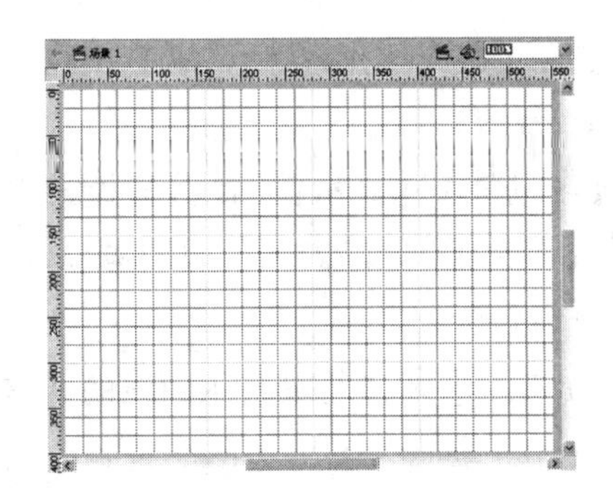

图 2-4-6 辅助线布局

图 2-4-7 【钢笔工具】属性面板设置

在画布中,中间一条纵向辅助线与最上面一条横向辅助线交叉点下方一个格处,使用【钢笔工具】,鼠标左键点住向左侧拖动三个格再向上拖动两个格,如图 2-4-8 所示。

使用【钢笔工具】,在最左侧纵向辅助线与中间一条横向辅助线交叉点点住鼠标左键向下拖动三个格,形成第二个锚点。如图 2-4-9 所示。

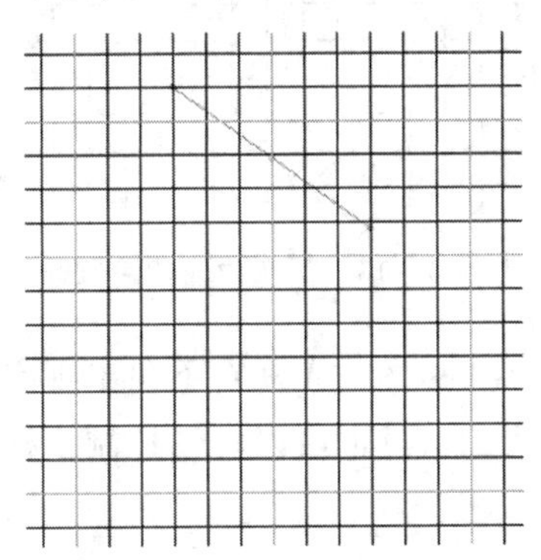

图 2-4-8 起始点

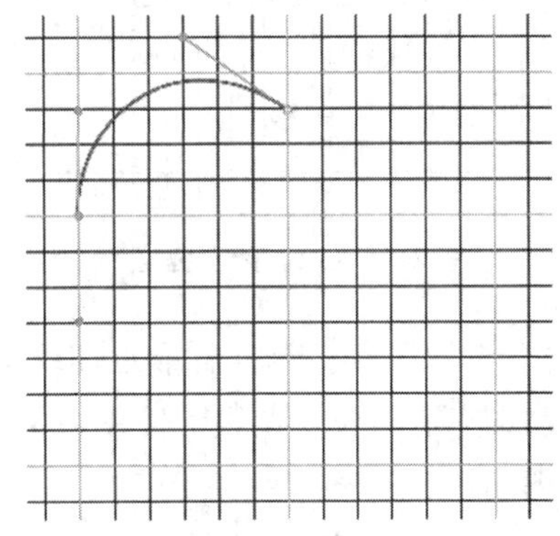

图 2-4-9 第二个锚点

使用【钢笔工具】,在中间一条纵向辅助线与最下方横向辅助线交叉点点击,形成第三个锚点。如图 2-4-10 所示。

使用【钢笔工具】,在最右侧纵向辅助线与中间一条横向辅助线交叉点点住鼠标左键向上拖动三个格,形成第四个锚点。如图 2-4-11 所示。

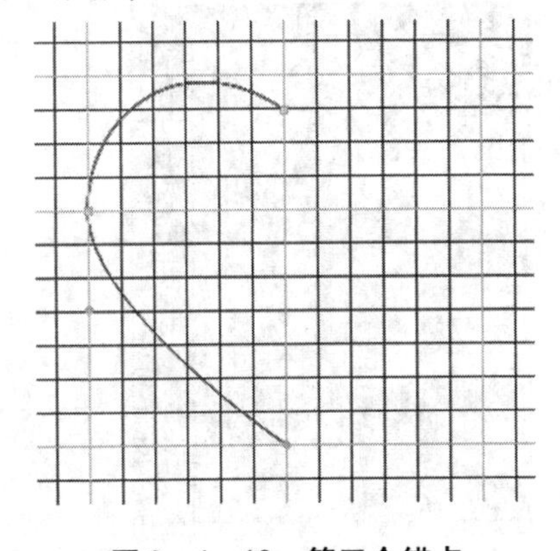

图 2-4-10 第三个锚点

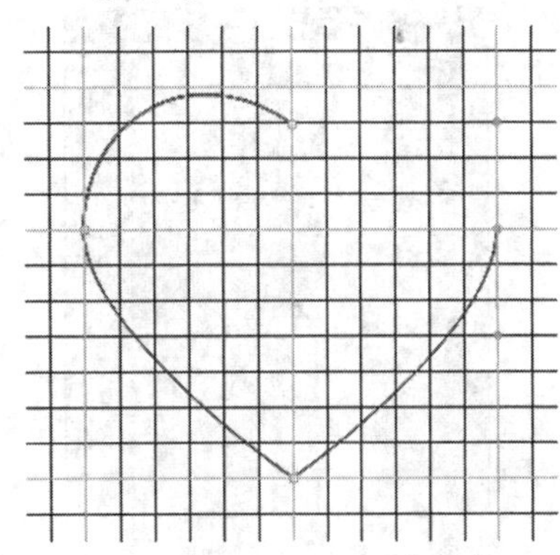

图 2-4-11

画布中，在第一个锚点处，使用【钢笔工具】，鼠标左键点住向左侧拖动三个格再向下拖动两个格，闭合锚点形成的曲线。如图 2－4－12 所示。

完成绘制贝赛尔曲线，点击菜单栏【视图】|【辅助线】|【显示辅助线】去掉前面的对号，或者右单击画布空白处在弹出菜单【辅助线】|【显示辅助线】去掉前面的对号，还可以使用快捷键【Ctrl＋;】显示或者隐藏辅助线。

可以使用【部分选取工具】并配合使用【缩放工具】进行贝赛尔曲线的调整。点选【部分选取工具】，点击曲线路径上的锚点可以选定锚点，被选定的锚点是实心小矩形的样式显示。如图 2－4－13 所示。

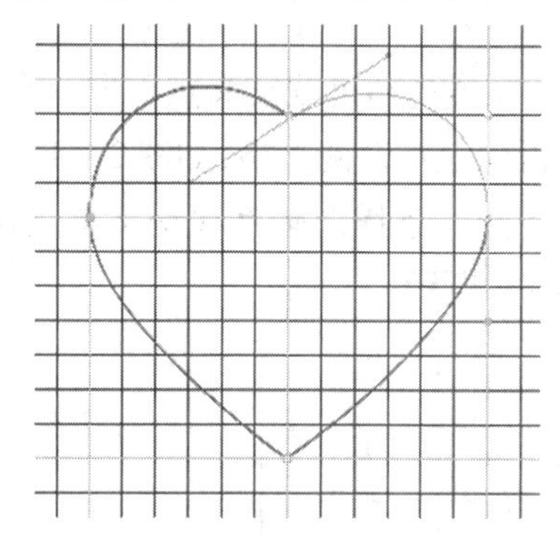

图 2－4－12　闭合锚点

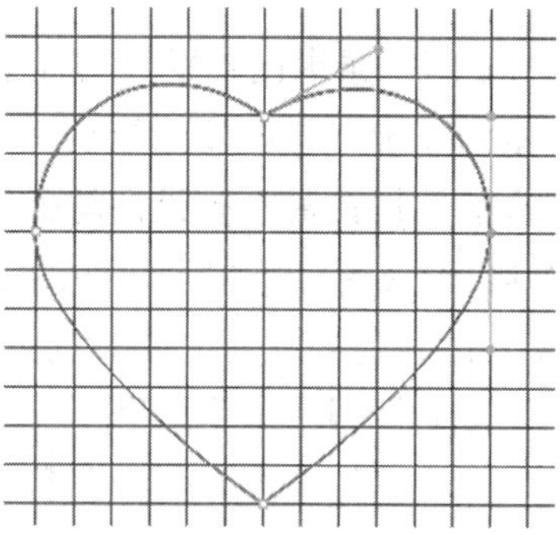

图 2－4－13　贝塞尔曲线的调整

使用【部分选取工具】，当光标靠近曲线上锚点的时候，光标右下角出现空心小矩形，此时可以拖动锚点进行位置调整。使用【部分选取工具】也可以转动控制手柄，以此来调节路径的曲率。

步骤 3：使用渐变填充，给路径曲线形成的心形填充颜色。

在工具箱点选【颜料桶工具】，点击【颜色面板】，笔触颜色的颜色类型选择【无】，如图 2－4－14 所示。

填充颜色的颜色类型选择【径向渐变】，点击左侧滑块，设置颜色为【#FE6E6E】，点击右侧滑块，设置颜色为【#870000】，如图 2－4－15 所示。

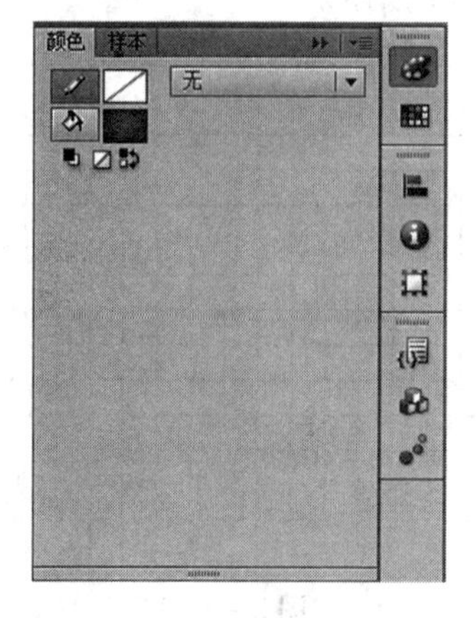

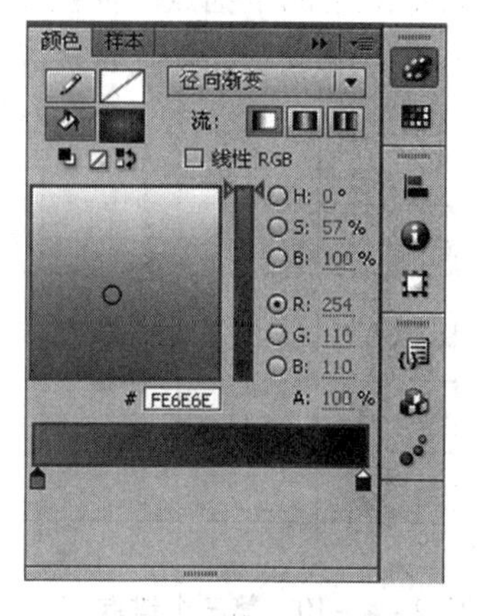

图 2－4－14　笔触颜色设置

图 2－4－15　填充渐变颜色设置

在左右滑块之间大约三分之一段处点击添加滑块，设置颜色为【#FF0000】，如图2－4－16所示。

在心形路径形成的封闭空间左上部位点击填充心形渐变颜色，如图2－4－17所示。

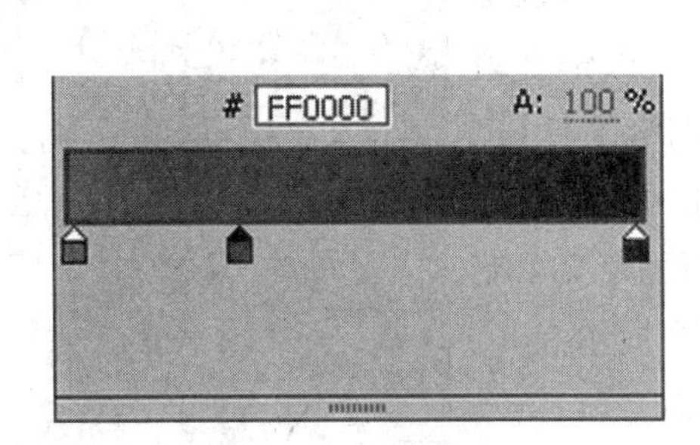

图2－4－16 添加颜色

图2－4－17 填充渐变颜色

步骤4：调整渐变填充。

在工具箱点选【渐变变形工具】，点击心形渐变填充，此时可以将鼠标移动到渐变中心，调整渐变填充的位置，也可以通过右边的三个调节控制点分别控制径向渐变填充的椭圆偏心率、椭圆的大小、椭圆的旋转，如图2－4－18所示，调整到图示位置和形态。

菜单栏【视图】|【网格】|【显示网格】去掉前面的对号，或者右单击画布空白处在弹出菜单【网格】|【显示网格】去掉前面对号，或者直接用快捷键【Ctrl＋'】取消网格显示，形成最终效果。如图2－4－1所示。

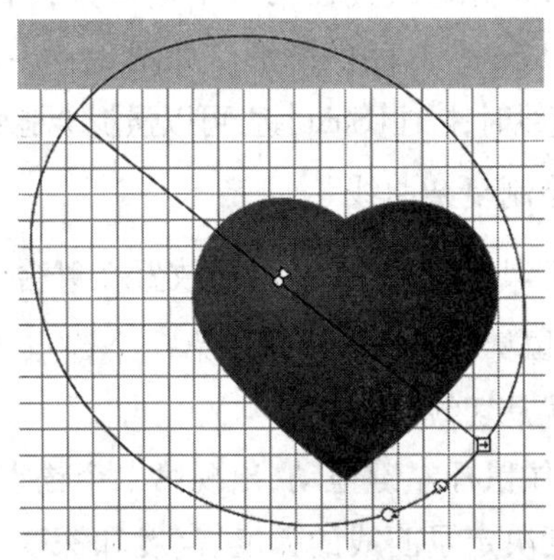

图2－4－18 调整渐变填充

任务评价

评价项目	评价要素
辅助线	会使用辅助工具
钢笔工具	掌握钢笔工具的使用技巧
颜色填充	会使用填充变形工具

相关知识

一、钢笔工具

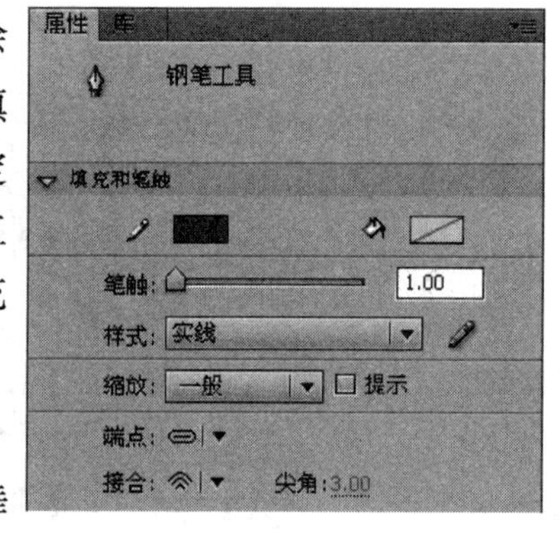

图 2-4-19 【钢笔工具】属性面板

【钢笔工具】除了可以绘制简单直线外，还可以绘制复制的曲线。在早期版本中【钢笔工具】可以定义填充颜色，但是发展到 CS 6 版本，早已经把【钢笔工具】定义为轮廓绘制工具，因此 CS 6 版本的 Flash 中【钢笔工具】的属性面板只能定义笔触颜色和样式，不能定义填充颜色。【钢笔工具】的属性面板如图 2-4-19 所示。

1. 使用【钢笔工具】绘制简单轮廓线条

单击工具栏中的【钢笔工具】按钮，将光标放置在舞台中，此时光标以图标显示，表示该按钮处于选择状态。

在舞台合适位置处单击，确定绘制直线的第 1 个锚点，然后移动鼠标到合适位置处再次单击，确定第 2 个锚点，此时两个锚点连接成一条线段。以次类推，继续在舞台其他位置处单击，从而绘制出所需的图形。

如果要绘制开放的路径，在最后的锚点处双击，或敲击键盘中【Ctrl】键的同时单击舞台其他位置，或者按【Esc】键即可。

如果要封闭绘制的路径，将光标放置在第一个锚点处，当光标显示为符号(右下角为小圆圈)图标时单击，可以形成一个封闭的图形。如图 2-4-20 所示。

在使用【钢笔工具】绘制直线时，按住【Shift】键，可以强制绘制水平、垂直或倾斜 45 度的直线。

2. 使用【钢笔工具】绘制复杂曲线

单击工具栏中的【钢笔工具】按钮，将光标放置在舞台中，该按钮处于选择状态。

在舞台合适位置处按住鼠标左键拖动，创建第一个锚点，并调整其控制手柄，从而确定线条以后的方向趋势，也就是切线方向。

在舞台中其他位置处按住鼠标左键拖动，出现第二个锚点，从而创建出两个锚点间的曲线，控制手柄的弧度和长度决定了曲线的弧度、高度和深度。继续在其他位置按住鼠标左键拖动，绘制其他曲线，与使用【钢笔工具】绘制直线的方法一样，也可以绘制开放的路径和封闭的图形。如图 2-4-21 所示。

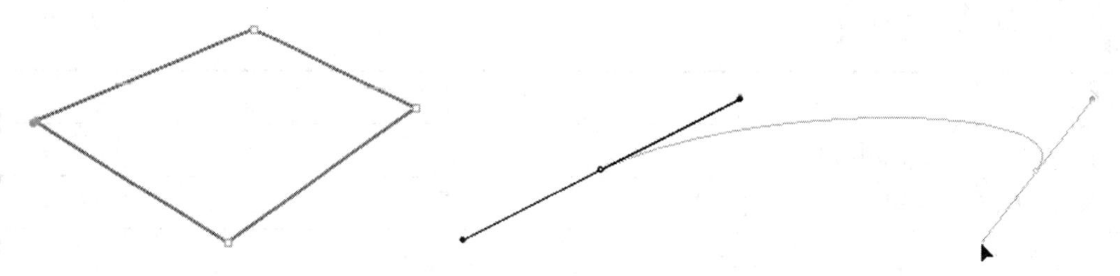

图 2-4-20 使用【钢笔工具】绘线　　图 2-4-21 使用【钢笔工具】绘制曲线

使用【钢笔工具】还可以在图形路径中添加或删除锚点。单击工具栏中的【钢笔工具】按钮，然后将光标放置在曲线上，当光标右下角为+时单击，可以在此处添加一个新的锚点；将光标放置在已有的锚点处，如果光标右下角为－时单击，可以删除已有锚点，此时曲线的形状将被改变；将光标放置到已有锚点处，如果光标右下角出现一个折线，则此时点击会转换锚点。钢笔工具组里面的添加锚点、删除锚点、转换锚点也是这样的功能。如图2－4－22所示。

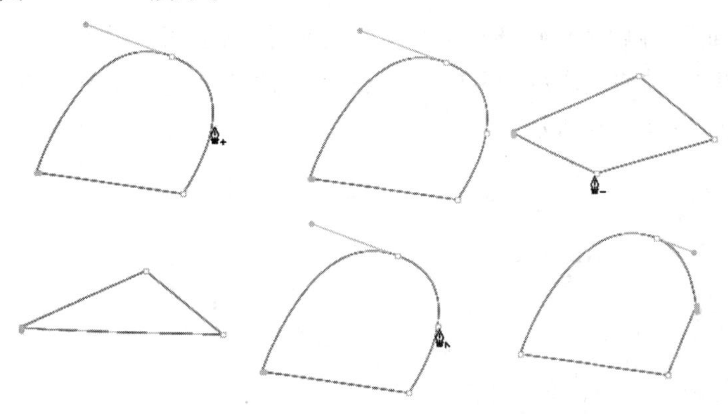

图2－4－22　添加、删除锚点以及转曲线为直线

3. 使用部分选取工具

【部分选取工具】不是绘图工具，它主要用于调整已有图形路径的锚点，包括选择、移动、编辑和删除等，从而编辑图形的形态。使用时，首先单击工具栏中的【部分选取工具】按钮，然后将光标放置在舞台中的某个图形或线段处单击，将其以路径的形式显示。

选择锚点：将光标放置在路径的某个锚点处，当光标右下角为空心的小矩形图标时，单击即可将该锚点选择，选择后的锚点以实心显示。

移动整个路径：将光标放置在路径处，当光标右下角为实心的小矩形图标时，按住鼠标移动，即可移动整个路径。

移动锚点：选择锚点后，可以通过按住鼠标左键拖动或者单击键盘上的方向键进行移动。如图2－4－23所示。

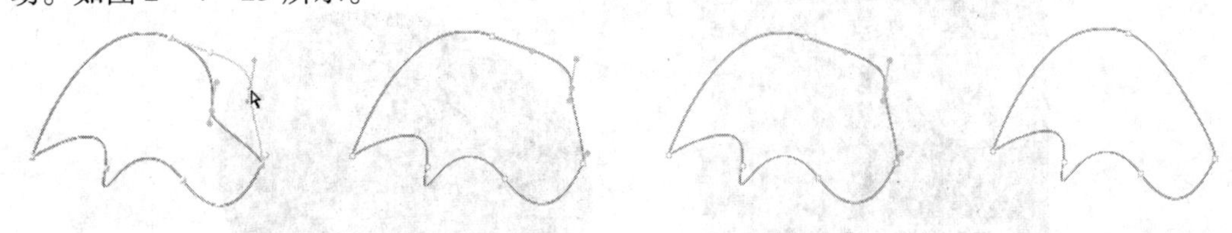

图2－4－23　移动锚点前后的路径

图2－4－24　删除锚点前后的路径

删除锚点：选择锚点后，单击【Delete】键，将选择锚点快速删除，如图2－4－24所示。

转直线锚点为曲线锚点：按住【Alt】键的同时拖动选择的锚点，即可显示将该直线锚点转换为曲线锚点。如图2－4－25所示。

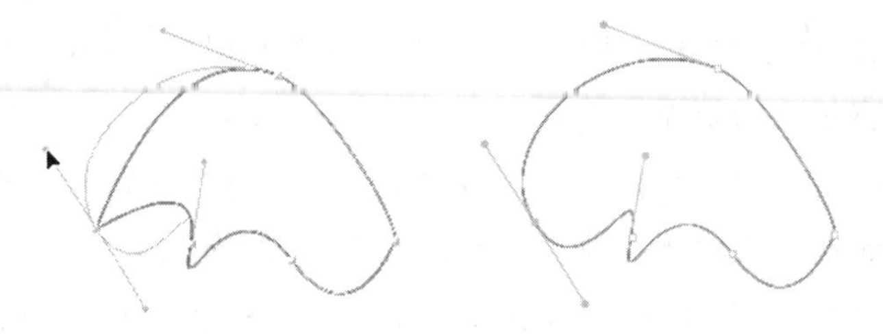

图 2-4-25　由直线锚点转换为曲线锚点

调整曲线锚点一侧的控制手柄：在调整曲线时，控制手柄以对称的形状同时改变，按住【Alt】键的同时拖动曲线锚点一侧的控制手柄，只改变一侧的控制手柄，而对另一侧不产生影响。如图 2-4-26 所示。

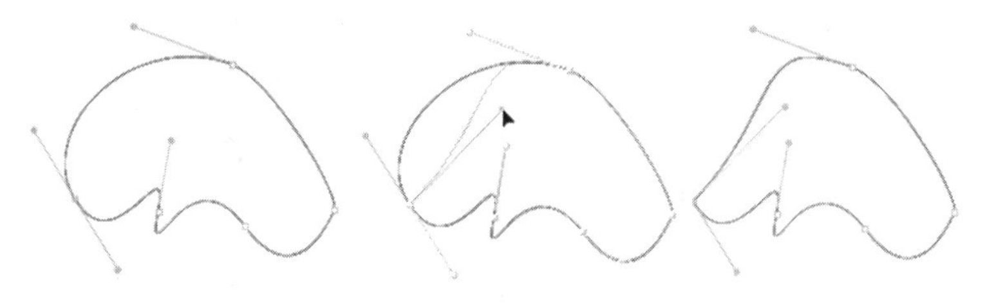

图 2-4-26　调整曲线锚点一侧的控制手柄

二、颜色填充、线性渐变、径向渐变和位图填充

1. 纯色填充

使用【线条工具】、【铅笔工具】、【钢笔工具】等任何一种绘制封闭空间的工具，都可以使用【颜料桶工具】进行纯色填充。

点选颜料桶工具之后，单击菜单栏中的【窗口】|【颜色】命令，展开【颜色】面板，或者直接点击颜色面板按钮展开颜色面板。在点选填充颜色之后，在右侧下拉菜单里选择【纯色】，并在下面调色面板调色。如图 2-4-27 所示。

选择好填充颜色之后，使用【颜料桶工具】对封闭空间进行颜色填充即可。如图 2-4-28所示。

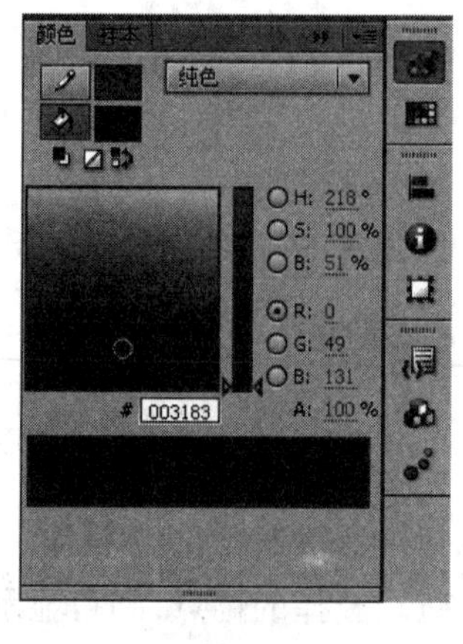

图 2-4-27

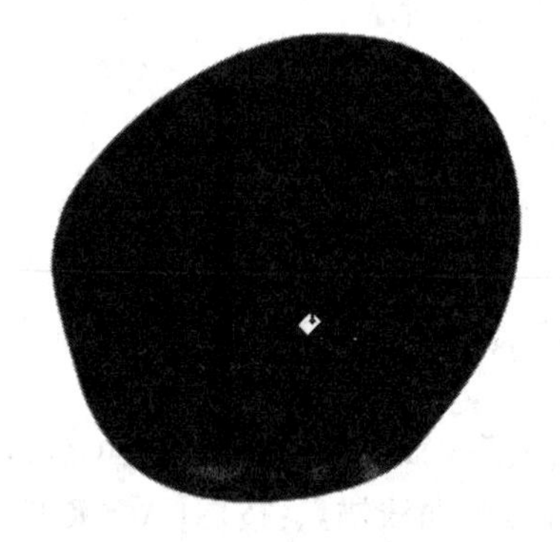

图 2-4-28　纯色填充

2. 使用颜色面板填充线性渐变颜色

使用【颜色】面板除了可以进行纯色填充外，还可以进行渐变填充，渐变是由某种颜色过渡到另外一种颜色的变化过程，有两种类型——线性渐变和径向渐变。线性渐变可以将颜色的过渡变化按照直线进行。单击菜单栏中的【窗口】|【颜色】命令，展开【颜色】面板，然后单击右侧按钮，在弹出的颜色类型下拉列表中选择【线性渐变】选项。如图2-4-29所示。

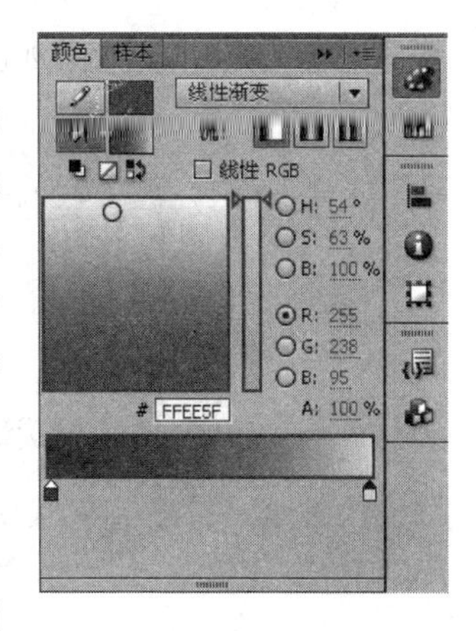

图2-4-29　线性渐变填充

【线性渐变】该颜色类型是指使用线性渐变进行填充。

【流】用于设置超出颜色填充范围的颜色填充方式，分别为【扩展颜色】【反射颜色】和【重复颜色】。其中【扩展颜色】为默认模式，用于将所指定的颜色应用于渐变末端之外；【反射颜色】模式以反射镜像效果进行填充，指定的渐变色从渐变的开始到结束，再以相反顺序从渐变的结束到开始，再从渐变的开始到结束，直到填充完毕；【重复颜色】模式则从渐变的开始到结束重复渐变，直到填充完毕。

【线性 RGB】：勾选该项，创建 SVG 兼容的（可伸缩的矢量图形）线性或放射状渐变。仅应用于【线性渐变】与【径向渐变】两种渐变类型。

渐变颜色的设置，点击调色板下的滑块，然后在上面选择合适的颜色，左、右两个滑块均设置好颜色之后，便产生了颜色过渡的渐变效果，如图2-4-30所示。

在左、右两个滑块之间点击可增加颜色控制滑块，如图2-4-31所示。

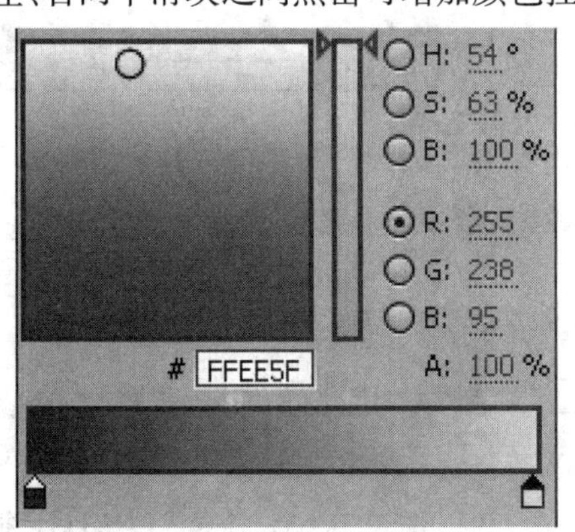

图2-4-30　渐变颜色

图2-4-31　增加颜色

可以用鼠标调节滑块的位置，并且在点选颜色滑块之后，编辑滑块的颜色。设置好之后进行填充即会形成线性渐变填充。如图2-4-32所示。

3. 使用颜色面板填充径向渐变颜色填充

径向渐变填充与线性渐变填充基本相同，唯一不同的是渐变的方向不同。线性渐变是沿着一条直线的方向进行渐变，径向渐变顾名思义就是以中心点为起始点，径向地向外扩散颜色渐变。在【颜色】面板选择颜色类型的下拉列表中选择【放射状】选项，即可进行径向渐变填充,填充效果如图 2 –4 –33 所示。

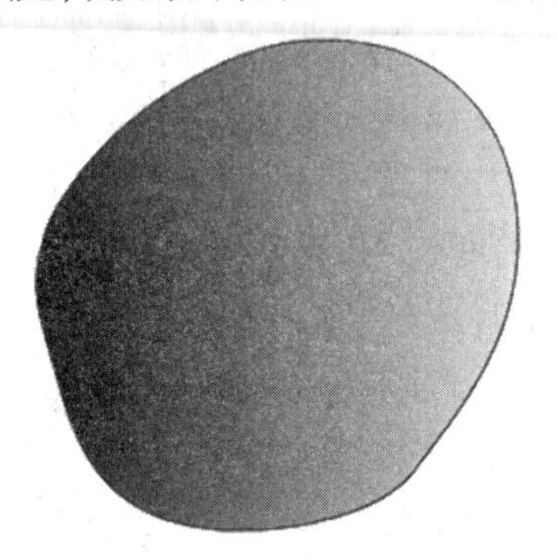

图 2 –4 –32　线性渐变填充

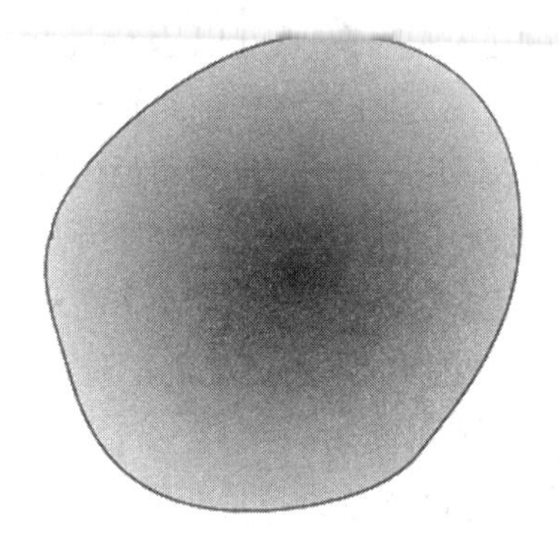

图 2 –4 –33　径向渐变填充

4. 使用颜色面板填充位图

【颜色】面板还有一个比较特殊的作用,就是可以进行位图填充,单击菜单栏【窗口】|【颜色】命令,展开【颜色】面板,在选择颜色类型的下拉列表中选择【位图填充】选项,即可进行位图填充。在位图填充之前,库里面需要有导入的位图,如果库里没有可用的位图,则在选择【位图填充】的时候,会弹出“导入到库”对话框,要求先导入位图。如果库中有可用的位图,则提供预览。如图 2 –4 –34 所示。

位图填充:该颜色类型是指使用位图方式进行的填充。

导入:单击该按钮,在弹出的【导入到库】对话框中可以选择导入图像文件,如图 2 –4 –35所示。

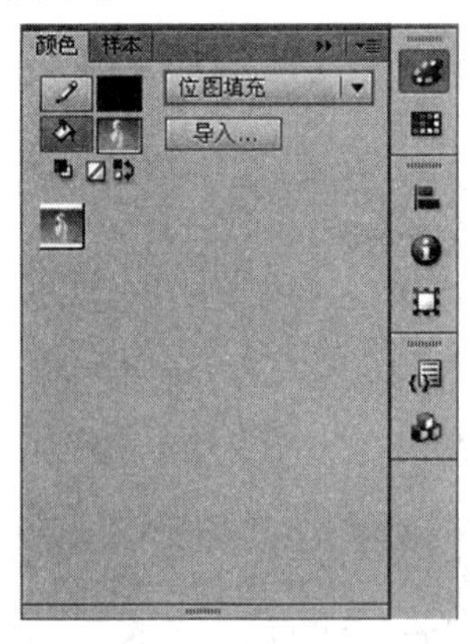

图 2 –4 –34　库中有可用位图时进行位图填充

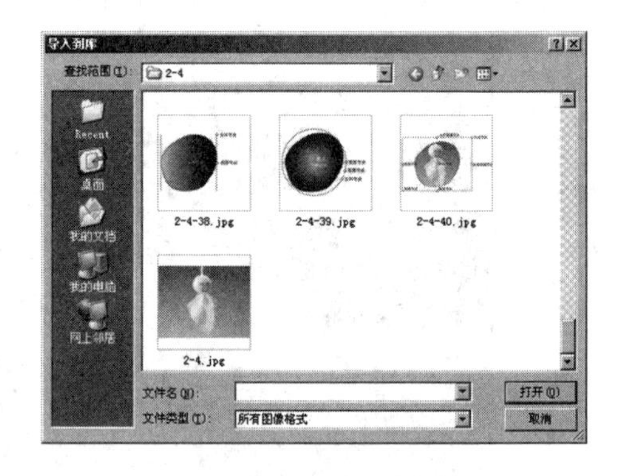

图 2 –4 –35　【导入到库】对话框

位图预览:用于预览显示导入的位图。

使用位图填充的效果如图 2 –4 –36 所示。

三、渐变变形工具

【渐变变形工具】主要用于对对象采用各种方式进行填充变形处理,调整的填充类型包括线性、径向、位图三种,可以调整填充渐变色和位图的方向或者中心位置、范围大小,该工具一般与【颜色】面板结合使用。

1. 使用【渐变变形工具】调整线性渐变类型的方法

单击工具栏中的【渐变变形工具】按钮，点选要调整的渐变对象，出现【渐变变形工具】的调整状态，如图 2－4－37 所示，显示 3 个控制点 中心点、方向节点和范围节点。

图 2－4－36　填充位图后的效果

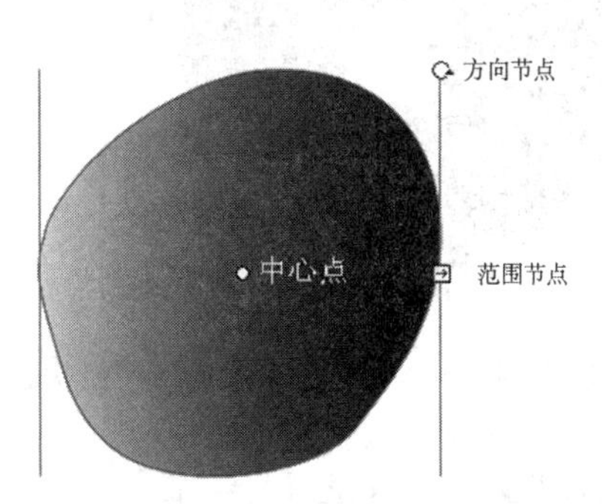

图 2－4－37　渐变颜色的调整状态

(1)将光标移动到渐变颜色中心点处，此时光标显示为图标，按住鼠标左右拖动，可以将渐变色向左或向右移动；

(2)将光标移动到渐变颜色方向节点处，此时光标显示为图标，按住鼠标左键拖动，将渐变颜色旋转，调整方向后的效果；

(3)将光标移动到渐变颜色范围节点处，按住鼠标左键拖动，可以调整渐变的范围。

2. 使用【渐变变形工具】调整径向渐变类型的方法

单击工具栏中的【渐变变形工具】按钮，点选要调整的径向渐变对象，出现【渐变变形工具】的调整状态，如图 2－4－38 所示，显示中心点、焦点、宽度节点、范围节点、方向节点共 5 个控制点。

(1)将光标移动到变形框宽度节点处，按住鼠标左键拖动，可以对渐变的宽度进行水平方向的变形，向外拖动为放大，向内拖动为缩小；

(2)将光标移动到变形框范围节点处，按住鼠标左键拖动则对渐变大小进行变形，向外拖动为放大，向内拖动为缩小；

(3)将光标放置在变形框中心点处，按住鼠标拖动，可以调整中心点的位置；

(4)将光标移动到变形框焦点处，当光标显示为倒立小三角▼图标，按住鼠标拖动，用来控制径向渐变的焦点位置，该节点只能沿着宽度线移动；

(5)将光标移动到变形框方向节点处，按住鼠标左键拖动，可以使径向填充颜色方向旋转。

3. 使用【渐变变形工具】调整位图类型的方法

单击工具栏中的【渐变变形工具】按钮，点选要调整的径向渐变对象，出现【渐变变形工具】的调整状态，如图 2－4－39 所示，显示中心点、水平倾斜节点、垂直倾斜节点、宽度节点、高度节点、范围节点、方向节点共 7 个控制点。

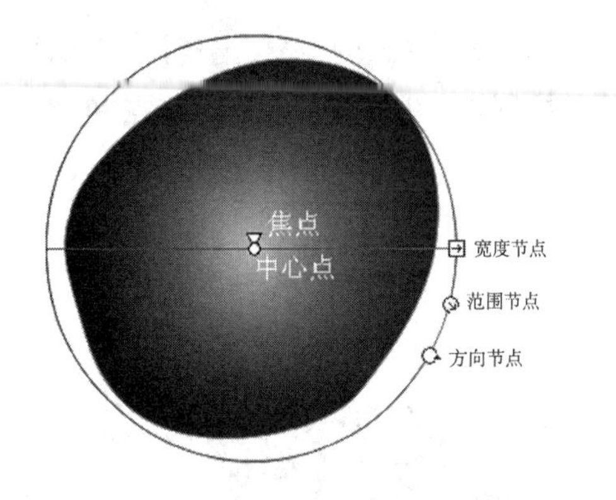

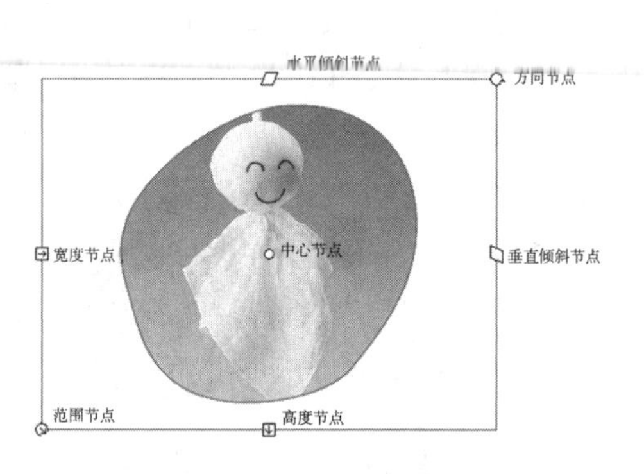

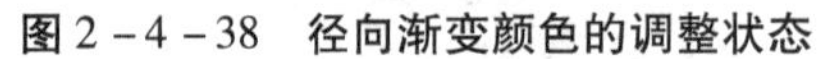

图 2－4－38　径向渐变颜色的调整状态　　图 2－4－39　位图填充的调整状态

特别提示

将光标移动到变形框水平倾斜节点处按住鼠标左右键拖动，可以将填充位图水平倾斜；

将光标移动到位图填充的垂直倾斜节点处，按住鼠标左键上下拖动，可以将填充位图垂直倾斜；

将光标移动到变形框的范围节点处，按住鼠标拖动，将填充位图进行等比例缩放，向外拖动为放大，向中心拖动为缩小；

将光标移动到变形框的宽度节点处，按住鼠标拖动，可以将填充位图进行水平方向的缩放；

将光标移动到变形框的中心点，可以调节移动整个填充的位图；

将光标放置在变形框的高度节点处，按住鼠标拖动，可以将填充位图进行垂直方向的缩放；

将光标移动到变形框方向节点处，按住鼠标左键拖动，按填充位图的方向旋转。

任务拓展

将使用基础工具绘制出的矢量图进行单个或多个组合，可以创建对象，并对对象进行复制等常见编辑操作，可以绘制出有规律的矢量图。

拓展任务：风车，如图 2－4－40 所示。

图 2－4－40　拓展任务　风车

单元小结

Flash CS 6 工具箱提供了选取调整类工具、图形绘制文字编辑类工具、图形动画辅助

类工具、查看类工具、颜色属性定义工具和绘图属性选项工具等几类常用的矢量图绘制工具。这些工具简单实用、易于操作,使用它们不仅可以绘制复杂的矢量图,而且还可以对动画对象进行编辑等加工工作。单击菜单栏中的【窗口】|【工具】命令,或者按【Ctrl + F2】键,可以快速切换工具栏的隐藏或显示状态。绘图属性选项工具:当选择某一绘图工具的时候,在工具栏最后会显示相应的属性选项按钮,比如当选择【钢笔工具】【线条工具】【矩形工具】等工具的时候工具箱最后会显示【对象绘制】、【贴紧至对象】等属性选项按钮,当选择【铅笔工具】的时候会显示【平滑】等【铅笔模式】选项。

Flash 动画的设计制作过程,其实就是创建大量的矢量图形,然后通过后面要讲的补间等操作形成具有动态展现形式的动画的过程。所需要的矢量图可以先用 CorelDraw、Freehand 和 Illustrator 等功能强大的矢量图绘图软件进行制作,然后导入到 Flash 的库中进行使用。但如果不是特别高要求的矢量图,Flash 自身的矢量图绘制方法就足够胜任了,Flash 同样提供了强大的绘图工具,其操作更方便、更快捷。一般情况下,使用 Flash 自身的绘图工具绘制所需的图形制作动画,能够更好地表现 Flash 效果,所以掌握绘图工具的使用对于制作优秀的 Flash 作品是至关重要的。

综合测试

一、填空题

1. 点选【选择工具】,并将光标放置在舞台中时,光标显示的状态,表示当前可以__________对象。
2. 极细线一般用来勾勒轮廓,不会随着文档放大显示而变大,其笔触高度是__________。
3. 在选择工具箱中的工具的时候,按键盘上的 P 键,可以快速切换至__________工具。
4. 线条与线条连接的接合处的形状,有__________、圆角、斜角三种形式。
5. 在进行 Flash 绘制的时候,同时按下键盘上的__________键,可以临时切换到手型工具来移动画布的位置,放开快捷键又恢复之前的工具选项。

二、选择题

1. Flash CS 6 中对工具正确的叫法是(　　)。

   A. 选择工具　　B. 部分选取工具　　C. 任意变形工具　　D. 钢笔工具

2. 使用椭圆工具,可以同时按住快捷键(　　)快速绘制正圆。

   A. Ctrl 键　　B. Alt 键　　C. Shift 键　　D. Tab 键

3. 下列哪一项不是刷子工具的刷子模式?(　　)

   A. 颜料填充　　B. 后面绘画　　C. 颜料选择　　D. 渐变填充

4. 下列不属于颜色面板上填充颜色的颜色类型的是(　　)。

   A. 元件　　B. 线性渐变　　C. 径向渐变　　D. 位图

5. 工具是钢笔工具组中的(　　)。

   A. 添加锚点工具　　B. 删除锚点工具　　C. 转换锚点工具　　D. 移动锚点工具

单元三　文字的编辑与应用

单元概述

文字是 Flash 动画中重要的组成元素之一，起到帮助影片标识内容以及美化影片的作用，Flash CS 6 的文本除了继承原来的功能外，对文本进行了很大的改变和加强，在丰富原有传统模式的基础上，又新增了 TLF 格式的文本，使用户操作起来更加方便。

本单元主要讲解 Flash 文本中常见的描边文字、阴影文字、投影文字、TLF 链接文字和立体文字的制作方法。描边文字是通过对 Flash 文本中的文字进行描边，调整描边的设置来改变文字形态。阴影文字是通过利用文本的滤镜效果实现投影效果，这种效果很适合做倒影字。投影文字是通过对文字滤镜的综合应用，制作出特殊的文字效果。TLF 串联文字，是通过利用 TLF 文本链接效果，实现一段文本在多 TLF 文本框之间的流动。立体文字的制作是 Flash 文字综合运用的实例。

任务1 描边文字

任务描述

本任务是使用 Flash CS 6 的静态文本输入文字,使用混色器面板和墨水瓶工具,为文字填充颜色、使用墨水瓶工具为文字添加边线,实现描边文字的制作。如图 3-1-1 所示。

图 3-1-1 描边文字效果图

任务目标

- 能够使用文本工具输入文字。
- 能够使用混色器面板填充颜色。
- 掌握墨水瓶工具添加边线的方法。

任务分析

本任务的制作分为输入文字、打散文字、填充文字、添加边线四大主要步骤。

任务实施

一、任务准备

熟悉文字工具、墨水瓶工具、混色器面板以及其属性窗口。

二、任务实施

步骤1：新建Flash文档，选择【修改】|【文档】命令，打开【文档设置】对话框，设置宽为【420】像素，高为【300】像素，其他为默认，如图3－1－2所示。

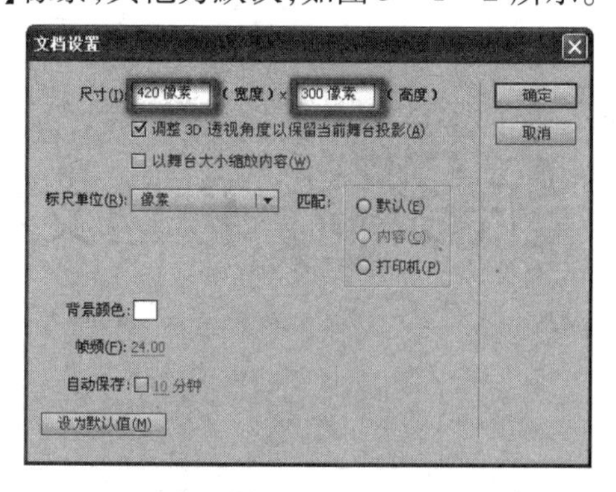

图3－1－2 【文档设置】对话框

步骤2：单击【文件】|【导入】|【导入到舞台】命令，在弹出的【导入】对话框中，选择本书配套光盘【单元三/素材】目录下的【海天一色.jpg】，将该图片导入到当前舞台中。

步骤3：在舞台中选择已导入的图片，按【Ctrl＋I】打开信息面板，设置参数如图3－1－3所示，让图片与舞台完全重合。

步骤4：双击时间轴面板中的【图层1】图层名称，将其改名为【背景】。将【背景】图层锁定。

步骤5：单击时间轴面板中的【新建图层】按钮，创建一个新的图层【图层2】，双击【图层2】名称，改名为【文字】。

步骤6：在【工具】面板中选择【文本】T工具，在属性面板中选择【传统文本】选项，设置为【静态文本】，设置【系列】为【微软雅黑】，【样式】为【blod】，【大小】为【60】，文字【颜色】为【黑色】。如图3－1－4示。

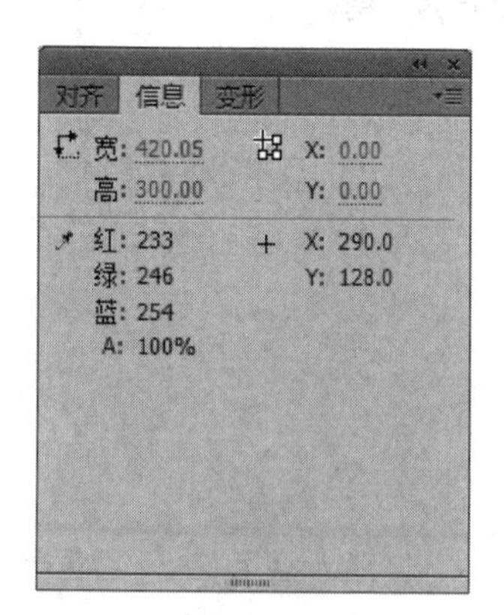

图3－1－3 【信息】面板　　图3－1－4 【文本属性】窗口

步骤7：在【文字】图层的舞台中单击创建一个文本框，然后输入文字【海天一色】。如图3－1－5所示。

图3－1－5 输入文字

步骤8：选中文本内容，连续进行2次【修改】|【分离】命令，将文本分离为填充图形，如图3－1－6所示。

特别提示

文本一旦被分离为填充图形后就不再具有文本的属性，而是拥有了填充图形的属性，即对于分离为填充图形的文本，用户不能再更改其字体或字符间距等文本属性，但可以对其应用渐变填充或位图填充等填充属性。

步骤9：打开【颜色】面板，选择【线性渐变】选项，设置渐变色填充为【#380019】至【#0093EC】。如图3－1－7所示。

图3－1－6 将文字打散为形状

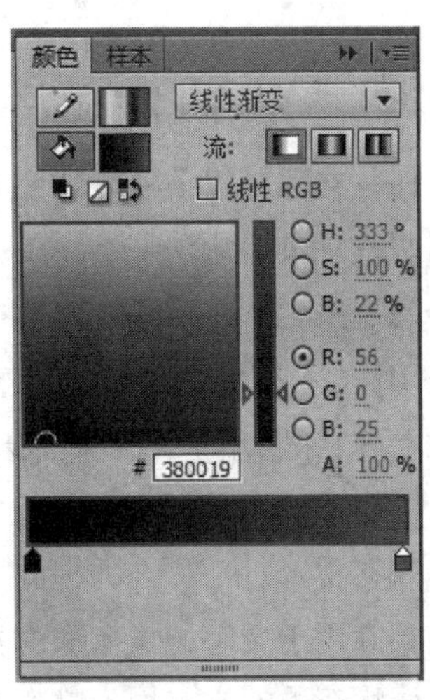

图3－1－7 【颜色】面板

步骤10：在【工具】面板上选择【颜料桶】工具，在文字上单击鼠标并由上到下拖动出一条渐变路径，释放鼠标即可将文字填充为渐变色。如图3－1－8所示。

步骤11：选择【墨水瓶】工具，在其【属性】面板中设置【笔触颜色】为紫色【#9900CC】，【笔触大小】为【2】，【样式】为【实线】。如图3－1－9所示。

步骤12：单击舞台中的每个文字的边缘，为文字添加紫色的文字轮廓线。

最终效果如图 3－1－1 所示。

图 3－1－8 【线性渐变】填充文字

图 3－1－9 【墨水瓶】工具的【属性】设置

任务评价

评价项目	评价要素
素材使用	能将所给素材导入到库中，并能进行素材的对齐、大小、位置等的处理
文本工具	能根据需要输入传统文本中的静态文本，会使用文本属性面板设置文本
渐变色填充	会使用颜色面板，为墨水瓶工具和位图设置颜色
墨水瓶工具	会设置墨水瓶相关属性，能熟练运用墨水瓶工具

相关知识

本任务在加深以前所介绍工具的熟练度之外，主要使用了文本工具和墨水瓶工具，下面介绍两种工具的用法。

一、文本类型

使用【文本】T工具可以创建多种类型的文本，从 Flash CS 6 开始，除了以前的传统文本模式外，还增添了 TLF 文本模式。在 Flash CS 6 中，传统文本分为以下三种类型，其具体作用如下：

1. 静态文本

主要应用于文字的输入和编排，在后期影片播放过程中不会改变，起到解释说明的作用。默认状态下的文本均为静态文本。

2. 动态文本

文本对象中的内容可以动态改变，它可以显示外部文件中的文本，主要应用于数据的更新，常用于计时器等方面。

3. 输入文本

在动画中创建一个允许用户填充的文本区域，该文本在后期影片播放过程中用于可以支持用户输入的内容，因此常被用来实现与用户的交互，目的是让浏览者填写一些信息，达到信息交换或收集信息的目的。

二、创建传统文本

传统文本是 Flash 的基本文本模式，可分为静态文本、动态文本、输入文本三种。

1. 静态文本的创建

要创建静态文本，首先要选择工具栏中的【文本】工具 T 按钮，将光标放置在舞台中，此时光标以图标显示，表示该按钮处于选择状态。在舞台所要输入文字处单击鼠标左键，出现一个文本输入框，在此文本输入框中即可输入文本。如图 3－1－10 所示。

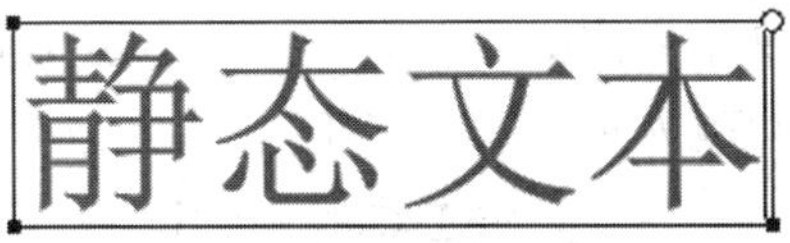

图 3－1－10 不限宽度的静态文本

特别提示

在【文本】工具的属性面板中单击【改变文本方向】按钮，在打开的菜单中根据需要选择【水平】【垂直】或者【垂直，从右向左】命令，可以改变静态文本的方向。

如果选中【文本】工具 T 后在舞台中拖动，则可以创建一个具有固定宽度的静态水平文本框，该文本框的右上角具有方形手柄标识，其输入区域宽度是固定的，当输入文本超出宽度时将自动换行。如图 3－1－11 所示。

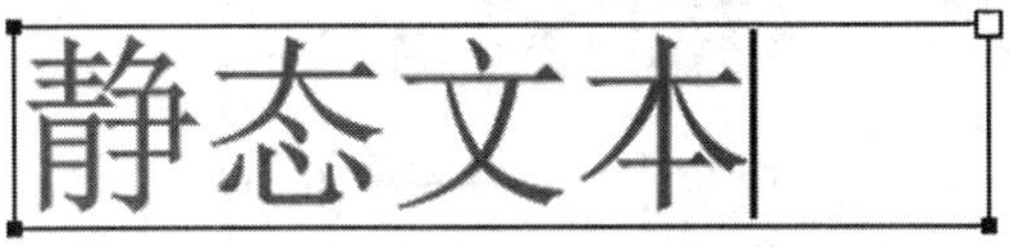

图 3－1－11 宽度固定的静态文本

特别提示

按住 Shift 键的同时双击有宽度限制文本输入框中的小矩形图形，可以将有宽度限制的文本框转换为无宽度限制的文本框。

2. 动态文本的创建

创建动态文本，首先要选择工具栏中的【文本】工具 T 按钮，打开【属性】面板，单击【静态文本】按钮，在弹出的菜单中选择【动态文本】类型，将光标放置在舞台中，此时光标以图标显示。此时单击舞台，可以创建一个具有固定宽度和高度的文本框，拖动可以创建一个自定义固定宽度和高度的动态水平文本框；在文本框中输入文字即可创建动态文本。如图 3－1－12 所示。

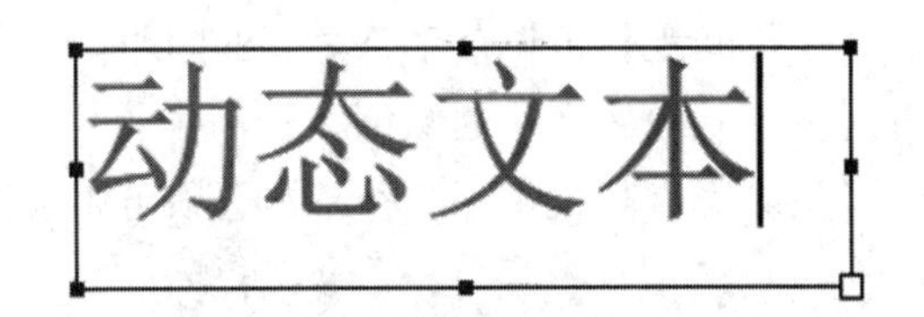

图 3－1－12 固定宽度的动态文本

3. 可输入文本的创建

要创建动态文本，首先选择工具栏中的【文本】工具 T 按钮，打开【属性】面板，选择【动态文本】类型，此时单击舞台，可以创建一个具有固定宽度和高度的文本框，拖动可以创建一个自定义固定宽度和高度的可输入文本框。如图 3－1－13所示。

图 3－1－13　固定宽度和高度的输入文本

三、文本工具的属性面板

单击工具栏中的【文本工具】 T 按钮，在【属性】窗口中会显示如图 3－1－14 所示的【文本属性】面板。

在【位置】选项组中，主要是文本框的位置和大小，如图 3－1－15 所示，其主要参数如下：

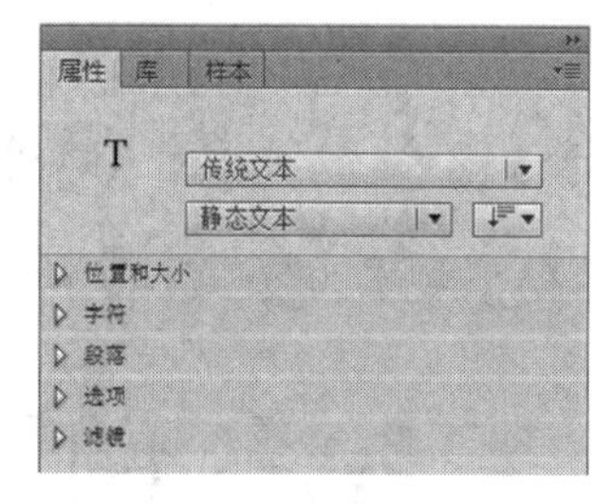

图 3－1－14　文本属性窗口

图 3－1－15　文本属性窗口

【X】：表示字符框与舞台左侧的相对位置。

【Y】：表示字符框与舞台上方的相对位置。

【宽】：字符框的宽度。

【高】：字符框的高度。

2. 在【字符】选项组，通过它可以对输入文字进行字体、大小、颜色、类型等各属性的调整，如图 3－1－16 所示，其主要参数如下：

【系列】：可在下拉列表中选择文本的字体。

【样式】：可在下拉列表中选择字体的样式，如加粗、倾斜等。

【大小】：可设置字体大小，可以输入数值，也可以左右拖动来改变字体大小。

【字母间距】：可调节字符之间的间距。

【颜色】：设置文本的颜色。

【消除锯齿】：提供了 5 种基本选项可供选择。如图 3－1－17 所示。

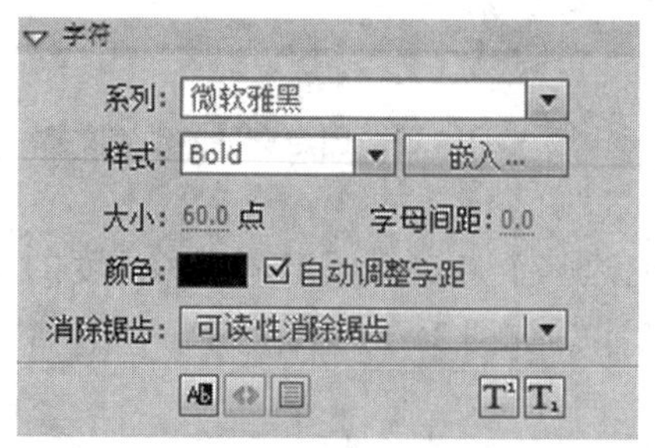

图 3－1－16　文本属性窗口

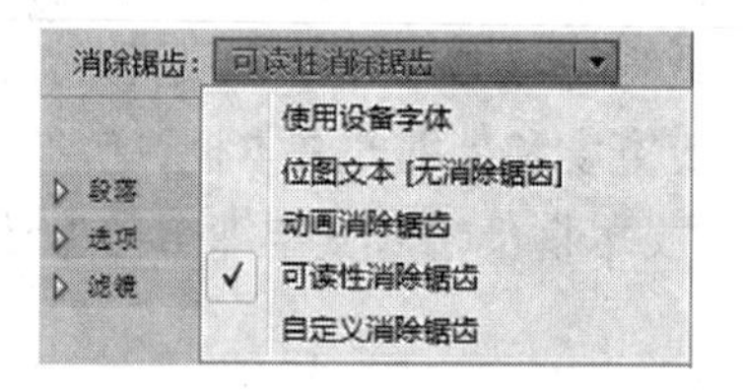

图 3－1－17　文本消除锯齿设置

四、墨水瓶工具

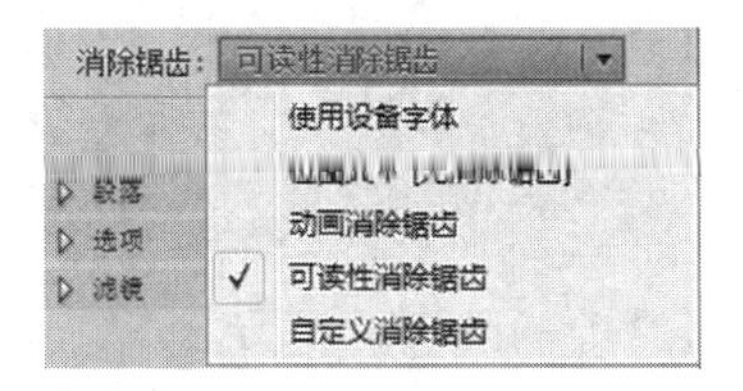

图 3－1－18 墨水瓶工具的属性面板

使用【墨水瓶工具】可以为没有外部轮廓的图形加入外部轮廓线，如果该区域已经存在有轮廓线，也可以改变当前轮廓线的颜色、尺寸和样式，包括直线、曲线和图形的轮廓线，该按钮仅能填充线条的颜色，而不能为内部填充色填充颜色，【墨水瓶工具】的使用非常简单，在舞台图形处单击即可为其添加或改变外部轮廓线，通过【属性】面板可以设置轮廓线的颜色、粗细、样式等，如图 3－1－18 所示。允许对笔触进行单色、渐变和位图的填充。

任务拓展

拓展任务：利用所给素材制作描边文字【仙人掌】。如图 3－1－19 所示。

图 3－1－19 描边文字【仙人掌】

要点分析：设置【墨水瓶】工具的笔触样式，将【样式】设为【虚线】，【笔触】设为【加粗】。

任务 2 阴影文字

任务描述

本任务是使用 Flash CS 6 的静态文本输入文字，通过两层文字的稍错位形成的，上层文字为彩色、下层文字为黑色的阴影效果。如图 3－2－1 所示。

图 3-2-1　阴影文字效果图

任务目标

- 熟练掌握文本工具并灵活调整其属性。
- 掌握图层的概念。
- 掌握帧的复制操作。

任务分析

本任务的制作分为输入文字、打散文字、填充文字、复制帧等四大主要步骤。

任务实施

一、任务准备

熟悉文字工具、颜料桶工具、混色器面板的基本使用方法。

二、任务实施

步骤 1:新建 Flash 文档,选择【修改】|【文档】命令,打开【文档设置】对话框,设置宽为【980】像素,高为【700】像素,其他为默认。

步骤 2:双击时间轴面板中的【图层 1】图层名称,将其改名为【背景】。

步骤 3:单击【文件】|【导入】|【导入到舞台】命令,在弹出的【导入】对话框中,选择本书配套光盘【单元三】|【素材】目录下的【七彩童年.jpg】,将该图片导入到当前舞台中。如图 3-2-2 所示。

图 3-2-2　将背景图导入到舞台

步骤4：在舞台中选择已导入的图片，按【Ctrl + I】打开信息面板，设置参数如下图3 - 2 - 3 所示，让图片与舞台完全重合。

步骤5：单击时间轴面板中的【新建图层】按钮，创建一个新的图层，双击图层名称，改名为【阴影】。将【背景】图层锁定。

步骤6：在【工具】面板中选择【文本】T工具，在属性面板中选择【传统文本】选项，设置为【静态文本】，设置【系列】为【汉仪雁翔体简】，【大小】为【80】，文字【颜色】为【黑色】。如图3 - 2 - 4 示。

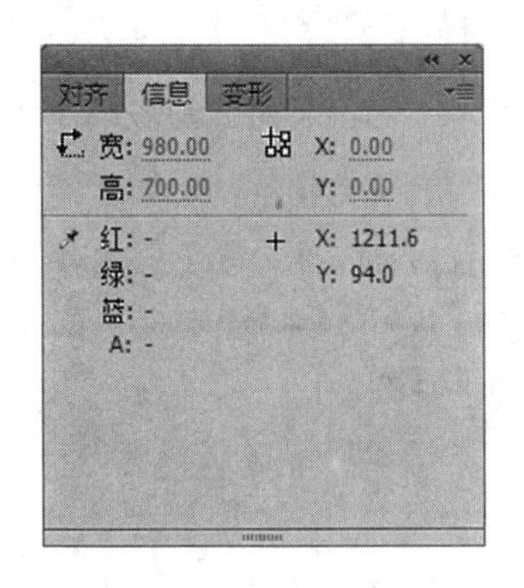

图3 - 2 - 3 【信息】面板

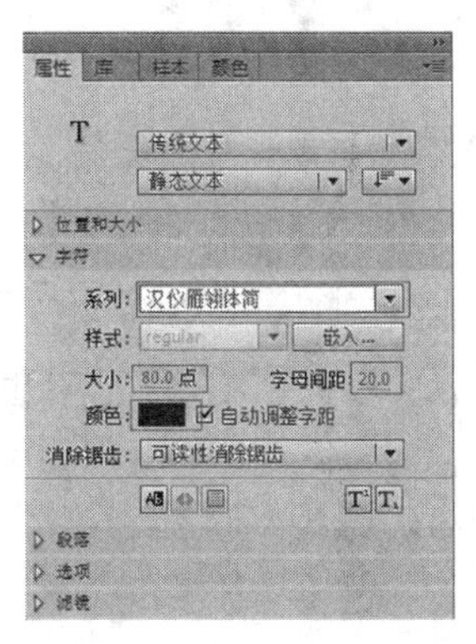

图3 - 2 - 4 【文本属性】窗口

步骤7：在【阴影】图层的舞台中单击创建一个文本框，然后输入文字【七彩童年】。如图3 - 2 - 5 所示。

步骤8：选中文本内容，进行1次【修改】|【分离】命令（快捷键【Ctrl + B】），将文本先打散为四个独立的文字，如图3 - 2 - 6 所示。

图3 - 2 - 5 输入文字【七彩童年】

图3 - 2 - 6 将文字打散为单个字

步骤9：使用【选择工具】，选中每一个文字，并将其调整至合适的位置，如图3 - 2 - 7所示。

步骤10：使用【任意变形工具】，调整每一个字的大小和角度至合适的位置。如图3 - 2 - 8所示。

图 3－2－7　调整字符至彩虹桥上

图 3－2－8　使用任意变形工具调整文字大小

特别提示

任意变形工具选中文字后,文字会有八个菱形调节点,用鼠标拖动任何一个调节点,可以放大或缩小文字。若按住【Shift】键同时拉动某一角的调节点,可以使文字等比例放大。将鼠标放至四个角的任意调节点,鼠标指针变成一圆弧状箭头时,按下鼠标左键并拖动,可以旋转文字。

步骤 11:再次进行【修改】|【分离】命令,将文字打散为形状。

步骤 12:单击时间轴面板中的【新建图层】按钮,创建一个新的图层,双击图层名称,改名为【彩色文字】。

步骤 13:选择【工具箱】|【选择工具】(快捷键【V】)切换到选择工具,选中【阴影】图层的第一帧,然后按住【Alt】键,同时鼠标左键拖动到【彩色文字】图层的第一帧,则文字【七彩童年】将会复制到【彩色文字】图层,将【阴影】图层锁定。如图 3－2－9 所示。

步骤 14:选中【彩色文字】图层,打开【颜色】面板,选择【线性渐变】选项,设置渐变色为【彩虹渐变】。如图 3－2－10 所示。

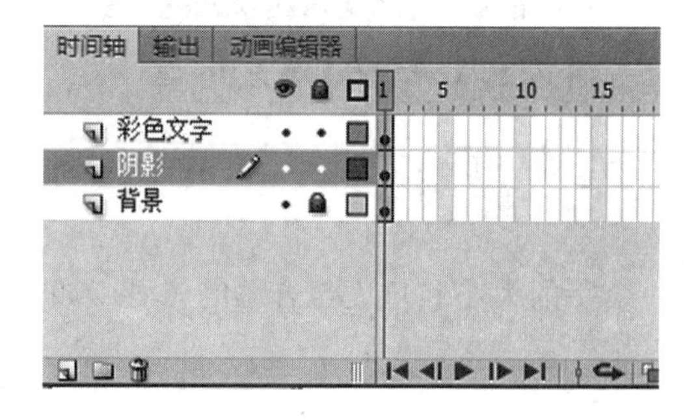

图 3－2－9　复制帧到新图层

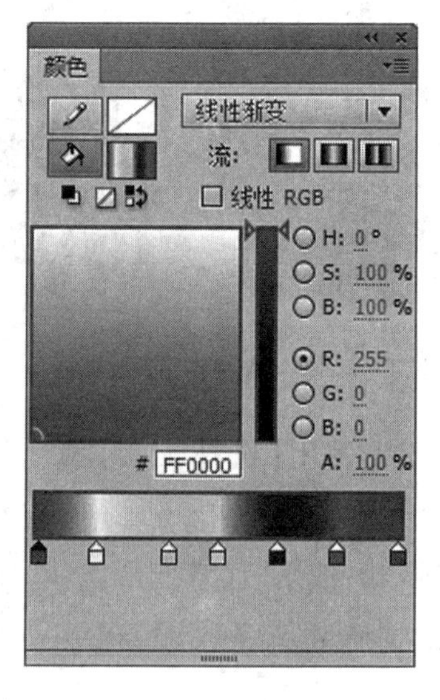

图 3－2－10　设置【彩虹渐变】的【调色器】面板

步骤15：在【工具】面板上选择【颜料桶】工具，在文字上单击鼠标并由左向右拖动出一条渐变路径，释放鼠标即可将文字填充为渐变色。如图3－2－11所示。

步骤16：选择【墨水瓶】工具，在其【属性】面板中设置【笔触颜色】为黄色【#FF0000】，【笔触大小】为【1】，【样式】为实线。单击舞台中的每个文字的每个文字边缘，为文字添加黄色的文字轮廓线。效果如图3－2－12所示。

步骤17：选择【工具】面板中的【选择】工具，选中【彩色文字】图层的第1帧，使用方向箭头向上向左各移2个像素。最终效果如图3－2－1所示。

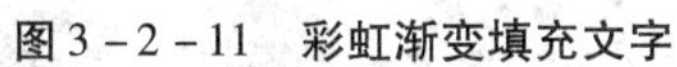
图3－2－11　彩虹渐变填充文字

图3－2－12　墨水瓶添加边线

任务评价

评价项目	评价要素
素材使用	能将所给素材导入到库中，并能进行素材的对齐、大小、位置等的处理
文本工具	能根据需要输入传统文本中的静态文本，会使用文本属性面板设置文本
文本变形	会使用变形工具，更改文本大小
颜色工具	会使用混色器面板进行设置填充方式，填充颜色
帧复制	能将单个帧复制至新图层

相关知识

本任务主要涉及用户对创建的文本进行分离、变形等操作，但是在变形前，必须先选中要变形的文本。

一、选中文本

用户在对文本进行编辑或更改属性前，要先选中文本。

方法之一是在工具箱中选择【文本】工具，在需要选择的文本上左击并从左向右拖动，可以选择文本的部分或者全部内容。

方法之二是要选择文本框中所有的对象，在工具箱中选择【文本】工具，可在文本框上单击，然后按【Ctrl＋A】快捷键。

二、分离文本

在 Flash CS 6 中，在上一节中我们就使用了文本的分离，关于文本的方法在此不再赘述，但是文本被分离一次可以使其中的文字成为单个字符，如图 3 – 2 – 13 所示：

文字被分离两次后，可以变为填充图形，如图 3 – 2 – 14 所示。

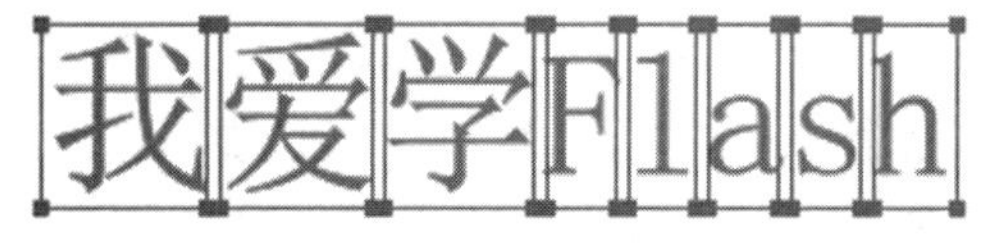

图 3 – 2 – 13　将文字进行一次分离后效果　　图 3 – 2 – 14　将文字进行两次分离后效果

三、变形文本

文本在作为一整个文本框或多个文字被第一次分离为单个字符时，可以使用【工具箱】中的【任意变形工具】进行变形。可以通过拖动句柄放大或缩小文字，如图 3 – 2 – 15 所示。也可以将鼠标放至边角处，当鼠标变成↻形状时，将文字旋转一定角度，如图 3 – 2 – 16所示。

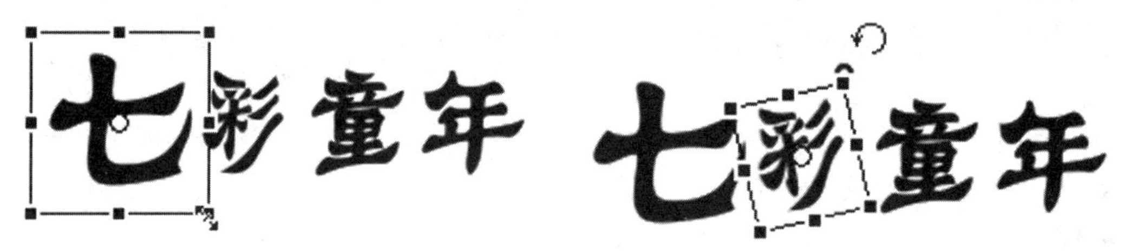

图 3 – 2 – 15　改变文字大小　　图 3 – 2 – 16　改变文字角度

当文本被分离为填充图形，若要改变文本的形状，可使用【工具】面板的【选择】或【部分选取】工具，还可以使用【修改】|【变形】|【封套】命令进行变形操作。

（1）使用【选择】工具编辑分离文本的形状时，可在未选中分离文本的情况下将光标靠近分离文本的边界，当光标变成或者时，按住鼠标左键进行拖动可改变分离文本的形状。如图 3 – 2 – 17 所示。

（2）使用【部分选取】工具编辑分离文本的行转的时候，可首先使用【部分选取】工具选择要修改的分离文本，使其显示出节点。然后按下鼠标左键并拖动节点或者编辑曲线调节柄来调节文本形状。如图 3 – 2 – 18 所示。

图 3 – 2 – 17　使用【选择工具】变形文字　　图 3 – 2 – 18　使用【部分选取】工具变形文字

(3)使用【修改】|【变形】|【封套】命令，文字上会出现多个节点，拖曳相应的节点，可改变文本形状。如图 3－2－19 所示。

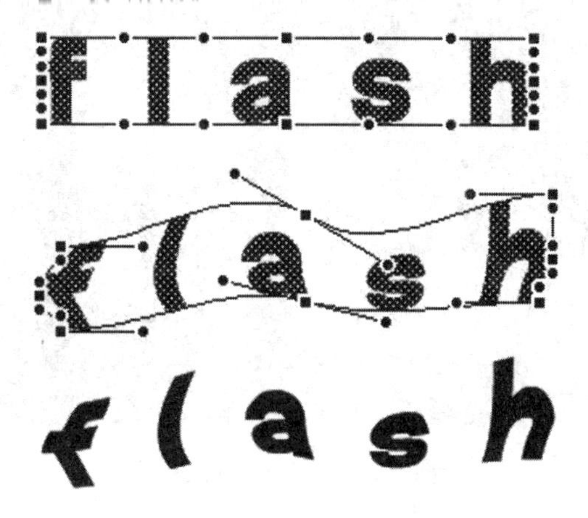

图 3－2－19 使用封套命令变形文字

任务拓展

拓展练习：自己动手制作如图所示的【倒影文字】。如图 3－2－20 所示。

图 3－2－20 【倒影文字】效果图

要点分析：对于阴影文字、复制帧和变形文字的巩固练习，联想变形的多种方法。

任务 3 创建 TLF 文本框

任务描述

本任务是使用 Flash CS 6 的 TLF 文字的典型应用，通过串联两个 TLF 文本框，实现文字在两个文本框之间的串联。如图 3－3－1 所示。

图 3－3－1　TLF 串联文本

任务目标

- 熟练掌握 TLF 文本的特点。
- 掌握 TLF 文本框串联的实现方法。
- 熟悉 TLF 文本的属性面板，并设置各项参数。

任务分析

本任务主要是从 TLF 文本框的创建，个性化设置以及 TLF 文本框实现文字在两个或多个文本框之间流转。

任务实施

一、任务准备

熟悉 TLF 文字工具的属性面板、背景图片素材、文字素材的准备。

二、任务实施

步骤 1：启动 Flash CS 6 程序，选择【文件】|【新建】命令，新建 Flash 文档，选择【修改】|【文档】命令，打开【文档设置】对话框，设置宽为【550】像素，高为【400】像素，其他为默认。

步骤 2：单击【文件】|【导入】|【导入到舞台】命令，在弹出的【导入】对话框中，选择本书配套光盘【单元三】|【素材】目录下的【青玉案. jpg】，将该图片导入到当前舞台中。如图 3－3－2 所示。

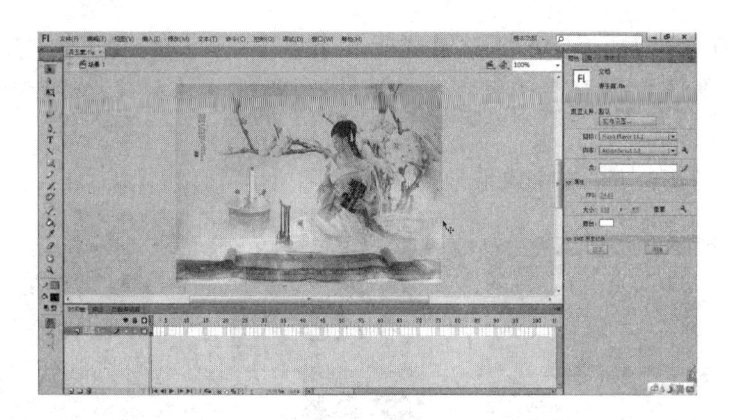

图 3-3-2 将背景图导入到舞台

步骤 3:在舞台中选择已导入的图片,打开【属性】面板,设置【位置和大小】与舞台大小一致,调整对其方式,让图片与舞台完全重合。如图 3-3-3 所示。

步骤 4:双击时间轴面板中的【图层 1】图层名称,将其改名为【背景】。将背景图层锁定。

步骤 5:单击时间轴面板中的【新建图层】按钮,创建一个新的图层【图层 2】,双击【图层 2】名称,改名为【TIF 文字】。

步骤 6: 在【工具】面板中选择【文本】T 工具,在属性面板中选择【TLF 文本】,选择【可选】选项,如图 3-3-4 所示。

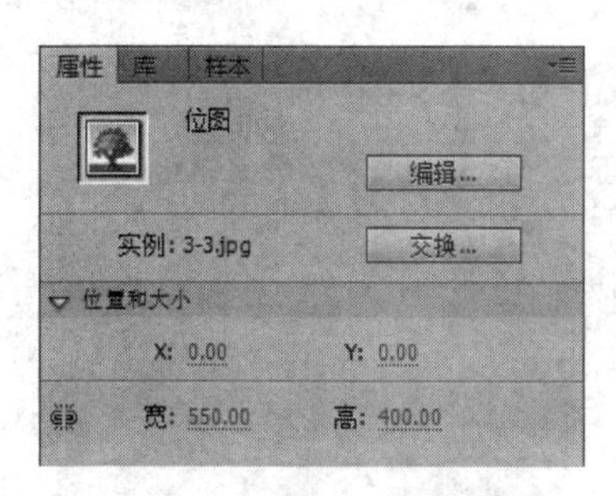

图 3-3-3 位图的属性面板

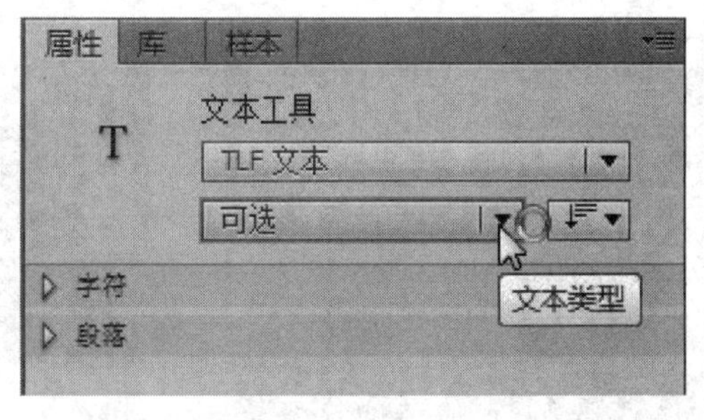

图 3-3-4 【TLF 文本】属性窗口

步骤 7:在舞台中拖动光标绘制一个文本框,然后输入一段文字。如图 3-3-5 所示。

图 3-3-5 TLF 文本框

步骤 8:在【属性】面板打开【字符】选项组,设置【系列】为【隶书】,【大小】为【25】,【行距】为【100】,文字【颜色】为黄色,【加量显示】为黑色,【字符调整】为【100】。如图 3-3-6所示。

步骤 9:此时舞台上的文字效果,如图 3-3-7 所示。

图 3-3-6 字符属性设置

图 3-3-7 设置字符属性后文字效果

步骤 10:在【属性】面板打开【容器和流】选项组,设置【容器边框颜色】为红色【#FF0000】,设置【容器背景颜色】为青色【#0000FF】,在【区域设置】下拉列表中选择【简体中文】选项。如图 3-3-8 所示。

步骤 11:此时舞台上的文字效果,如图 3-3-9 所示。

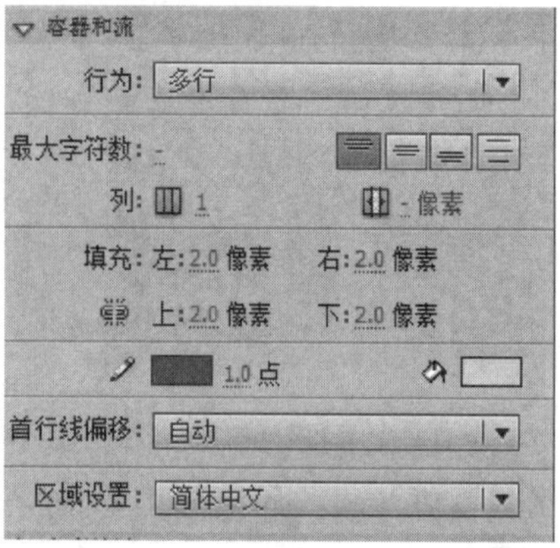

图 3-3-8 【容器和流】选项设置

图 3-3-9 设置【容器和流】后的文本

步骤 12:在【属性】面板打开【色彩效果】选项组,在【样式】下拉列表框中选择【亮度】选项,然后设置【亮度】为 10%,打开【显示】选项组,在【混合】下拉列表中选择【正片叠底】选项。如图 3-3-10 所示。

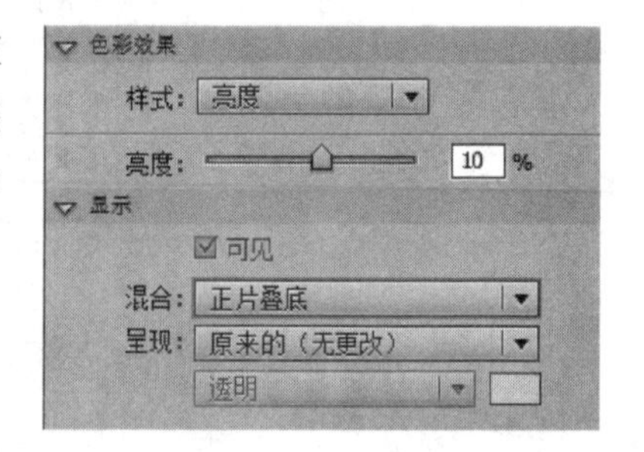

图 3-3-10 色彩效果和显示

特别提示

若要在【属性】面板中才会出现【色彩效果】选项组,在执行本步骤时,应先选中工具箱中的【选择】工具 ,在舞台上单击选中 TLF 文本框,否则无【色彩效果】选项。

步骤 13:在【属性】面板中将 TLF 文本更改为【可编辑】。

步骤 14:单击文本框右端的出端口,鼠标呈现为状态时,移动至舞台的空白处,呈现为时单击鼠标,此时出现新的文本框,并把第一个文本框内未显示的内容流动到本文本框内。然后输入这首词的另一半。如图 3-3-11所示。

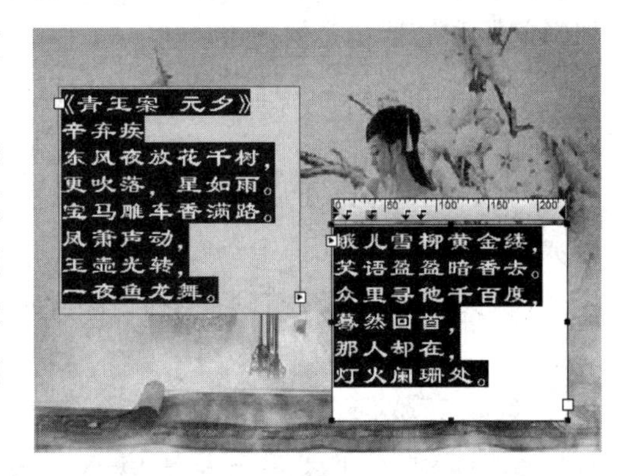

图 3-3-11 串联的 TLF 文本框

特别提示

TLF 文本框的进出端口位置与文本框内文字的方向有关:如果文本是水平从左到右,则进端口位于文本框左上方,出端口位于右下方;如果文本是垂直从右到左方向,则进端口位于文本框的右上方,出端口位于左下方。

步骤 15:选中第二个 TLF 文本框,重复步骤 8、步骤 10、步骤 12 将设置调整与第一个文本框一样。

步骤 16:按下 Ctrl + Enter 组合键进行测试。在左侧文本尾部输入一连串的数字【1】,可以流动到右侧文本框中。最终效果如图 3-3-1 所示。

任务评价

评价项目	评价要素
素材使用	能将所给素材导入到库中,并能进行素材的对齐、大小、位置等的处理
文本工具	能根据需要输入 TLF 文本,会使用文本属性面板设置 TLF 文本属性
TLF 文本框	会设置 TLF 文本框的各项参数,能实现 TLF 文本框串联

相关知识

在 Flash CS 6 中,可以使用新文本引擎——文本布局框架 (TLF) 向 FLA 文件添加文本。TLF 支持更多丰富的文本布局功能和对文本属性的精细控制。与以前的文本引擎(现在称为传统文本)相比,TLF 文本可加强对文本的控制,使得 Flash 在文字排版方面的功能大大加强。TLF 文本的特点和优势主要体现在以下几个方面。

一、TLF 文本的增强功能

(1)可以提供更多的字符样式,包括行距、连字、加亮颜色、下划线、删除线、大小写、数字格式及其他。

(2)可实现更多的段落样式,包括通过栏间距支持多列、末行对齐选项、边距、缩进、段落间距和容器填充值。

(3)能控制更多亚洲字体属性,包括直排内横排、标点挤压、避头尾法则类型和行距模型。

(4)TLF 文本还可以应用 3D 旋转、色彩效果以及混合模式等属性,而无需将 TLF 文本放置在影片剪辑元件中。

(5)文本可按顺序排列在多个文本容器中。这些容器称为串接文本容器或链接文本容器。

(6)支持双向文本,其中从右到左的文本可包含从左到右文本的元素。当遇到在阿拉伯语或希伯来语文本中嵌入英语单词或阿拉伯数字等情况时,此功能必不可少。

特别提示

与传统文本不同,TLF 文本无法用作遮罩。要使用文本创建遮罩,请使用传统文本。另外,TLF 文本不支持 PostScript Type 1 字体。TLF 仅支持 OpenType 和 TrueType 字体。当使用 TLF 文本时,在“文本”>“字体”菜单中找不到 PostScript 字体。

二、TLF 文本类型

在 Flash CS 6 中,TLF 文本分为以下三种类型,其具体作用如下:

只读:swf 影片发布后,文字不能更改和编辑。

可选:swf 影片发布后,文本可以选中并复制到剪贴板,但不可编辑。

可编辑:swf 文件发布时,文本可以选中和编辑。

特别提示

如果将 TLF 文本设置为【只读】选项,那么在导出的 swf 文件中用户将无法进行任何操作,包括文本框的滚动、复制、粘贴以及编辑。用户可以在【属性】面板中将 TLF 转换为传统文本,文字的自体 、颜色、大小等基本设置不会改变。

任务拓展

拓展练习:自己动手制作如图 3-3-12 所示的 TLF 文本框。

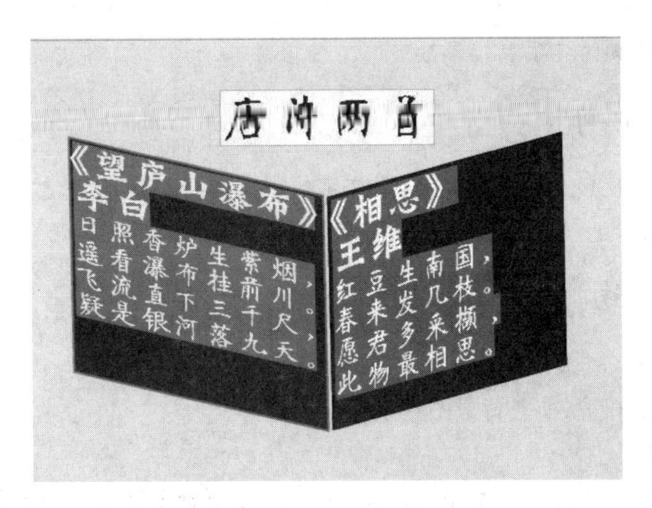

图 3－3－12　任务效果图

要点分析：通过设置 TLF 文字的属性面板，不同的选项组，达到图示效果。

任务 4　滤镜文字

任务描述

本任务是 Flash 文字滤镜的典型应用，通过设置文字滤镜属性，以实现投影字的效果。如图 3－4－1 所示。

图 3－4－1　投影文字效果

任务目标

- 能熟练使用文字滤镜
- 掌握文字滤镜的组合特效

• 熟悉文本工具的各项属性参数

任务分析

本任务主要是投影文字的创建,投影文字的创建是将文字变形,然后设置文字滤镜属性,实现投影效果。

任务实施

一、任务准备

熟悉文字滤镜知识,准备背景图片素材。

二、任务实施

步骤1:启动 Flash CS 6 程序,选择【文件】|【新建】命令,新建 Flash 文档,单击【文件】|【导入】|【导入到舞台】命令,在弹出的【导入】对话框中,选择本书配套光盘【单元三】|【素材】目录下的【草地.jpg】,将该图片导入到当前舞台中。如图3-4-2所示。

图3-4-2　将背景图导入到舞台

步骤2:选择【修改】|【文档】命令(或按【Ctrl+J】快捷键),打开【文档设置】对话框,选择【匹配内容】调整舞台大小,其他为默认,如图3-4-3所示。

步骤3:选择【窗口】菜单|【对齐】,打开【对齐】面板,将【与舞台对齐】复选框打钩,选择【左对齐】按钮和【顶端对齐】按钮,让图片与舞台完全重合。如图3-4-4。

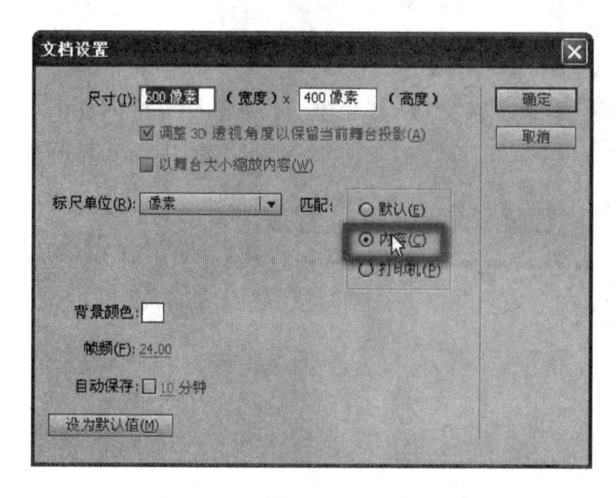

图3-4-3　【文档设置】对话框

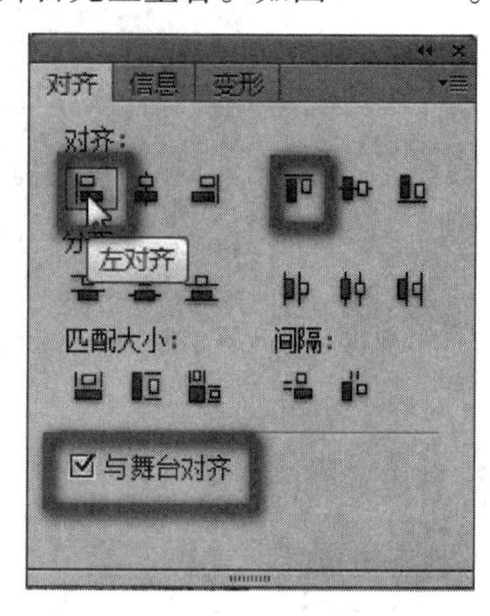

图3-4-4　位图的【属性】面板

步骤4:双击时间轴面板中的【图层1】图层名称,将其改名为【背景】。将【背景】图层锁定。

步骤5:单击时间轴面板中的【新建图层】按钮,创建一个新的图层,双击图层名称,改名为【投影】。

步骤6:在【工具】面板中选择【文本】T工具,在属性面板中选择【传统文本】,选择【静态文本】选项。设置【系列】为【特粗黑体】,【大小】为【96】,文字【颜色】为【黑色】。其他默认。如图3-4-5所示。

步骤7:在【投影】图层的舞台中单击创建一个文本框,然后输入文字【投影文字】。输入完成后在舞台空白地方单击。如图3-4-6所示。

图3-4-5 【文本属性】窗口

图3-4-6 输入"投影文字"

步骤8:选择【工具箱】|【选择】工具,选中文字,按【Ctrl+K】快捷键,打开【对齐】,设置文字【水平中齐】,【垂直中齐】。此时舞台上的文字效果。如图3-4-7所示。

步骤9:单击时间轴面板中的【新建图层】按钮,创建一个新的图层,双击图层名称,改名为【文字】。选中【投影】图层的第一帧,右键单击,在弹出的快捷菜单中选择【复制帧】,然后选中【文字】图层的第一帧,右键单击,在弹出的快捷菜单中选择【粘贴帧】,将"投影文字"四个字复制到【文字】图层。如图3-4-8所示。

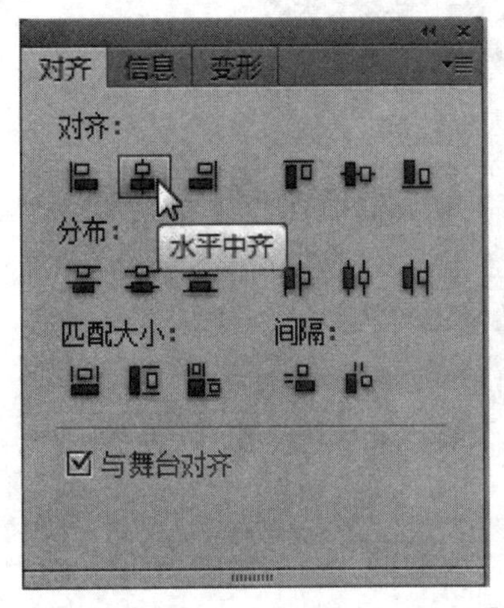

图3-4-7 【字符属性】设置

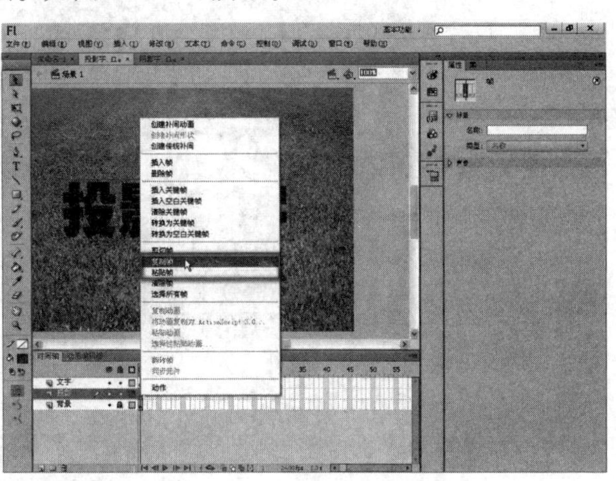

图3-4-8 将帧复制到新图层

步骤10：单击【文字】图层，选择【工具】|【选择工具】，选中【投影文字】文本框，在【属性】面板中选择【字符】选项组，将文字颜色改成【白色】。其他不变，最后锁定【文字】图层。如图3-4-9所示。

步骤11：在【属性】面板打开【滤镜】选项组，点击【新建滤镜】按钮，在弹出的滤镜选项中选择【模糊】滤镜，设置【模糊】滤镜参数如图3-4-10所示。

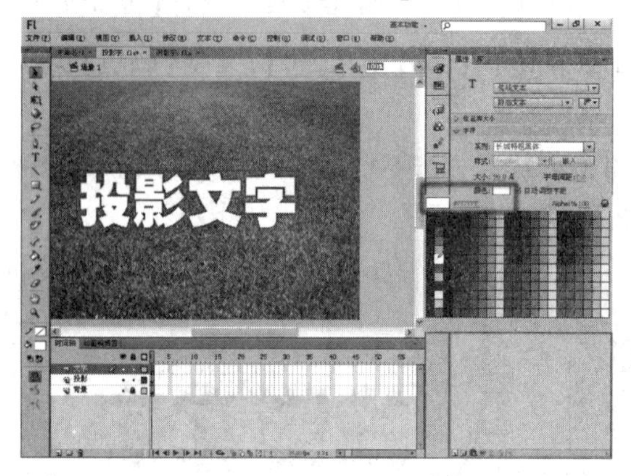

图3-4-9　将【文字图层】的文字颜色变为白色

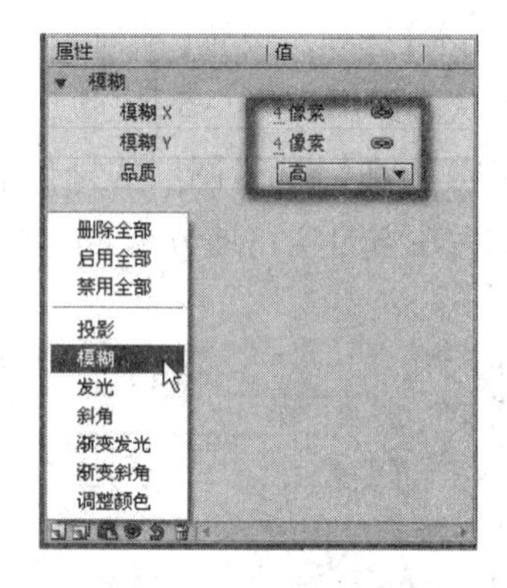

图3-4-10　模糊滤镜选项

特别提示

文字滤镜可以同时使用一个或者多个，当多个滤镜同时使用时，"删除全部"表示将滤镜全部删除；"启用全部"表示将所有的滤镜都启动；"禁用全部"表示不显示所有已设置的滤镜效果，但还保留滤镜的设置。

步骤12：选中【投影】图层，选择【窗口】|【变形】打开变形窗口，或按【Ctrl+T】快捷键，选择【工具箱】|【选择】工具，选中文本框。设置【高度】为【80%】，【倾斜】为【-60.0】。如图3-4-11所示。

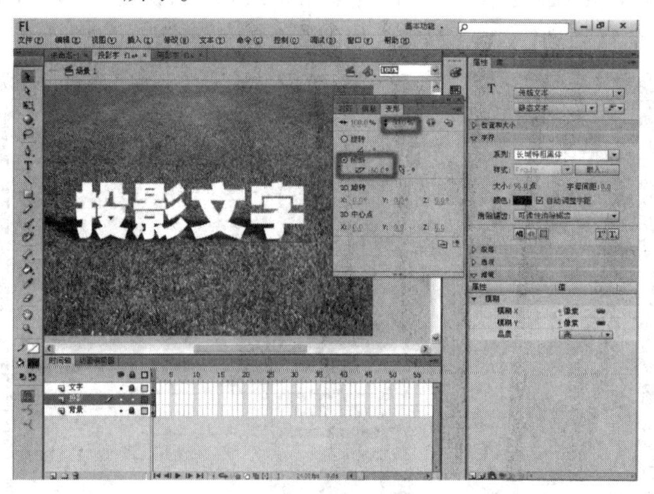

图3-4-11　文字倾斜后效果

步骤13:此时舞台上的文字效果,如图3-4-1所示。

步骤14:将文件保存为“投影文字.fla”,并按【Ctrl+Enter】导出影片。

任务评价

评价项目	评价要素
素材使用	能将所给素材导入到库中,并能进行素材的对齐、大小、位置等的处理
文本工具	能根据需要输入传统文本中的静态文本,会使用文本属性面板设置文本
文本变形	会使用变形工具,更改改变文字形状和旋转角度
文字滤镜	根据各滤镜特点,能根据需要为文本添加合适的滤镜

相关知识

在Flash CS 6中,包括TLF文本和传统文本在内的所有文本模式都可以被添加滤镜效果,该项目操作主要通过【属性】面板中的【滤镜】选项组完成。

一、Flash CS 6中常见的滤镜

单击【添加滤镜】按钮后,即可打开一个列表,如图3-4-12所示。用户可以在该列表中选择需要的一个或者多个滤镜效果进行添加,添加后的效果将会显示在滤镜选项组中。如图3-4-13所示。各种滤镜的属性设置如下:

【投影】:投影给人一种目标对象上方有独立光源的印象。可以修改此光源的位置和强度,在下拉列表中,可以对投影的模糊值、强度、品质、角度、距离等参数进行设置,以产生各种不同的投影效果。

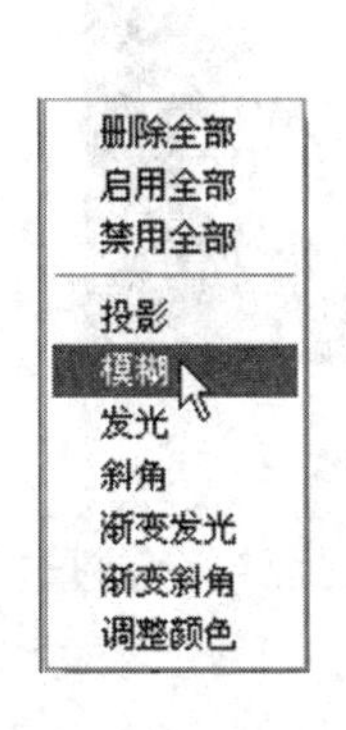

图3-4-12 各种滤镜

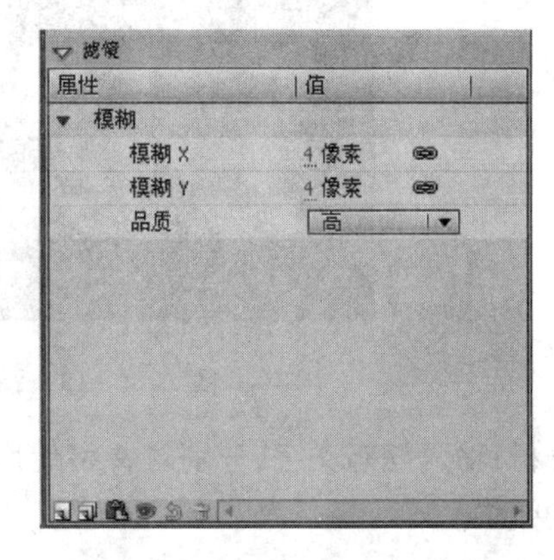

图3-4-13 显示添加的滤镜

【模糊】:柔化对象的边缘和细节,使显示对象及其内容具有涂抹或模糊的效果。

【发光】:对显示对象应用加亮效果,使显示对象看起来像是被下方的灯光照亮,可创造出一种柔和发光效果。

【斜角】:向对象应用加亮效果,使其看起来凸出于背景表面,使对象的具有硬角或边缘具有被凿削或呈斜面的效果,可以制作出立体的浮雕效果。

【渐变发光】:对显示对象或 Bitmap Data 对象应用增强的发光效果。该效果可更好地控制发光颜色,因而可产生一种更逼真的发光效果。另外,渐变发光滤镜还允许对对象的内侧、外侧或上侧边缘应用渐变发光。

【渐变斜角】:对显示对象或 Bitmap Data 对象应用增强的斜角效果。在斜角上使用渐变颜色可以大大改善斜角的空间深度,使边缘产生一种更逼真的三维外观效果。

【调整颜色】:可以对影片剪辑、文本或按钮进行颜色调整,比如亮度、对比度、饱和度和色相值等。

二、滤镜控制面板

在【滤镜】选项组下部,有一排按钮,它们是 Flash 滤镜中常用的操作按钮。从左至右依次是添加滤镜、预设、剪贴板、启用或禁用滤镜、重置滤镜以及删除滤镜。

【添加滤镜】:为选中的对象添加某一滤镜。

【预设】:将已经设置好的一个或一组滤镜保存为滤镜样式,以备后面使用。

【剪贴板】:复制选中的某一滤镜或者全部滤镜至剪贴板。

【启用或禁用滤镜】:启用已经被禁用的某一滤镜,或者禁用某一个正在启用的滤镜。

【重置滤镜】:将选中的滤镜设置为默认状态。

【删除滤镜】:将设置的某一滤镜删除。

任务拓展

拓展练习:自己设计制作如图 3-4-14 所示的文字效果。

图 3-4-14　滤镜文字效果

要点分析:输入静态文字,分别对文字使用不同的滤镜组合,通过设置滤镜参数达到如图所示的效果。

单元小结

这一章主要介绍了 Flash CS 6 文本工具的使用,通过 5 个特定的文字实例的制作,将 Flash 文本的常见应用和文字特效做了系统的展示,为读者将来的 Flash 学习打下良好的基础。本章主要知识点如下:

传统文本的输入与编辑,传统文本的三种不同文本形式的特点。传统文本形式多样,组合多变,是本章学习的重点。

TLF 文本的输入与编辑，TLF 文本三种不同的形式状态以及其特性设置。TLF 作为一种新的文本形式，是本章学习的难点。

文字滤镜的使用，通过不同的滤镜组合为文字呈现美轮美奂的效果，让读者体会 Flash 文字之美。

最后，综合实例制作，用以巩固本章学习的知识，培养对 Flash 文本的灵活运用能力，拓展学习思路。

综合测试

一、填空题

1. 在 Flash CS 6 中，文本分为__________文本和__________文本。
2. 将文本转化为填充图形，使用__________菜单的【分离】命令。
3. 传统文本分为__________、__________和__________ 3 种类型。
4. TLF 文本分为__________、__________和__________ 3 种类型。
5. 墨水瓶工具的快捷键是__________。

二、选择题

1. 在 Flash 中，如果要对字符设置形状补间，必须按(　　)键将字符打散。
   A. CTRL + J　　B. CTRL + O　　C. CTRL + B　　D. CTRL + S
2. 在移动对象时，在按方向键移动对象，每次移动距离为(　　)。
   A. 1 像素　　B. 4 像素　　C. 6 像素　　D. 8 像素
3. 将一字符串填充不同的颜色，可先将字符串(　　)。
   A. 打散　　B. 组合　　C. 转换为元件　　D. 转换为按钮
4. 能够创建链接至 URL 的文本是(　　)。
   A. TLF 文本　　B. 竖排文本　　C. 传统文本　　D. 静态水平文本
5. 文字的分离操作会造成以下后果(　　)。
   A. 文字被分离为填充图形后，可以更改字体
   B. 文字被分离为填充图形后，不可以更改字体
   C. 连续的字符串可以经过一次分离即可变为填充图形
   D. 文字被分离为填充图形后，可以更改字符间距

三、简答题

1. 常见的文字滤镜有哪些？各有什么特点？
2. 如何制作半透明字？
3. 如何设置线条色渐变和填充渐变产生立体字效果？

单元四　基本动画

单元概述

使用 Flash 可以制作出丰富多彩的动画效果，并且 Flash 动画具有占用空间小、采用流式传播、适合在网络上传播等特点，是目前网络上最流行的动画形式。Flash 动画的播放长度不是以时间为单位的，而是以时间轴上的帧为基本单位，动画影片的进度通过帧来控制，实际上创建 Flash 动画就是创建连续帧中的内容来表现动画效果。

本单元主要讲解 Flash 动画中常见的逐帧动画、形状补间动画、传统补间动画、补间动画以及动画编辑器属性设置。逐帧动画是指图像的每一帧都在发生变化，在时间轴上表现为连续的关键帧，需要为每个帧创建动画，原理上简单易懂，但制作较费时间。形状补间动画是在两个具有不同的形状关键帧之间设定动画，用以表现这两个形状之间的变化过程。传统补间动画主要用来表现位移、大小的改变、旋转、色彩变化等。补间动画是 Flash CS 6 中的一种动画类型，通过设定一帧中对象属性值，在另一帧中改变这个属性值而创建的动画。动画编辑器是动画制作的辅助面板，可以对每个关键帧的参数进行独立的控制，是形成精彩动画效果不可或缺的工具。

任务1 青奥会倒计时牌

任务描述

逐帧动画实际上是由连续的关键帧组成的，要求制作者创建每一帧的内容，并且动画当中的每一帧都在发生变化。本任务是使用逐帧动画制作倒计时牌，通过设置每一帧上的数字变化实现倒计时功能。如图4－1－1所示。

图4－1－1 逐帧动画“倒计时牌”效果

任务目标

- 了解逐帧动画原理，熟练掌握逐帧动画的属性设置
- 掌握逐帧动画的制作方法，能够制作出简单的逐帧动画
- 理解时间轴和帧的概念，熟练掌握时间轴面板的操作方法

任务分析

本任务的制作分为数字字符【01～99】的输入与递减显示，首先让所有字符在同一位置显示，通过逐帧动画技术实现数字序列的递减。

任务实施

一、任务准备

课前先熟悉逐帧动画的基本原理、了解时间轴和帧的概念。

二、任务实施

步骤1：新建Flash文档，按【Ctrl＋J】，打开【文档设置】对话框，设置宽为【615】像素，高为【425】像素，其他为默认。

步骤2：单击【文件】|【导入】|【导入到舞台】命令，在弹出的【导入】对话框中，选择本书配套光盘【单元四/素材】目录下的【倒计时.jpg】，将该图片导入到当前舞台中。如图

4－1－2 所示。

步骤 3:在舞台中选择已导入的图片,按【Ctrl＋I】打开信息面板,改变图片的【宽】、【高】以及 X、Y 值,设置具体参数如下图 4－1－3 所示,让图片与舞台完全重合。

步骤 4:双击时间轴面板中的【图层 1】图层名称,将其改名为【背景】。将【背景】图层锁定。选中【背景】图层时间轴面板上的第 100 帧,右键单击,在弹出的快捷菜单中选择【插入帧】,或在第 100 帧处按快捷键【F5】插入帧。如图 4－1－4 所示。【背景】图被自动顺延至 100 帧。

步骤 5:单击时间轴面板中的【新建图层】按钮,创建一个新的图层【图层 2】,【图层 2】被自动顺延至 100 帧处。如图 4－1－5 所示。

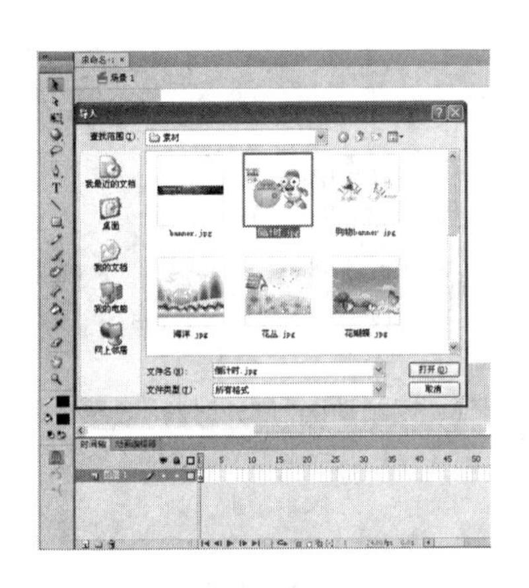

图 4－1－2　将【背景】图导入到舞台

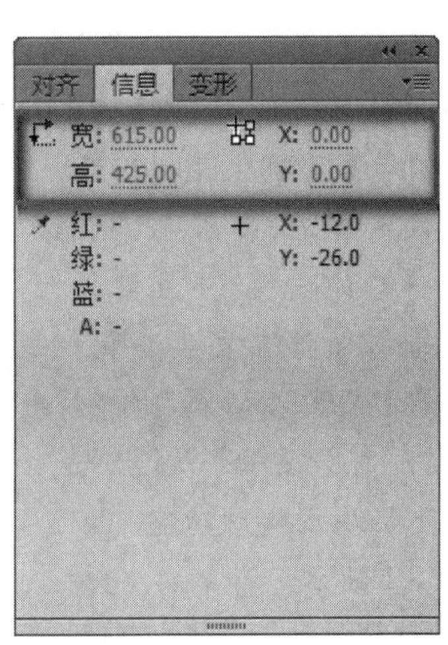

图 4－1－3　【信息】面板

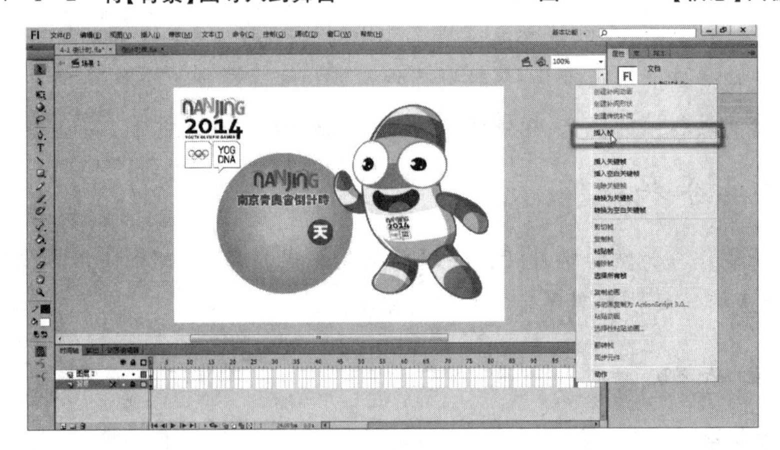

图 4－1－4　插入帧

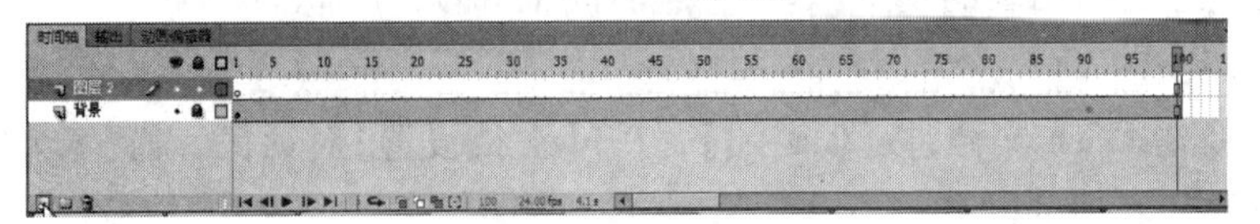

图 4－1－5　新建图层

步骤 6:选中【图层 2】中的第一帧,按快捷键【T】选中文本工具。在舞台中合适的位置单击,输入数字【9】。如图 4-1-6 所示。

步骤 7:选中在【步骤 6】中输入的数字,在属性面板中选择【传统文本】选项,设置为【静态文本】,设置【系列】为【_sans】,【大小】为【40】,文字【颜色】为白色,并为文字添加【投影】滤镜。具体参数如图 4-1-7 所示。

步骤 8:选中【图层 2】中的第 2 帧,右键单击,在弹出的快捷菜单中选择【插入关键帧】(或按快捷键【F6】)。按【T】键选中文字工具,将第二帧中的数字改为【8】,其他不变。如图 4-1-8 所示。

步骤 9:以此类推,在第 3,4,5,…,10 帧按【F6】键插入关键帧,分别将其数字改为【7、6、5、4、3、2、1、0】。如图 4-1-9所示。

图 4-1-6 输入数字

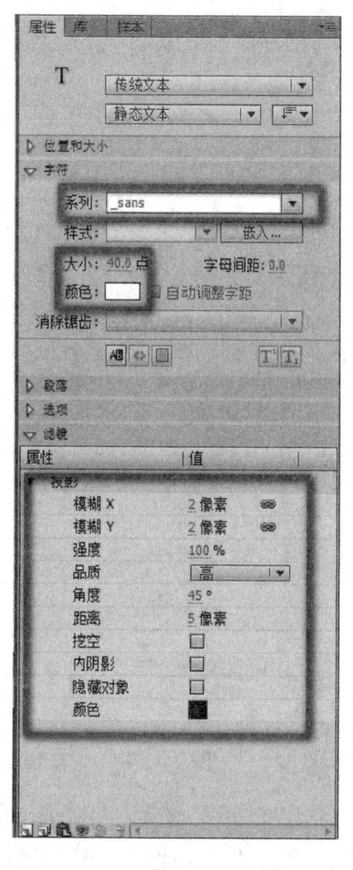

图 4-1-7 【文本属性】窗口

图 4-1-8 修改第 2 帧数字

图 4-1-9 一次更改第 1~10 帧的内容

步骤 10:按【T】键切换至【选择工具】,选中【图层 2】上的第 1~10 帧,右键单击 ,在弹出的快捷菜单中选择【复制帧】。选中第 11 帧,右键单击,在弹出的快捷菜单中选择【粘贴帧】。将第 11~20 帧的数字变为【9 至 0】。如图 4-1-10 所示。

特别提示

复制帧时，在帧上拖动鼠标来选择。为避免将帧位移至别处，选择起始位置，不要单击选中起始帧，而是在起始帧位置按下直接拖动，至结束帧松开鼠标，被选中的帧以蓝色半透明覆盖状态。

步骤 11：分别选中第 21 帧、31 帧、41 帧、51 帧、61 帧、71 帧、81 帧、91 帧，右键单击，在弹出的快捷菜单中选择【粘贴帧】。选中【图层 2】中第 100 帧后的帧，右键单击，选择【删除帧】，将【图层 2】上多余的帧删除。如图 4－1－11 所示。

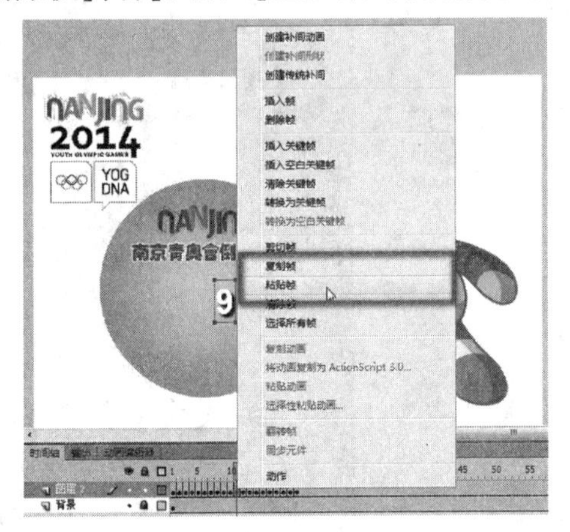

图 4－1－10　复制和粘贴帧

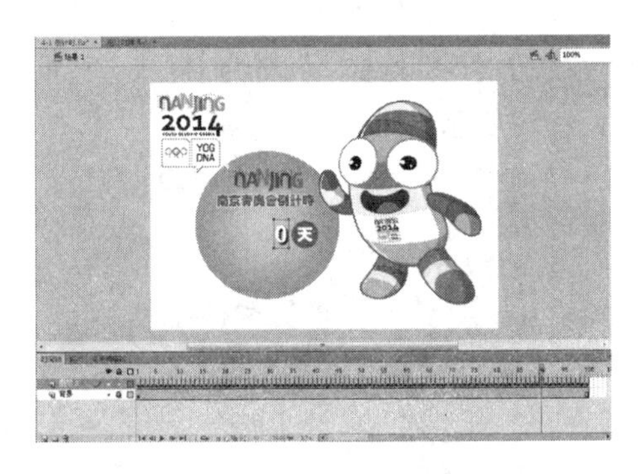

图 4－1－11　创建逐帧动画

步骤 12：锁定【图层 2】，单击时间轴面板中的【新建图层】按钮，创建一个新的图层【图层 3】。按 T 键切换至【文本工具】，选择【图层 3】的第 1 帧，在舞台中单击，输入字符【9】，文本的具体属性设置参照图 4－1－8，按【V】键切换到【选择工具】，调整文字至合适的位置。在如图 4－1－12 所示。

步骤 13：分别选择【图层 3】的第 11、21、31、41、51、61、71、81、91 帧，按【F6】键插入关键帧。将以上关键帧的数字分别更改为 8、7、6、5、4、3、2、1、0。效果如图 4－1－13 所示。

步骤 14：按【Ctrl + Enter】测试影片。效果如图 4－1－1 所示。

图 4－1－12　【图层 3】字符输入

图 4－1－13　【图层 3】帧设置

任务评价

评价项目	评价要素
素材使用	能将所给素材导入到库中,并能进行素材的对齐、大小、位置等的处理
文本工具	能根据需要输入数字字符,会使用文本滤镜设置文本
帧操作	会插入空白关键帧、普通帧、关键帧,能逐帧调整对象的显示
图层创建	能够合理管理图层,会锁定,隐藏,编辑和重命名图层

相关知识

本任务是逐帧动画的典型应用,逐帧动画是很常见的动画形式,它很适合于图像在每一帧都在变化而不是在舞台上移动的复杂动画,逐帧动画以其简单易懂的动画形式很受初学者青睐。

一、逐帧动画

逐帧动画是指在时间帧上逐帧绘制帧内容的动画,若要创建逐帧动画,要将每一个帧都定义为【关键帧】,然后为每帧创建不同的对象。通常创建逐帧动画主要有以下几种方法:

特别提示

逐帧动画是在【连续的关键帧】中分解动画动作,为每一个关键帧创建不同的内容,使其连续播放形成动画。逐帧动画适合于制作复杂的动画,这样可以通过每一帧的变化体现事物发生的细微变化,而这种变化不是规则或匀称的,动画文件的大小将随着动画的复杂性和长度的增加而增加。但它的优势也很明显:它具有非常大的灵活性,几乎可以表现任何想表现的内容,很适合于表演细腻的动画。例如:人物或动物急剧转身、头发及衣服的飘动、走路、说话以及精致的3D效果等等。

(1)用导入的静态图片建立逐帧动画。把jpg、png等格式的静态图片连续导入Flash中,就会建立一段逐帧动画。

(2)绘制矢量逐帧动画。用鼠标或压感笔在场景中一帧帧的画出帧内容。

(3)文字逐帧动画。用文字作帧中的元件,实现文字跳跃、旋转等特效。

(4)导入序列图像。可以导入gif序列图像、swf动画文件或者利用第3方软件(如swish、swift 3D等)产生的动画序列。

二、时间轴

时间轴是用于组织和控制文档内容在一定时间内播放的层数和时间帧数,首先时间轴的层区用于对动画中的各个图层进行控制和操作。右边的帧区是摆放和控制帧的地方,帧在时间轴上的排列顺序决定着动画的播放顺序。时间轴是动画的总控台,所有关于动画的播放顺序、动作行为以及控制命令等都在时间轴中编排。时间轴由【图层区】、【播放头】、【帧】、【时间轴标尺】以及【状态栏】组成。如图4-1-14所示。

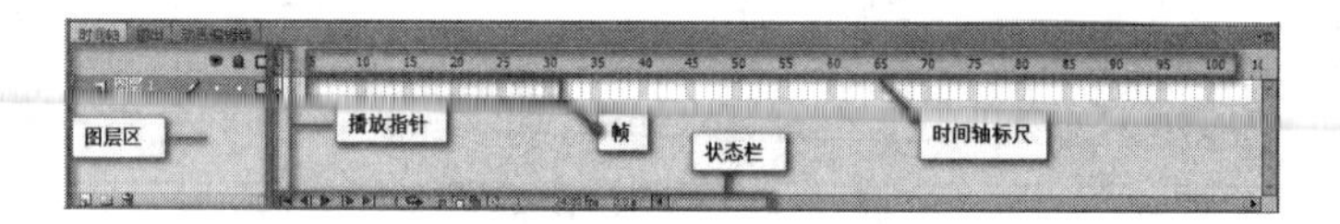

图 4－1－14　时间轴面板

特别提示

Flash CS 6 中时间轴默认显示在工作界面的下部,位于编辑区的下方。用户可以根据自己的习惯,将时间轴面板放在主窗口的上部或者两边,或者将它作为一个独立的窗口显示,甚至可以隐藏起来。

三、帧

帧是 Flash 动画的基本组成部分,帧在时间轴上的排列顺序将决定动画的播放顺序。每一帧的具体内容,则需要在相应的帧工作区中进行制作,如果在第 1 帧上包含了一幅图,那么这幅图只能作为第 1 帧的内容,第 2 帧还是空的。

特别提示

帧的播放顺序不一定严格按照时间轴的横轴方向进行播放,如自动播放到某一帧停止,然后接受用户的输入或回到起点重新播放,直到某个事件被激活后才能继续播放等,对于这种互动式动画在后面的 Flash 动作脚本语言中进行介绍。

1. 帧的基本类型

在 Flash CS 6 中,选择【插入】|【时间轴】命令,可见帧分为帧、关键帧和空白关键帧三种基本类型。不同类型的帧作用也不相同,这三种类型的帧的具体作用如下:

(1)帧(普通帧)

连续的普通帧在时间轴上用灰色显示,它起着过渡和延长的作用,可以延长动画的播放时间。连续的普通帧最后一帧中有一个空心矩形块。普通帧通常用来放置 Flash 动画中不变的对象(比如背景图或静态文字)。如图 4－1－15 所示。

(2)关键帧

关键帧是在时间轴上含有黑色实心圆点的帧,如图 4－1－16 所示。关键帧是用来定义动画的关键性动作或内容变化的帧,在动画制作过程中是最重要的帧类型。关键帧定义了动画关键的因素,该帧的对象与前、后的对象属性均不相同,可以在关键帧之间增加普通帧,并通过补间动画生成流畅的动画。

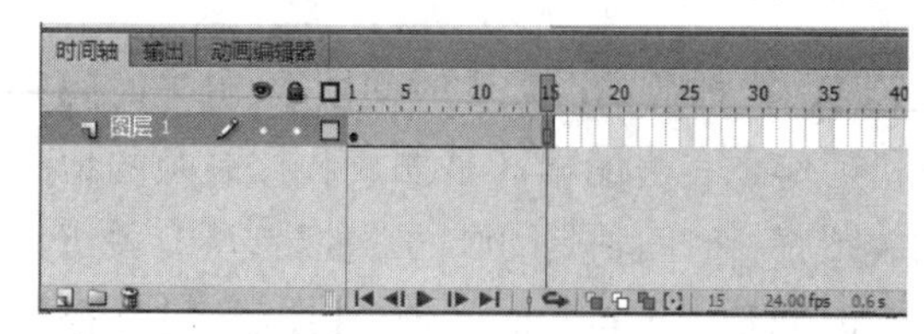

图 4－1－15　普通帧

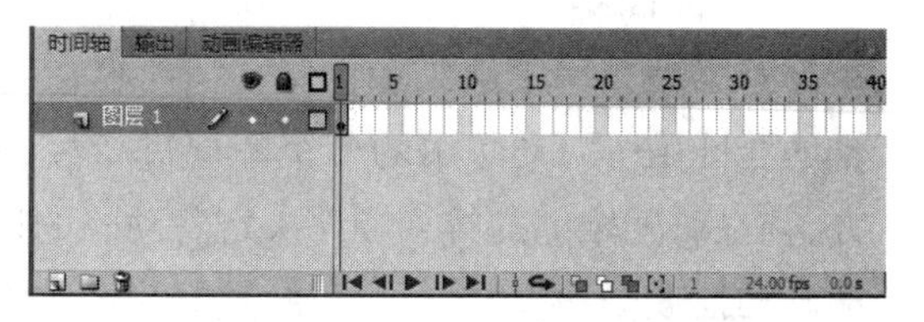

图 4－1－16　关键帧

(3)空白关键帧

空白关键帧是在时间轴上以白色显示，含有空心小圆圈的帧，如图 4－1－17 所示。空白关键帧上没有内容，在空白关键帧上创建内容后，它就变成了关键帧。在时间轴上插入空白关键帧后，它不继承左侧帧的内容，可以对其前后的画面之间形成间隔。

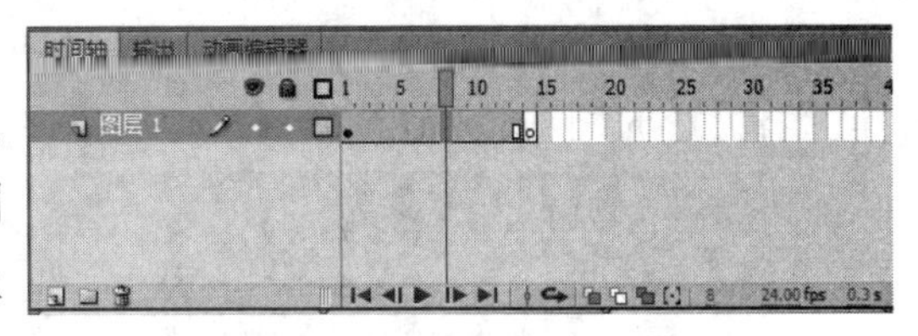

图 4－1－17 空白关键帧

2. 帧的基本操作

(1)插入帧

在时间轴上插入帧，一般有以下几种方法实现：

①在时间轴上选中要插入帧的帧位置，按下【F5】键插入帧，按下【F6】键插入关键帧，按下【F7】键插入空白关键帧。

②右键单击时间轴上要创建帧的位置，在弹出的快捷菜单中选择【插入帧】、【插入关键帧】或【插入空白关键帧】命令，即可插入相应的帧。如图 4－1－18 所示。

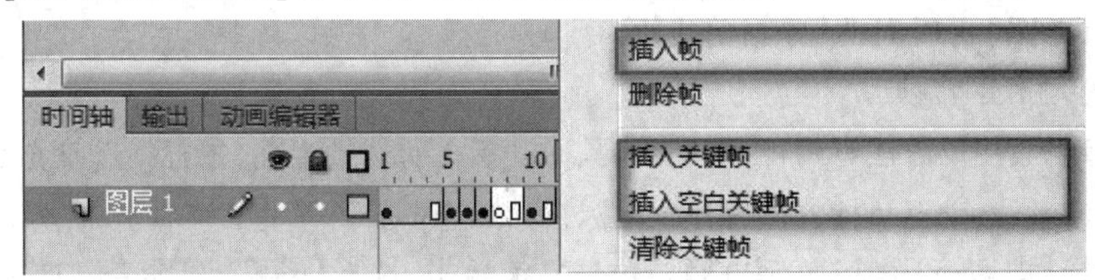

图 4－1－18 右键菜单插入帧

(2)选择帧

帧的选择是帧以及帧的内容进行操作的前提条件。若要对帧进行操作，首先必须选择【窗口】|时间轴命令，打开时间轴面板。选择帧有以下几种方法可以实现：

①选择单个帧：把光标移到需要的帧上，单击即可。

②选择多个不连续的帧：按住【Ctrl】键，然后单击需要选择的帧。

③选择多个连续的帧：按住【Shift】键，单击需要选择该范围内的开始帧和结束帧，或者在要选择的开始帧位置按下鼠标，拖动鼠标至结束帧松开。

(3)删除和清除帧

①删除帧：删除帧的同时可以删除帧中的内容。要删除帧，先将帧选中，然后右键单击，在弹出的快捷菜单中选择【删除帧】命令，或者选择【编辑】|【时间轴】|【删除帧】命令。如图 4－1－19 所示。

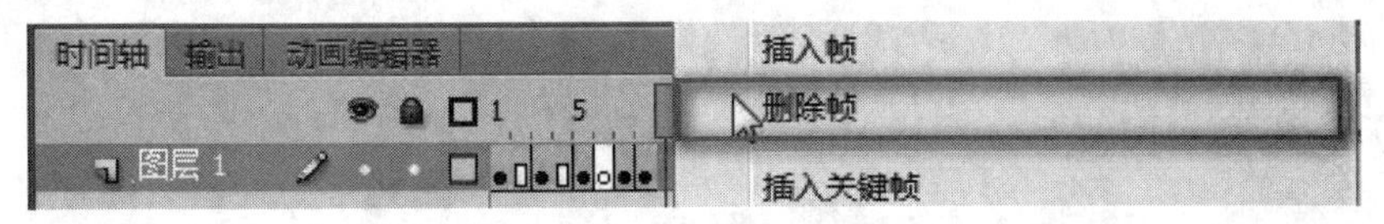

图 4－1－19 删除帧

②清除帧:清除帧仅把被选中帧上的内容清除,将帧自动转换为空白关键帧。要清除帧,先选中要清除的帧,然后右键单击,在弹出的快捷菜单中选择【清除帧】命令,或者选择【编辑】|【时间轴】|【清除帧】命令。如图 4 – 1 – 20 所示。

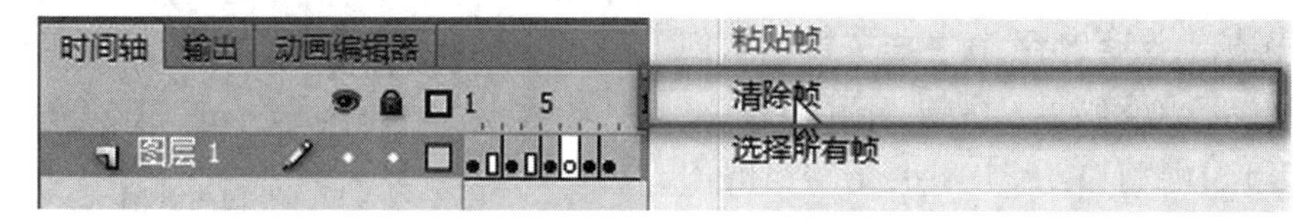

图 4 – 1 – 20　清除帧

(4)复制和粘贴帧

复制和粘贴帧可以将同一文档中的某些帧复制到该文档的其他位置,也可以将一个文档中的某些帧复制到另一个文档的特定帧位置。

复制帧时,先选中要复制的帧并右键单击,在弹出的快捷菜单中选择【复制帧】命令,或者选择【编辑】|【时间轴】|【复制帧】命令。

粘贴帧时,在需要粘贴帧的位置右键单击,在弹出的快捷菜单中选择【粘贴帧】命令,或者选择【编辑】|【时间轴】|【粘贴帧】命令。

(5)移动和翻转帧

①移动帧:主要方法有两种,第一,将鼠标放置在所选帧上面,鼠标指针变成【 】时,拖动选中的帧,移动至目标位置后释放鼠标;第二,选中需要移动的帧右击,在弹出的快捷菜单中选择【剪切帧】命令,然后在目标位置右键单击,选择【粘贴帧】命令。如图 4 – 1 – 21 所示。

②翻转帧:翻转帧可以使选定的一组帧按照顺序翻转过来,使原来的最后一帧变为第 1 帧,原来的第 1 帧变为最后 1 帧。要翻转帧,先将需要翻转的帧选中,在弹出的快捷菜单中选择【翻转帧】命令。如图 4 – 1 – 22 所示。

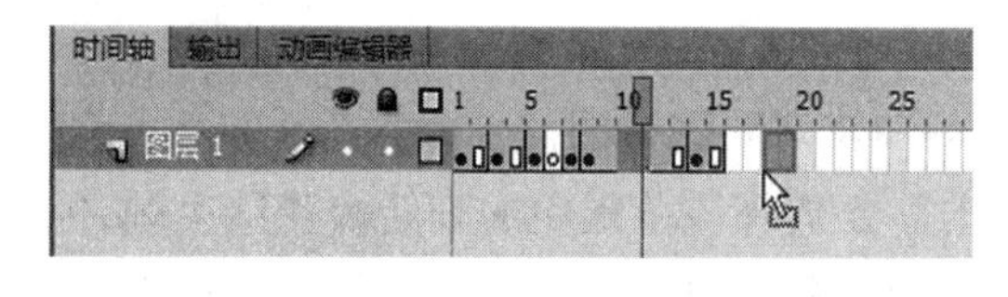

图 4 – 1 – 21　移动帧

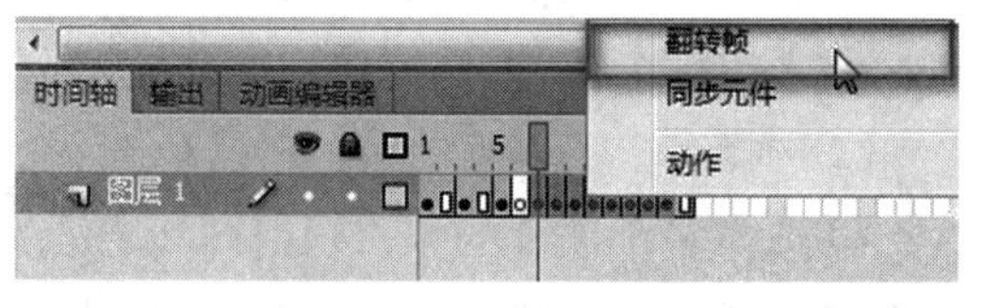

图 4 – 1 – 22　翻转帧

任务拓展

拓展练习:利用所给素材制作逐帧动画【写字动画】,如图 4 – 1 – 23 所示。

图 4－1－23 写字动画效果图

要点分析：任务通过逐帧擦除实现书写的过程。【天天向上】四个字字书写过程的形成是由橡皮擦逐帧擦除形成的，首先以写字的逆序擦除，然后使用翻转帧命令调整时间轴的播放顺序达到正常的书写过程。然后调整笔的运动状态。

任务2 灯光照球

任务描述

形状补间动画是一种在被制作对象形状发生变化时经常使用的动画形式。在本节课中我们通过制作灯光照球动画来演示形状补间动画的制作过程，通过设置形状补间动画，实现动画中光束的形状补间变化、球体的形状补间变化以及投影的形状补间变化。最终效果如图 4－2－1 所示。

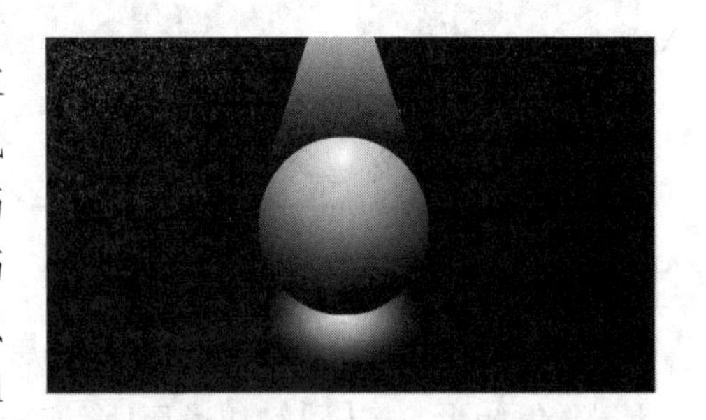

图 4－2－1 形状补间动画“灯光照球”效果图

任务目标

- 学会形状动画的制作方法，能够制作出简单的形状渐变动画
- 理解形状补间动画的原理，熟练掌握形状补间动画的编辑方法
- 掌握图层的基本操作，能灵活运用图层的特点编辑出特殊动画效果

任务分析

本任务可分为三步，首先是实现灯光的形状渐变，其次是实现球的形状渐变，最后是投影的形状渐变。

任务实施

一、任务准备

课前先熟悉形状渐变动画的基本原理，了解形状渐变的编辑方法和图层的操作方法。

二、任务实施

步骤1：新建 Flash 文档，按【Ctrl + J】，打开【文档设置】对话框，设置各项参数如图4-2-2所示。

步骤2：选择【工具箱】|【矩形工具】按钮【 】(快捷键【R】)，按【Alt + Shift + F9】组合键打开【混色器】面板，设置【笔触】颜色为【无 】，填充【颜色类型】为【线性渐变】，设置从【白色(#FFFFFF)】到【白色(#FFFFFF, Alpha 值为0)】的线性渐变。如图4-2-3所示。

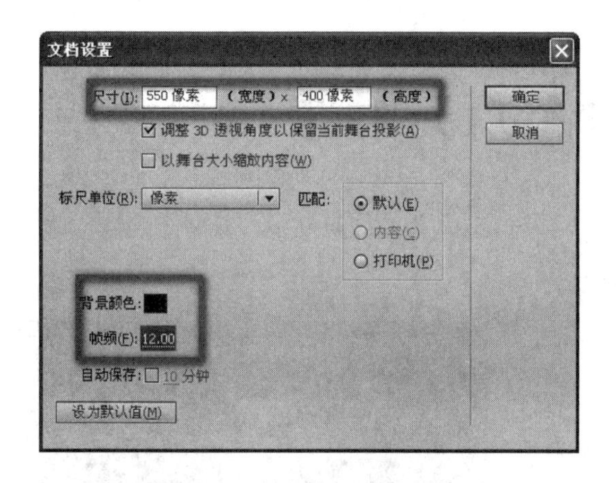

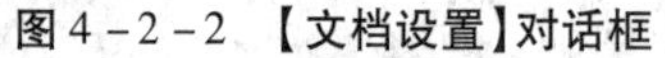

图4-2-2 【文档设置】对话框

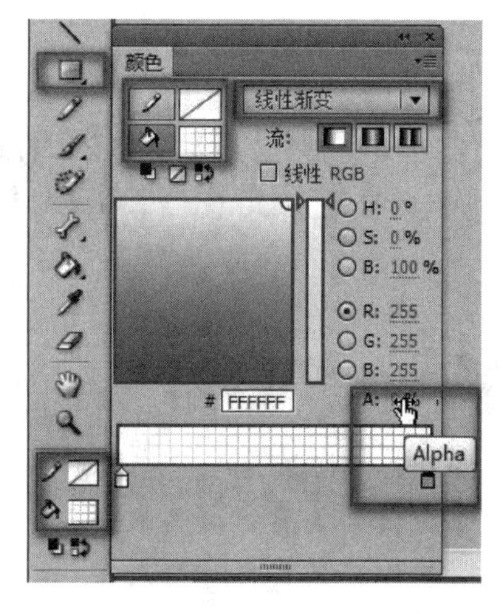

图4-2-3 设置矩形工具填充为线性渐变

步骤3：单击时间轴面板，选中【图层1】的第1帧，使用【矩形工具】按钮 在舞台的上部绘制矩形。按【F】键切换至【渐变变形工具】，调整矩形的渐变方向为由上至下。如图4-2-4所示。

步骤4：按【Q】键选择【任意变形工具】，单击矩形，矩形四周会出现8个黑色实心矩形调整柄，同时按下【Ctrl + Shift】键并移动矩形的右上方调整柄。调整矩形为三角形光束效果。如图4-2-5所示。

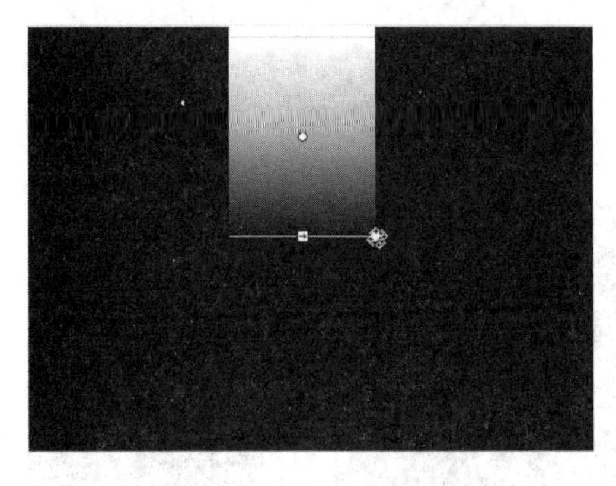

图 4-2-4 改变渐变方向

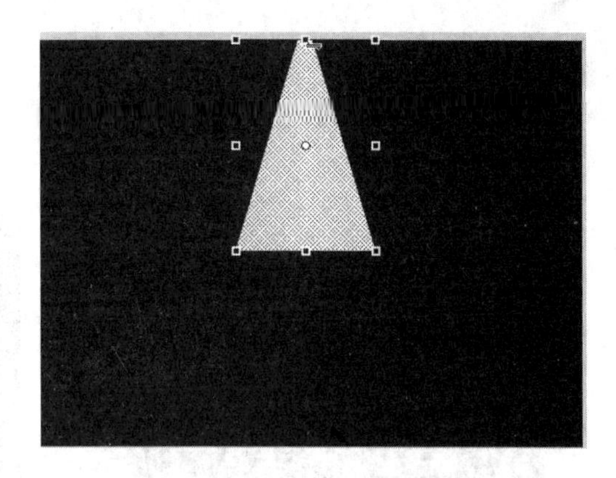

图 4-2-5 调整矩形形状

步骤 5:选中【图层 1】的第 25 帧,按【F6】插入关键帧,选中第 1 帧,按【Q】键切换至【任意变形工具】改变矩形的大小。如图 4-2-6 所示。

步骤 6:在【图层 1】上,右键单击第 1 帧至第 25 帧的任意一帧,在弹出的快捷菜单中选择【创建补间形状】命令。在【图层 1】上创建形状补间动画。创建形状补间后,将【图层 1】锁定。如图 4-2-7 所示。

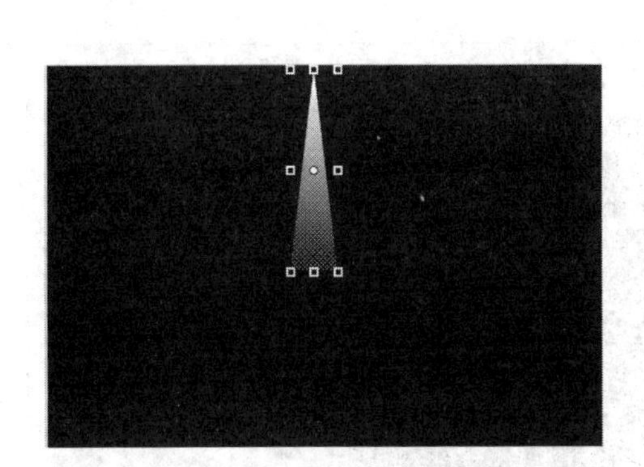

图 4-2-6 变形光束

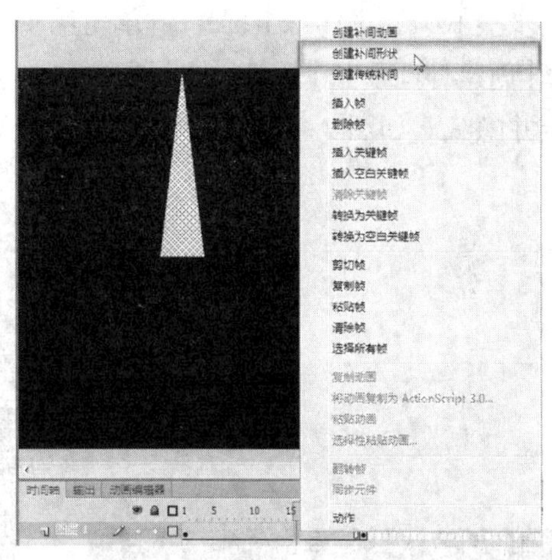

图 4-2-7 【图层 1】创建补间形状

步骤 7:单击时间轴面板【新建图层】按钮,创建新图层【图层 2】,按【O】键选择【椭圆工具】,设置椭圆的笔触为【无】,填充【颜色类型】为【径向渐变】,设置从【白色(#FFFFFF)】到【黑色(#000000)】的【径向渐变】。具体参数如图 4-2-8 所示。

步骤 8:选中【图层 2】中的第 1 帧,同时按下【Alt + Shift】键在舞台中合适的位置绘制正圆,按【F】键切换至【渐变变形工具】,调整辐射的中心点至圆形的上方,并扩展【径向渐变】的辐射范围。如图 4-2-9 所示。

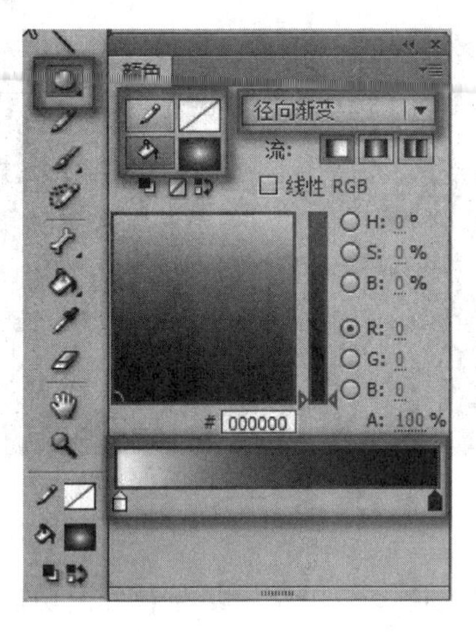

图 4－2－8　【椭圆工具】的【混色器】面板

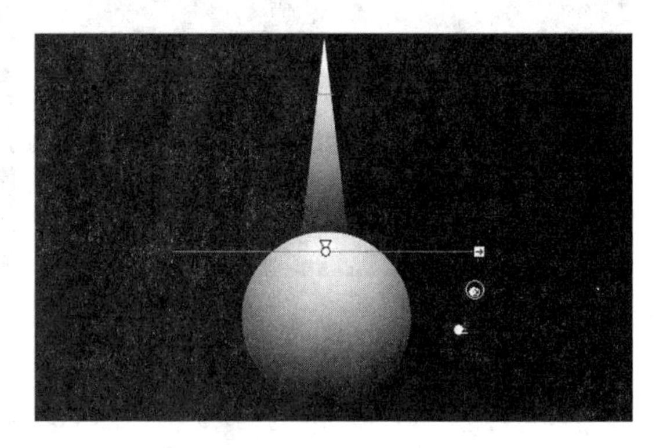
图 4－2－9　调整径向渐变

步骤 9:选中【图层 2】中的第 25 帧,按【F6】插入关键帧。选中【图层 2】中的第 1 帧,调整【径向渐变】范围,如图 4－2－10 所示。

步骤 10:在【图层 2】上,右键单击第 1 帧至第 25 帧的任意一帧,在弹出的快捷菜单中选择【创建补间形状】命令。在【图层 2】上创建形状补间动画。创建完成后,将【图层 2】锁定并隐藏。如图 4－2－11 所示。

图 4－2－10　调整第 1 帧的径向渐变

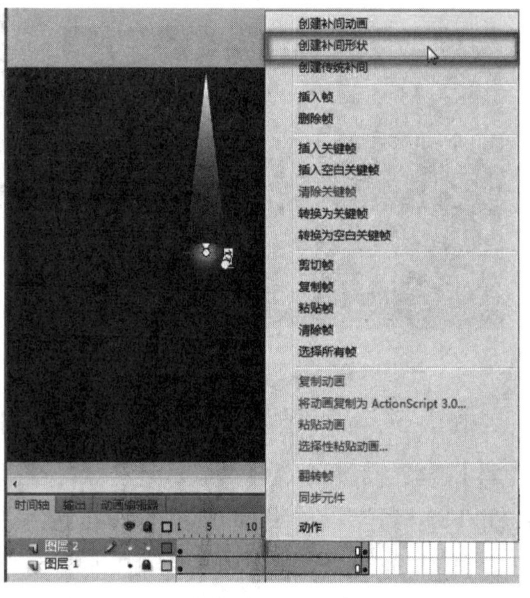

图 4－2－11　为【图层 2】创建补间形状

步骤 11:单击时间轴面板【新建图层】按钮,创建新图层【图层 3】,按【O】键选择【椭圆工具】,设置椭圆的具体参数。参看图 4－2－8 所示。

步骤 12:选中【图层 3】中的第 1 帧,在舞台中合适的位置绘制椭圆,选中第 25 帧,按【F6】键插入关键帧。在如图 4－2－12 所示。

步骤13:按【F】键,调整【图层3】第1帧的形状渐变。如图4-2-13所示。

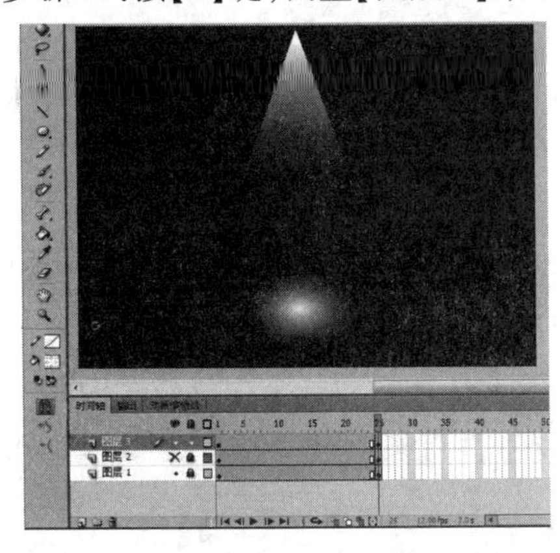

图4-2-12 【图层3】字符输入

图4-2-13 【图层3】第1帧设置

步骤14:右键单击【图层3】的第1帧至第25帧中任意一帧,在弹出的菜单中选择【创建补间形状】命令为【图层3】创建补间形状动画。取消【图层2】的隐藏,可见影子在图层2的上方,拖动【图层3】至【图层2】的下方。如图4-2-14所示。

特别提示

在绘制光、球,投影时,可使用标尺(打开标尺可用【视图】|【标尺】命令或快捷键【Ctrl+Alt+Shift+R】)绘制参考线(在左侧标尺上按下鼠标拖动至舞台可绘制参考线)让光、球、投影的中心点在同一垂直线上,在第一帧,先调整好三者的相对位置,以达到动画要求的预期效果。

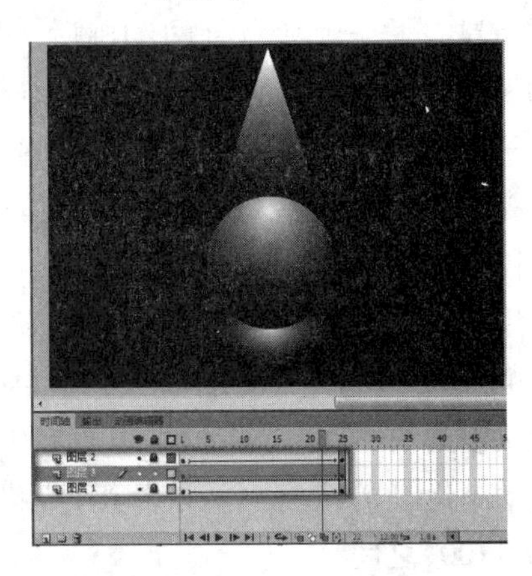

图4-2-14 改变图层顺序

步骤15:按【Ctrl+S】将影片保存为【灯光照球.fla】,按【Ctrl+Enter】测试影片。如图4-2-1所示。

任务评价

评价项目	评价要素
素材使用	能导入素材,并能进行素材的对齐、大小、变形等处理
绘制	能够回执矩形,椭圆和正圆,并设置填充为渐变填充
填充变形	会使用填充变形工具调整图形的填充颜色变化
任意变形	能够对对象实现任意变形,比如本例中矩形变为三角形光束
动画创建	能够熟练掌握形状渐变动画的基本原理,并能创建形状渐变动画
图层	能调整图层顺序,使其合理显示

相关知识

本任务是形状补间动画的典型应用，形状补间动画的基本原理是在两个具有不同形状的关键帧之间创建形状补间，用以表现中间变化过程的方法形成的动画。

一、形状补间动画

形状补间动画通过在时间轴的某个帧上绘制一个对象，在另一个帧上修改该对象或重新绘制一个对象，在两个帧之间创建形状补间后，Flash 自动计算出两帧之间的差距并插入过渡帧，从而形成的动画效果。最简单完整的形状补间动画至少应该包括两个关键帧，一个起始关键帧，一个结束关键帧，在起始和结束关键帧上至少各有一个不同的形状。

特别提示

若要在不同形状中间形成补间动画，它的操作对象必须是形状，不可以是元件实例，因此对于图形和文字等，必须先将其分离为形状后才能创建形状补间动画。

二、形状补间动画的编辑

当建立了一个形状补间动画后，可以进行适当的编辑操作，选中已经创建好的形状补间动画的某一帧，打开其【属性】面板。如图 4－2－15 所示。在该面板中，主要参数选项的具体作用如下：

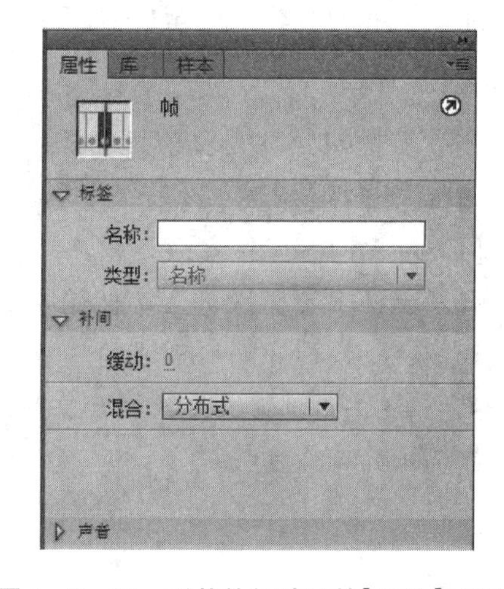

图 4－2－15　形状补间动画的【属性】面板

【缓动】

用于设置形状补间动画会随之发生的变化，数值范围为 －100 ~ 100 之间。若要动画运动的速度为从慢到快，应设置缓动值在【 －100 ~ 0】之间；若要动画运动的速度为从快到慢，应设置缓动值在【0 ~ 100】之间。

【混合】

单击该按钮，可在下拉列表中选择【角形】选项，在创建的动画中间形状会保留明显的角和直线，适合于具有锐化转角和直线的混合形状；选择【分布式】选项，创建的动画中间形状比较平滑和不规则。

特别提示

形状提示会标识起始形状和结束形状中相对应的点，以控制形状的变化，从而达到更加精确的动画效果。形状提示包含26 个字母(从 a 到 z)，用于识别起始形状和结束形状中相对应的点。起始关键帧的形状提示是黄色的，结束关键帧的形状提示是绿色的，当形状提示不在一条曲线上时则为红色。

如果按逆时针顺序从形状的左上角开始放置形状提示，将得到更好的效果。

任务拓展

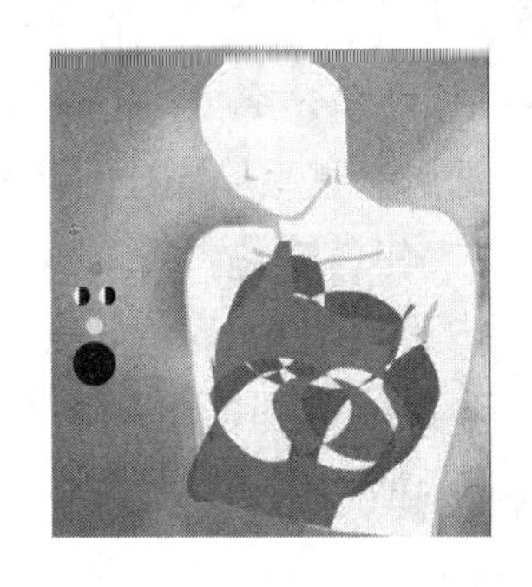

图 4-2-16 【美女蜕变】效果图

拓展练习:利用所给素材制作【美女蜕变】形状补间动画。如图 4-2-16 所示。

要点分析:任务通过形状补间动画实现变形过程。由肤色的小圆变成大圆再变成人体,粉色的圆变成大圆再变成人的衣服,即小圆、大圆到衣服三者的形状补间。头发、五官、项链也是通过形状补间生成。

任务 3 飞舞的花仙子

任务描述

传统补间动画是通过设置两个关键帧之间展示对象的位置、改变大小、旋转、倾斜以及改变色彩等效果时来表达动画的形式。在本节课中我们通过制作【飞舞的花仙子】来演示传统补间动画的制作过程。最终效果如图 4-3-1 所示。

图 4-3-1 传统补间动画“飞舞的花仙子”

任务目标

- 学会传统补间动画的制作方法,能够制作出简单的传统补间动画
- 理解传统补间动画的基本原理,掌握传统补间动画的编辑方法
- 了解元件和库的概念,能将对象转化为元件,会使用库面板

任务分析

本任务的完成可分为,花仙子在不同关键帧上大小和位置的改变,以及传统补间动画的创建。

任务实施

一、任务准备

课前先熟悉传统补间动画的基本原理、了解元件和库的基本概念。

二、任务实施

步骤1:启动 Flash CS 6,选择【文件】|【新建】命令,新建一个 Flash 文档。

步骤2:选择【文件】|【导入】|【导入到舞台】(按快捷键【Ctrl + R】)命令,打开【导入】对话框,选择图片文件【花丛.jpg】,单击【打开】按钮导入到舞台。如图 4-3-2 所示。

步骤3:按【Ctrl + J】,打开【文档设置】对话框,设置宽为【800】像素,高为【600】像素,帧频为【12】。如图 4-3-3 所示。

图 4-3-2 【导入】对话框

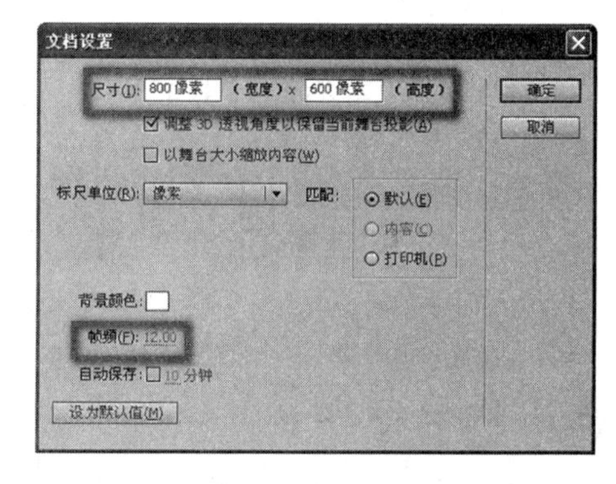

图 4-3-3 【文档设置】对话框

步骤4:选中导入的图片文件,按【Ctrl + I】打开信息面板,将图片大小改为宽为【800】,高为【600】。如图 4-3-4 所示。

步骤5:改变【图层 1】的文件名为【背景】,单击时间轴上的【新建图层】按钮,创建【图层 2】,将【背景】层锁定,将【图层 2】重命名为【花仙子】。如图 4-3-5 所示。

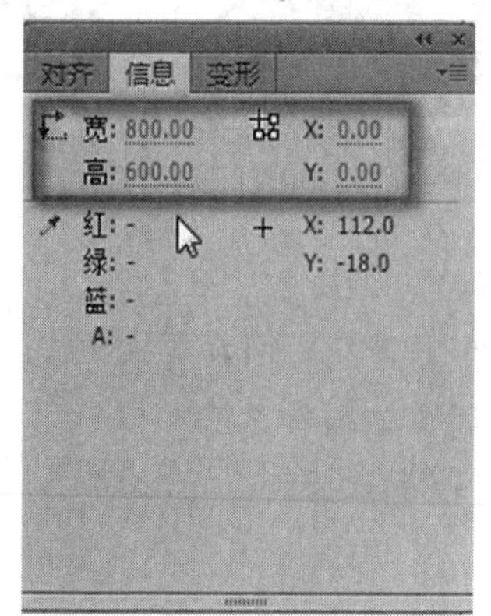

图 4-3-4 【信息】面板

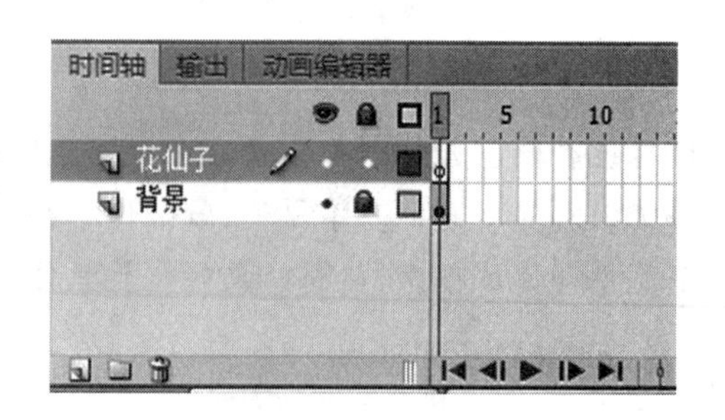

图 4-3-5 图层设置

步骤6:选中【花仙子】图层,按【Ctrl + R】,打开【导入】对话框,选择图片文件【花仙子.gif】,单击【打开】按钮导入到舞台。如图 4-3-6 所示。

步骤7:选中【花仙子】位图,选择【修改】|【转换为元件】命令(或按快捷键【F8】),打开【转换为元件】对话框,将其转换为【图形】元件,并为元件设置名为【花仙子】,然后单击【确定】按钮。如图4-3-7所示。

图4-3-6 导入花仙子图片

图4-3-7 将位图【转换为元件】对话框

步骤8:在【时间轴】面板上的【花仙子】图层的第10帧和第20帧,分别按下快捷键【F6】插入一个关键帧。如图4-3-8所示。

步骤9:选中【背景】图层的第20帧,按快捷键【F6】插入一个关键帧,使背景图延伸显示至第20帧。如图4-3-9所示。

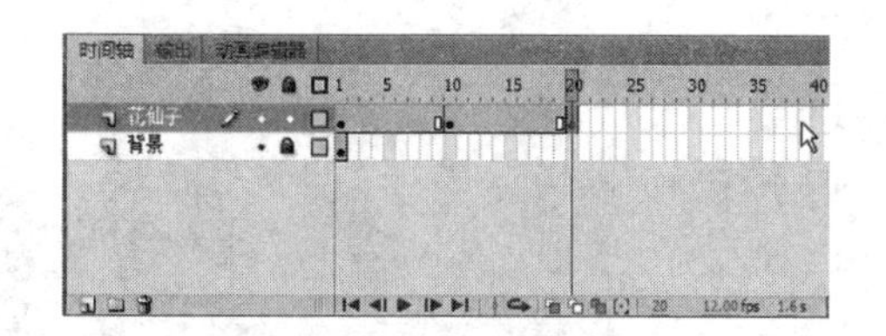

图4-3-8 插入关键帧

图4-3-9 延伸【背景】图至第20帧

步骤10:选中【花仙子】图层的第1帧,按【Q】键选择【任意变形工具】,将舞台中的【花仙子】元件缩小,按【V】键切换至【选择工具】,将位图元件【花仙子】移至合适的位置。如图4-3-10所示。

步骤11:选中【花仙子】图层的第10帧,按【Q】键选择【任意变形工具】,将舞台中的【花仙子】元件缩小并旋转一定的角度,按【V】键切换至【选择工具】,调整位图元件【花仙子】的位置。如图4-3-11所示。

图 4-3-10　调整【花仙子】元件的最初状态

图 4-3-11　调整第 10 帧元件状态

步骤 12:选中【花仙子】图层的第 20 帧,变形【花仙子】元件并调整位置。在如图 4-3-12 所示。

步骤 13:分别选中【花仙子】图层的第 1 帧至第 10 帧和第 10 帧至 20 帧中的任意一帧,分别右键单击在弹出的快捷菜单中选择【创建传统补间】命令。如图 4-3-13 所示。

图 4-3-12　调整第 20 帧元件状态

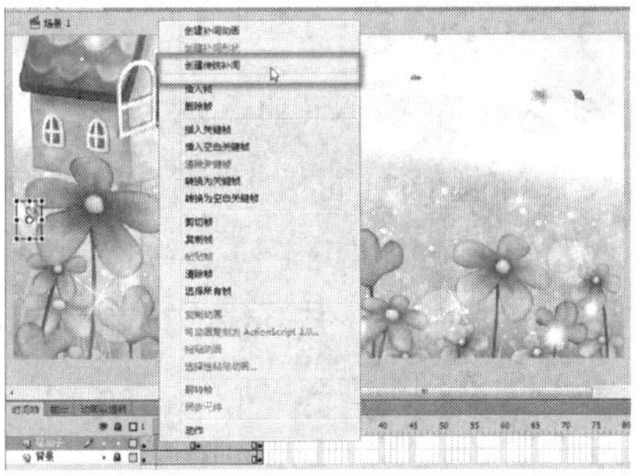

图 4-3-13　图层 3 第 1 帧设置

步骤 14:此时,在第 1~10 帧和第 10~20 帧之间创建补间动画。如图 4-3-14 所示。

步骤 15:选择【文件】|【保存】命令(或按【Ctrl + S】快捷键),打开【另存为】对话框,为文件命名为【传统补间动画】。

步骤 16:按下快捷键【Ctrl + Enter】即可观看传统补间动画的播放效果,如图 4-3-1 所示。

图 4-3-14　改变图层顺序

任务评价

评价项目	评价要素
素材使用	能导入素材,并能进行素材的对齐、大小、变形等处理
任意变形	能够对对象实现任意变形,比如本例中调整花仙子的大小变化
动画创建	能够熟练掌握传统补间动画的基本原理,并能创建传统补间动画
关键帧	能根据需要调整关键帧上对象的变化
元件和库	会转换为图形元件,会使用库面板的元件拖动至舞台

相关知识

本任务是传统补间动画的典型应用,传统补间动画可以用于补间实例、组和类型的位置、大小、旋转和倾斜,以及表现颜色、渐变颜色切换或者淡入淡出效果。

一、传统补间动画

传统补间动画的制作主要是设置两个关键帧,在一个关键帧上放置一个元件,然后在另一个关键帧改变这个元件的大小、颜色、位置、透明度等,Flash 将自动根据二者之间的帧的值创建动画。构成传统补间动画的元素是元件,包括影片剪辑、图形元件、按钮、文字、位图、组合等等,但不能是形状,只有把形状组合【Ctrl + G】或者转换成元件后才可以做传统补间动画。

二、传统补间动画的编辑

当建立了一个形状补间动画后,可以进行适当的编辑操作,选中已经创建好的传统补间动画的任意一帧,打开其【属性】面板。如图 4-3-15 所示。在该面板中,主要参数选项的具体作用如下:

【缓动】:可以设置动画的缓动速度,数值范围为【-100~100】之间。如果单击右边的【编辑缓动】按钮,将会打开【自定义缓动/缓出】对话框,在该对话框中用户可以调整【缓动】和【缓出】的变化速率,以此来调节缓动速度。如图 4-3-16 所示。

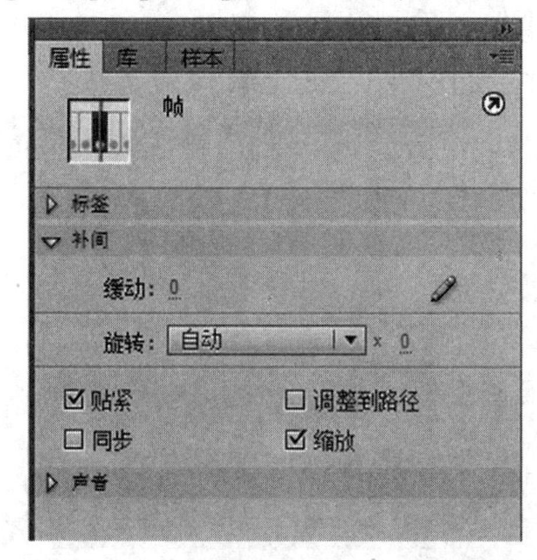

图 4-3-15 传统补间动画的【属性】面板

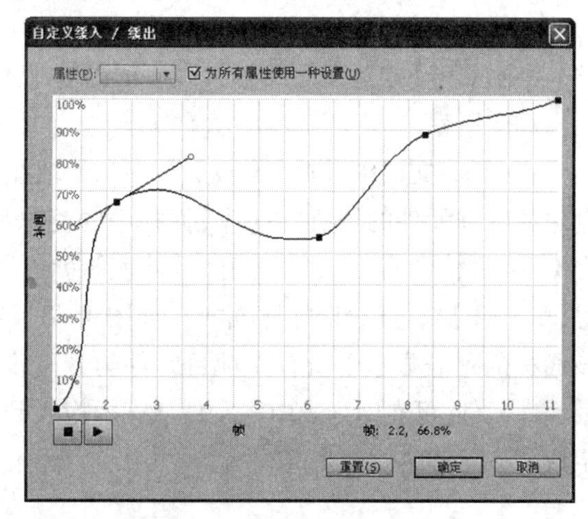

图 4-3-16 自定义缓动缓出

特别提示

调整缓动/缓出曲线时,当曲线为水平,变化速率为零;当曲线为垂直时,变化速率最大。

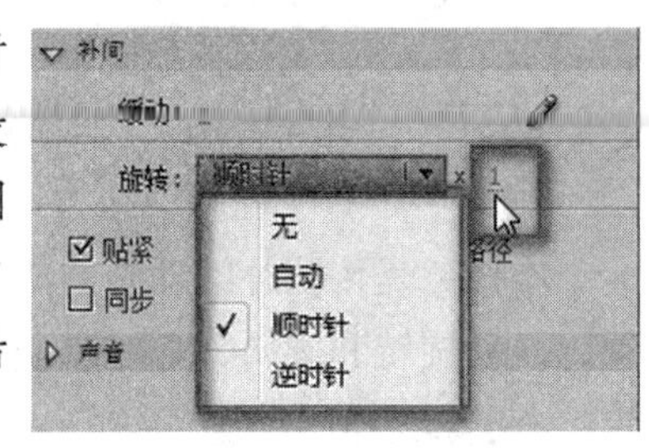

图 4－3－17　旋转列表框

【旋转】:单击该按钮,在下拉列表中可选择某一对象,可在运动时产生旋转效果,在后面的文本框中可以设置旋转的次数。比如设置【顺时针】旋转 1 圈。如图 4－3－17所示。

【调整到路径】:选中该复选框,可以使动画元素沿路径改变方向。

【同步】:选中该复选框,可以对实例进行同步校准。

【贴紧】:选中该复选框,可以将对象自动对齐至路径。

【缩放】:选中该复选框,可以将对象进行大小缩放。

三、元件和库

1. 使用元件

图 4－3－18　创建新元件对话框

元件是构成 Flash 动画最基本的因素,包括形状、元件、实例、声音、位图、视频、组合等等。元件必须在 Flash 中才能创建或转换生成,它有三种形式,即图形、按钮、影片剪辑。

元件的创建方法有两种,一种是将设计区的某个元素转换为元件,选中某个元件后,按快捷键【F8】,可以打开【转换为元件】对话框。本例中即是如此;另一种是选择【插入】|【新建元件】命令,打开【创建新元件】对话框,可以创建元件。如图4－3－18所示。

2. 使用库

图 4－3－19　【库】面板

在 Flash 文档中,【库】面板是存储和管理在 Flash 中创建的各种元件的场所,在【库】面板中的资源可以在多个 Flash 文档中使用。选择【窗口】|【库】命令(或按快捷键【Ctrl + L】),可以打开[库面板],如图 4－3－19 所示。该面板的列表显示了所有库项目元件的名称,若要使用某一库元件,可在库列表中将元件从库中拖入到场景,就生成了该元件的一个实例。

特别提示

将库元件拖入场景生成的实例是库元件的一个复制品,元件被放入场景后,仍存在于库中,若改变场景中的元件实例,并不能改变库中元件的属性。但如果改变了库元件的属性,则所有实例的属性都会改变。

任务拓展

拓展练习:制作如下图所示的传统补间动画【阳光100】。如图4-3-20所示。

要点分析:在制作此动画时,注意分为四层来制作,第一层是【阳光】两个字从左侧进入;之后第二层在第一层的结束关键帧后让【1】从上方进入;在第二层结束关键帧后,第三层用来控制【00】从右侧进入(注意【00】是字符【8】的变体),在第三层结束关键帧后,第四层用来控制【SUNSHINE HUNDREN】从右侧进入。

图4-3-20 【阳光100】效果图

任务4 比翼双飞

任务描述

补间动画是Flash CS 6的一种动画类型,它允许用户通过鼠标拖动舞台中的对象来创建,让动画的制作变得简单快捷。本任务是使用补间动画制作【比翼双飞】,通过制作本任务来演示补间动画的制作过程。如图4-4-1所示。

图4-4-1 补间动画“比翼双飞”

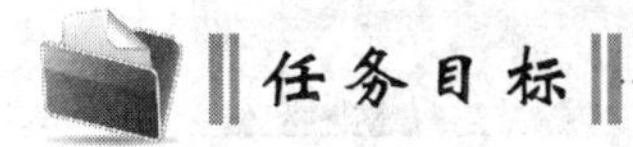

任务目标

- 理解补间动画原理,熟练补间动画编辑

● 掌握补间动画的制作方法,能够制作出简单的补间动画

任务分析

本任务的制作可分两步走,首先为两只天鹅分别创建补间动画,然后对补间动画进行编辑,以达到预期的效果。

任务实施

一、任务准备

课前先熟悉补间动画的基本原理,了解补间动画的编辑方法。

二、任务实施

步骤1:新建Flash文档,按【Ctrl + J】,打开【文档设置】对话框,设置宽为【550】像素,高为【400】像素,帧频为【12】。

步骤2:按快捷键【Ctrl + R】,在弹出的【导入】对话框中,选择本书配套光盘【单元四】|【素材】目录下的【海洋.jpg】,将该图片导入到当前舞台中。如图4-4-2所示。

图4-4-2 将背景图导入到舞台

步骤3:按【Ctrl + I】打开信息面板,设置图片与舞台对齐。如图4-4-3所示。

步骤4:双击时间轴面板中【图层1】图层名称,将其改名为【背景】。将【背景】图层锁定。单击时间轴面板中的【新建图层】按钮,创建一个新的图层【图层2】,将【图层2】改名为【天鹅1】。如图4-4-4所示。

图4-4-3 信息面板

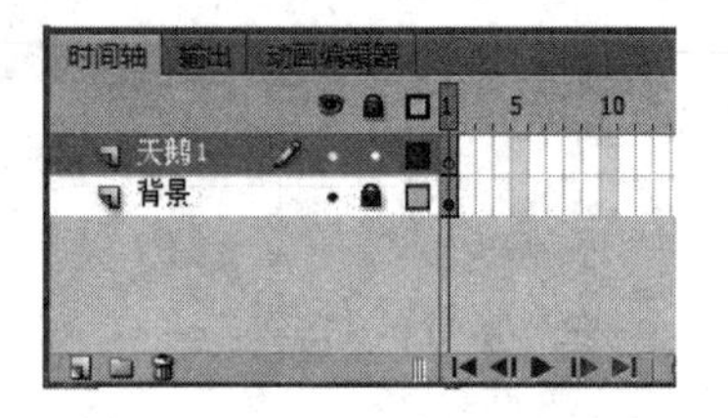

图4-4-4 图层设置

步骤5:选中【天鹅1】图层的第一帧,选择【插入】|【新建元件】命令(或按快捷键【Ctrl + F8】),在弹出的【创建新元件】对话框中,【名称】输入【天鹅】,【类型】选择【影片剪辑】。如图4-4-5所示。

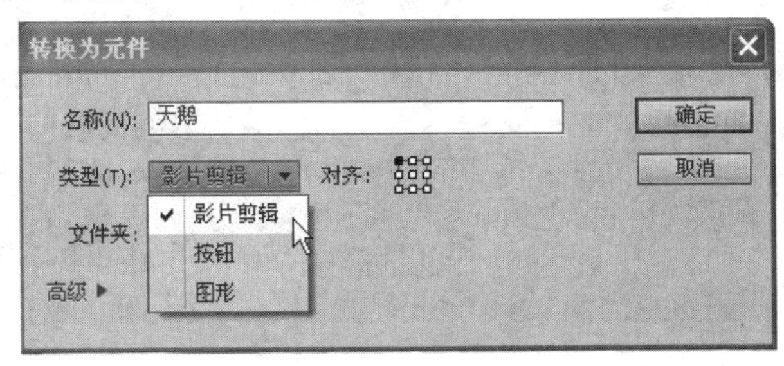

图4-4-5 创建新元件

步骤6:在【创建新元件】对话框中,点击【确定】按钮,进入天鹅元件的编辑窗口。当前舞台窗口中间有一个【+】号,表示舞台中心。

步骤7:在编辑窗口中选择【图层1】的第1帧,按【Ctrl + R】快捷键,在弹出的【导入】对话框中,选择本书配套光盘【单元四】|【素材】目录下的【天鹅.gif】,将该图片导入到当前舞台中。如图4-4-6所示。

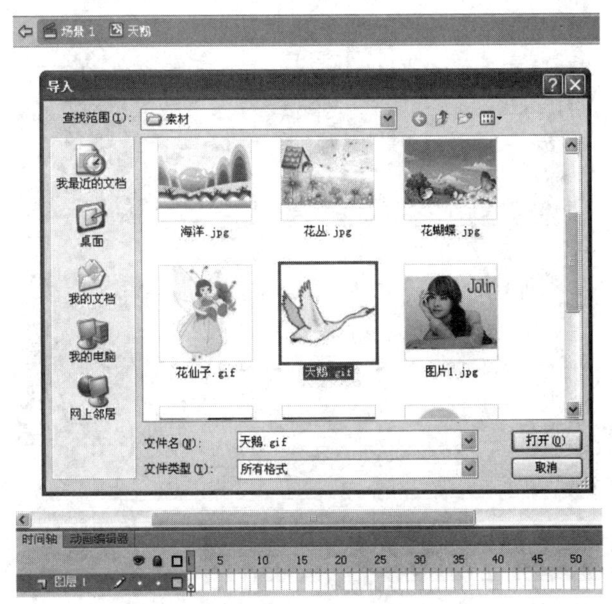

图4-4-6 影片剪辑中导入图片

步骤8:导入【天鹅.gif】图片在Flash中是一个逐帧的序列,单击时间轴面板的【图层1】,选中所有帧,按【Q】键切换至【任意变形工具】,然后用方向箭头将图片中心的圆点与舞台中心的【+】号对齐。如图4-4-7所示。

步骤9:设置完成后,单击舞台左上角的【场景1】返回至场景模式。此时,【库】面板出现元件【天鹅】,选中【天鹅1】图层,将【库】面板中【天鹅】元件拖至舞台,并移至舞台的左侧。如图4-4-8所示。

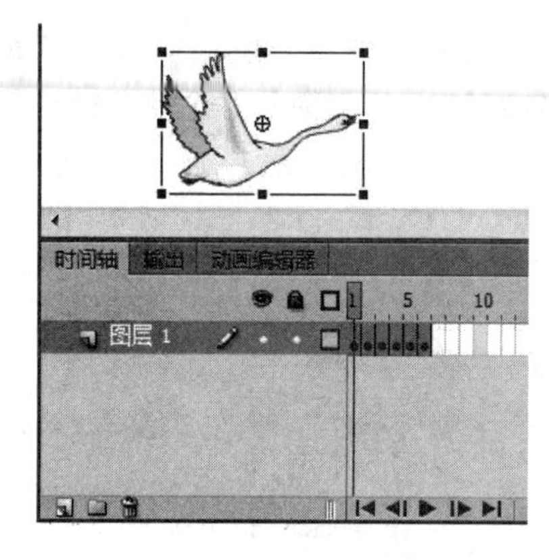

图 4－4－7　编辑元件位置

图 4－4－8　将元件拖至舞台

步骤 10：选中【背景】图层的第 40 帧处，按【F5】键，将【背景】图层延伸至 40 帧处。选中【天鹅 1】图层的第 1 帧，右键单击在弹出的快捷菜单中选择【创建补间动画】命令，在第 1－12 帧之间形成补间范围。如图 4－4－9 所示。

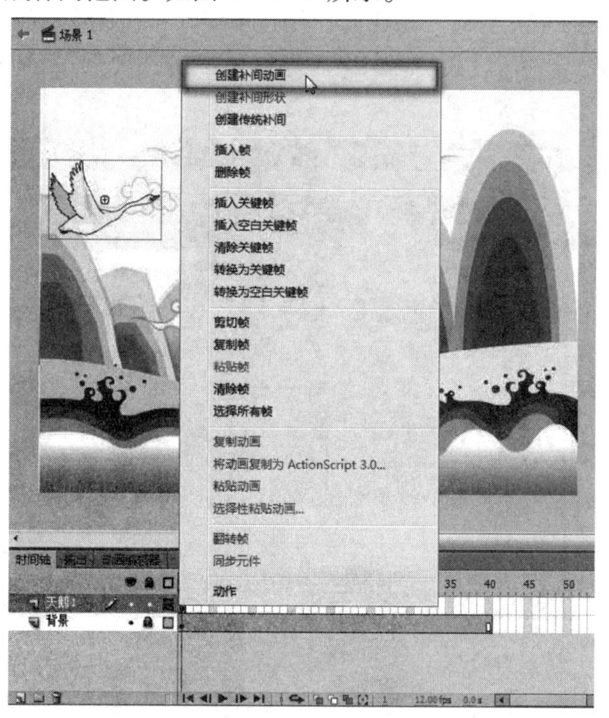

图 4－4－9　创建补间动画

步骤 11：选中第 12 帧，拖动延伸至第 40 帧处，在第 40 处右键单击，在弹出的快捷菜单中选择【插入关键帧】|【位置】命令。如图 4－4－10 所示。

特别提示

属性关键帧和关键帧不同，属性关键帧是指在补间动画的特定时间或帧中定义的属性值。属性关键帧是指关键帧里的对象仍然是前一个关键帧里的内容，只是属性发生了变化。

步骤 12:此时在第 40 帧内会插入一个标记为菱形的【属性关键帧】,将【天鹅】实例移动至右侧,舞台上会显示动画的运动路径。如图 4－4－11 所示。

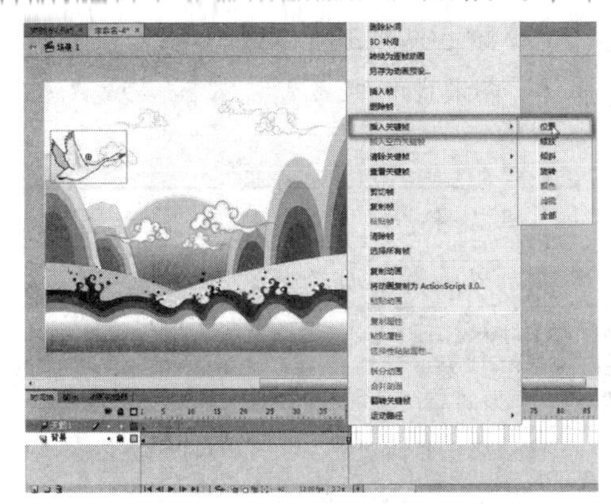

图 4－4－10 创建位置补间动画

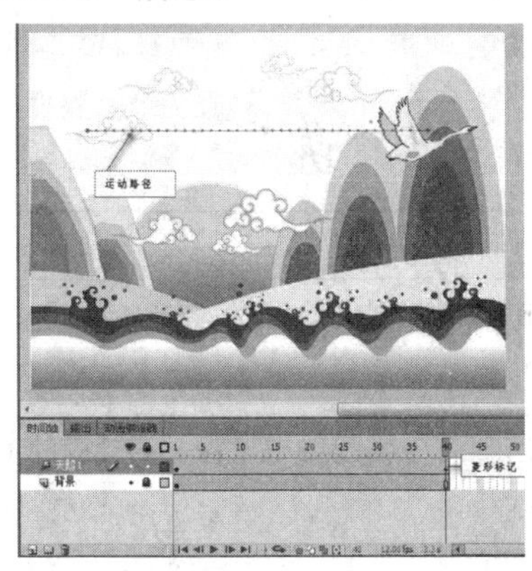

图 4－4－11 编辑补间动画位置

步骤 13:将【天鹅 1】图层锁定,单击时间轴面板的【新建图层】按钮,新建【图层 3】,将【图层 3】重命名为【天鹅 2】。如图 4－4－12所示。

图 4－4－12 图层 3 的帧设置

步骤 14:选中【天鹅 2】图层的第 1 帧,将【天鹅】元件拖动至舞台左侧,在第 1 帧上右键单击,在弹出的快捷菜单中选择【创建补间动画】命令,在第 1～40 帧之间形成补间范围。效果如图 4－4－13 所示。

步骤 15:在【天鹅 2】图层上第 40 帧处右键单击,在弹出的快捷菜单中选择【插入关键帧】|【位置】命令,在【天鹅 2】图层上创建补间动画,将【天鹅 2】图层上的元件移至舞台右侧,此时舞台上会显示运动路径。如图 4－4－14 所示。

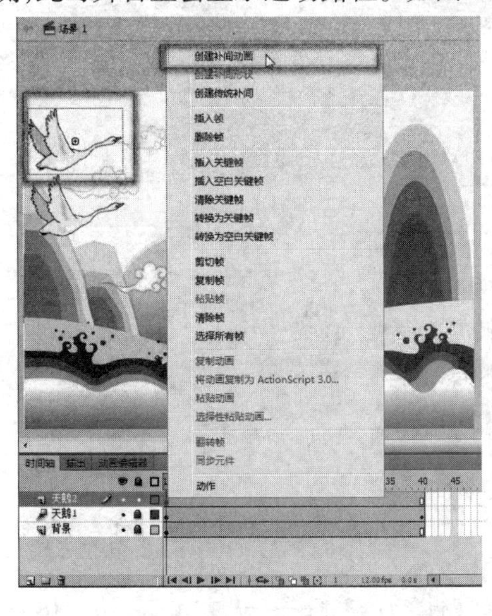

图 4－4－13 为【天鹅 2】图层创建补间动画

图 4－4－14 【天鹅 2】图层上补间动画

步骤 16：按快捷键【Ctrl + S】，将动画保存为【比翼双飞.fla】。

步骤 17：按【Ctrl + Enter】快捷键，即可观看补间动画的播放效果。如图 4－4－1 所示。

任务评价

评价项目	评价要素
素材使用	能导入素材，并能进行素材的对齐、大小、变形等处理
任意变形	能够对对象实现任意变形，比如本例中调整天鹅大小
动画创建	能够熟练掌握补间动画的基本原理，并能创建传统补间动画
关键帧	能够插入并设置属性关键帧
元件和库	能够创建影片剪辑元件，并能将库中的影片剪辑元件应用至舞台

相关知识

本任务是补间动画的典型应用，补间动画是通过一个帧中的对象属性指定一个值，然后对另一帧中相同属性的对象指定另一个值而创建的动画。由 Flash CS 6 自动计算这两个帧之间该属性的值。

一、补间动画

补间动画主要是以元件对象为核心，一切的补间动作都是基于元件的。首先创建元件，然后将元件放到起始关键帧中。右键单击第 1 帧，在弹出的快捷菜单中选择【创建补间动画】命令，此时 Flash 将创建补间动画，最后在补间范围内创建补间的关键帧属性。

特别提示

补间范围是时间轴上显示为蓝色背景的一组帧，其舞台中的对象一个或多个属性可随着时间来改变。也可以把这些补间范围作为单个对象来选择，在每个补间范围中只能对一个目标对象进行动画处理。如果对象停留在 1 帧中，则补间范围的长度等于每秒的帧数，即文档设置的帧频数。

二、属性关键帧

在补间动画的补间范围内，用户可以为动画定义一个或多个属性关键帧，每个属性关键帧可以设置不同的属性。在右键单击所弹出的快捷菜单中，选择【插入关键帧】命令后的级联菜单，其中共有 7 种属性关键帧选项。如图 4－4－15 所示。

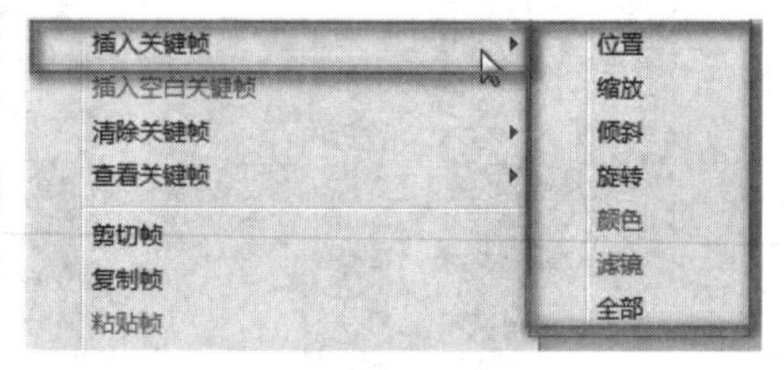

图 4－4－15　属性关键帧级联菜单

其中前 6 项分别代表了 6 种常见的补间动作类型，而第 7 项【全部】则可以支持所有补间类型。在属性关键帧中可以设置不同的属性值，打开【属性】面板进行设置。如图4－4－16所示。

此外,在补间动画中的运动路径可以通过使用【工具】面板上的【选择】工具、【部分选取】工具、【任意变形】工具等工具进行调整,可以编辑运动路径,改变补间动画移动的变化。比如使用【选择】工具来调整运动路径。如图4-4-17所示。

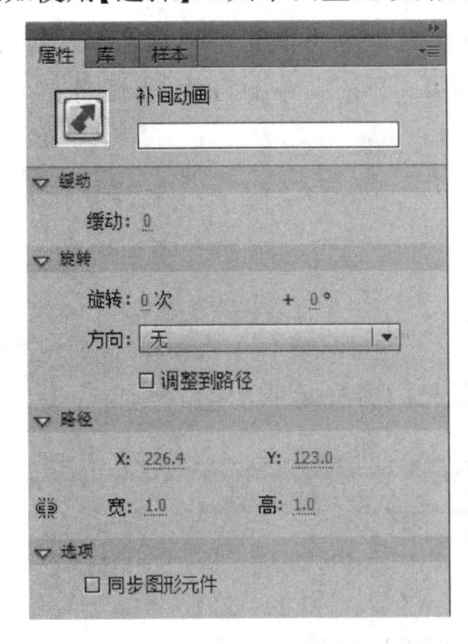

图4-4-16 属性关键帧属性面板

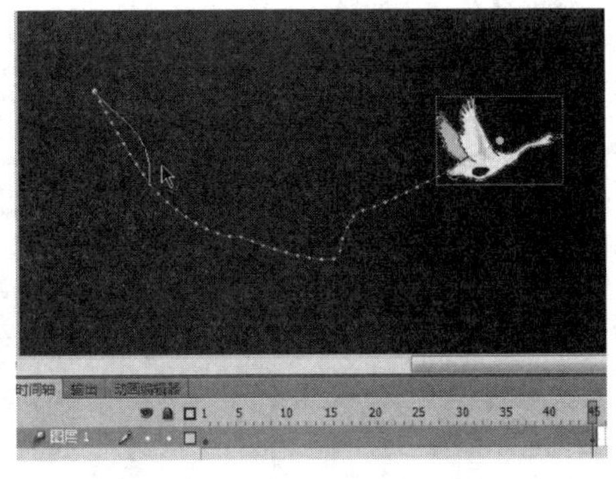

图4-4-17 调整运动路径

任务拓展

拓展练习:利用所给素材制作补间动画【图切】。如图4-4-18所示。

图4-4-18 【图切】效果图

要点分析:对三幅图通过设置图形元件的Alpha值来实现淡入淡出切换效果。第一幅图淡出的同时第二幅图淡入;第二幅图淡出的同时第三幅图淡入;第三幅图淡出的同时设置第一幅图淡入。

单元小结

本章主要介绍了Flash CS 6中基本的动画类型,讲解了逐帧动画、形状补间动画、传统补间动画、补间动画的制作方法，介绍了图层的基本类型和基本操作；帧的类型和基本操作；动画编辑器以及动画预设面板的使用。还讲解了绘图纸外观工具的使用。在创建不同类型动画的同时，应熟悉各个动画制作的原理和特点，这样就能很容易地创建它们。

通过对本章各种动画类型的学习，已经能制作出一些简单的动画效果，最后通过多种动画类型的应用，制作动画综合案例，达到总结知识，开拓思路的目的，为读者在今后制作出更丰富有趣的动画打下良好的基础。

综合测试

一、填空题

1. 在 Flash CS 6 中，默认的帧频率大小是__________。
2. __________是不起作用的帧，起着过渡和延长内容显示的功能。
3. 时间轴由哪几部分组成__________、__________和__________。
4. 帧的类型有__________、__________和__________ 3 种类型。
5. 按__________快捷键可打开库面板。

二、选择题

1. 关键帧之间有(　　)的箭头表示创建的动画为形状补间动画。

   A. 浅紫色背景　　B. 浅绿色背景
   C. 虚线　　D. 灰色背景

2. (　　)是指在动画播放过程中呈现出关键性动作或内容变化的帧。

   A. 普通帧　　B. 空白关键帧　　C. 关键帧　　D. 图层

3. 当帧上有一个菱形标记，表示该帧是(　　)。

   A. 关键帧　　B. 空白关键帧　　C. 属性关键帧　　D. 普通帧

4. 属性面板中的 Alpha 命令是专门用于调整某个实例的(　　)的。

   A. 对比度　　B. 高度　　C. 透明度　　D. 颜色

5. 下面不属于 Flash CS 6 动画的基本类型的是(　　)。

   A. 形状补间动画　　B. 颜色动画
   C. 补间动画　　D. 逐帧动画

三、简答题

1. 帧是动画的基本组成元素，可以对帧进行哪些操作？
2. 什么是图层？Flash 中对图层的操作包括哪些？
3. 逐帧动画的基本原理是什么？

单元五　高级动画

单元概述

Flash CS 6 可以使用运动引导层动画、遮罩动画以及骨骼动画制作出基本动画做不到的特殊效果。

引导动画需要由引导层和被引导层来完成，引导层上放置运动轨迹，被引导层上放置运动对象，使动画对象按照我们制定的轨迹来运动，并且引导线在动画播放过程中是不显示的。遮罩动画是一种比较特殊的动画形式，要由遮罩层和被遮罩层两层来完成，他和普通动画正好相反，在遮罩动画中，遮罩层上的对象控制着显示区域，通过这个显示区域可以看到被遮罩层上对象的内容。制作骨骼动画时使用【骨骼工具】可以很容易把元件连接起来，形成父子关系，来实现我们所说的“反向运动”。整个骨骼结构也可称为“骨架”。骨骼动画可以在短时间里制作复杂而自然的动画效果，这种制作方式很适合运用在皮影动画中。

任务1 爬行的瓢虫

任务描述

使用引导层动画，制作爬行的瓢虫，瓢虫爬行要符合自然运动规律，使用【调整到路径】使瓢虫爬行时头部始终朝向爬行的方向。制作完成的动画效果如图5－1－1所示。

图5－1－1 “爬行的瓢虫”动画效果

任务目标

- 理解运动引导层的动画原理
- 掌握运动引导层动画的制作流程
- 会使用【调整到路径】使瓢虫爬行符合自然规律

任务分析

本任务不同于原来的基本动画，需要通过引导层动画来完成。引导层动画必须具备两个图层，引导层和被引导层，其中引导层位于上方，被引导层位于下方。引导层存放引导线，引导“瓢虫”沿着引导线爬行。

任务实施

一、任务准备

花丛、瓢虫图片素材，Flash CS 6 软件。

二、任务实施

步骤1：新建 Flash 文档，保存为【爬行的瓢虫. fla】，按【Ctrl + J】组合键，打开【文档设置】对话框，设置宽为【645】像素，高为【450】像素，其他为默认。如图 5 – 1 – 2 所示。

步骤2：单击【文件】|【导入】|【导入到舞台】命令，在弹出的【导入】对话框中，选择本书配套光盘【单元五】|【素材】目录下文件名为【草地】的图片，将其导入到当前舞台中。

步骤3：在舞台中选择已导入的图片，按【Ctrl + I】打开【信息】面板，设置参数如下图 5 – 1 – 3，让图片与舞台完全重合。

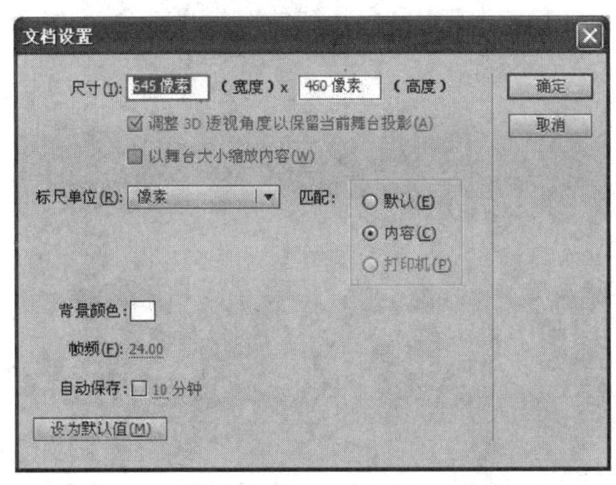

图 5 – 1 – 2 【文档设置】对话框

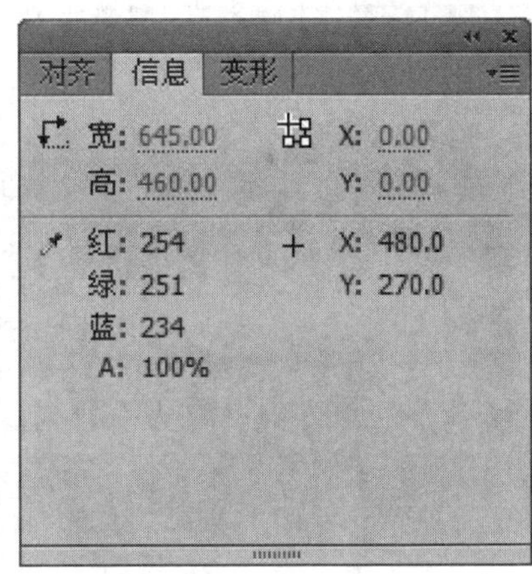

图 5 – 1 – 3 【信息】面板

步骤4：双击时间轴面板中【图层 1】图层名称，将其改名为【背景】。

步骤5：鼠标单击时间轴面板【背景】图层第 200 帧，按【F5】键插入帧，以延长背景图片在舞台上的显示，为瓢虫爬行动画留下足够的时间，将背景图层锁定。

步骤6：单击时间轴面板中的【新建图层】按钮，创建一个新的图层，双击图层名称，改名为【瓢虫】，该层会自动产生与【背景】图层同等时间的普通帧。

步骤7：选中【瓢虫】图层第一帧，按下【Ctrl + R】打开【导入】对话框，选择本书配套光盘【单元五】|【素材】目录下的【瓢虫】图片，导入到舞台中。如图 5 – 1 – 4 所示。

步骤8：选中舞台中的【瓢虫】，按【Q】键切换到【任意变形工具】，将瓢虫变形到合适大小，按下【F8】键，将瓢虫转换为图形元件，名称改为【pch】。如图 5 – 1 – 5 所示。

步骤9：选择【瓢虫】图层，在第 200 帧处按【F6】插入关键帧，选择第 1 帧到第 200 帧之间任意帧，单击右键，在弹出的快捷菜单中，选择【创建传统补间】，为瓢虫爬行创建补间动画。

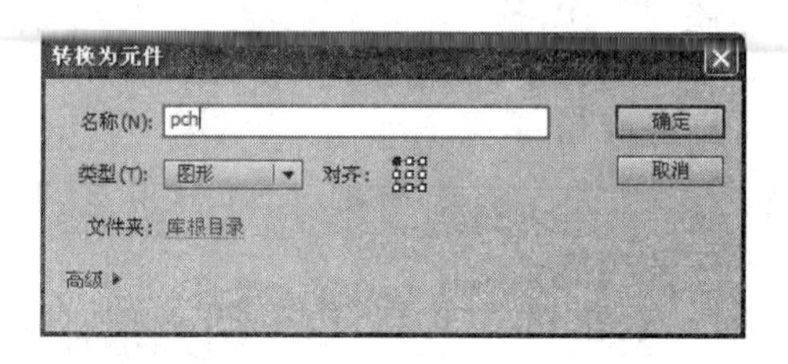

图 5-1-4　导入瓢虫.png　　　　图 5-1-5　转换为元件

步骤 10：选择【瓢虫】图层，单击右键，在弹出的快捷菜单中，选择【添加传统运动引导层】命令，为【瓢虫】图层添加引导层，【引导层】和【瓢虫】图层自动建立引导与被引导关系。单击【引导层】第 1 帧，选择【铅笔工具】，设置模式为平滑，在舞台中绘制瓢虫爬行的轨迹。如图 5-1-6 所示，并锁定该图层。

步骤 11：单击【瓢虫】图层第 1 帧，将蝴蝶的中心点和引导线的左端点重合，并将瓢虫的头部旋转朝向爬行的方向。如图 5-1-7 所示。

图 5-1-6　绘制轨迹　　　　图 5-1-7　瓢虫中心点与轨迹左端点重合

步骤 12：选中【瓢虫】图层的第 200 帧，将瓢虫的中心点和引导线的右端点重合，同时调整瓢虫爬行的方向。如图 5-1-8 所示。

图 5-1-8　瓢虫中心点与轨迹右端点重合

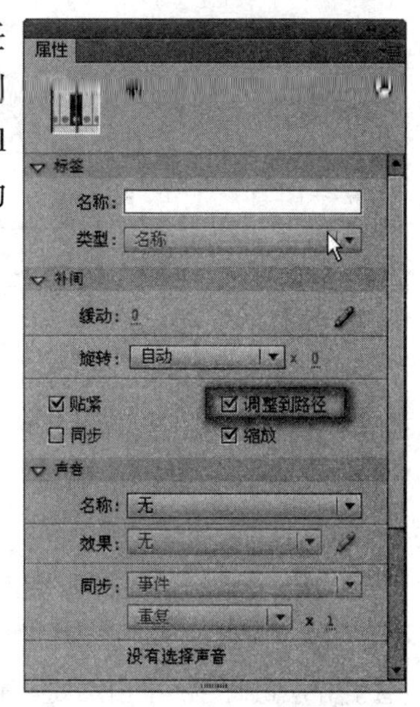

图 5－1－9 调整到路径

步骤 13：选中【瓢虫】图层中第 1 帧至第 200 帧之间任意帧，按【Ctrl＋F3】组合键打开【属性】面板，勾选【调整到路径】，如图 5－1－9 所示，按【Ctrl＋S】保存文件。按【Ctrl＋Enter】组合键测试影片，同时在源文件同一目录下会自动生成【爬行的瓢虫. swf】影片文件。

特别提示

调整到路径：制作引导线动画时，对有方向性的被引导对象，在设置补间动画的同时，选择属性面板的"调整到路径"，使得物体在沿着路径运动的同时还能自动转向，始终使某一方向对准路径，效果会更符合自然规律。

任务评价

评价项目	评价要素
设置背景	会素材图片导入到库，图片与舞台对齐
创建动画	会创建瓢虫元件，制作基本动画
建立引导	能添加引导层，实现瓢虫爬行引导动画
属性设置	会设置调整到路径，使瓢虫运动更符合自然规律

相关知识

一、引导层的概念

引导层是 Flash 引导层动画中绘制路径的图层。引导层中的图案可以是绘制的图形或对象定位，主要用来设置对象的运动轨迹。引导层不会在影片文件中输出，因此不会增加文件的大小，而且可以重复使用。在 Flash CS 6 中，引导层分普通引导层和传统运动引导层。

1. 普通引导层

普通引导层以直尺图标表示，在绘制图形时起辅助作用，用于帮助对象定位，无需使用被引导层，可以单独使用，层上内容不会被输出，也可以作为文字说明、注释等。

2. 传统运动引导层

传统运动引导层以弧线图标表示，层上绘制的图形均被视为路径，使被引导层中的对象可以按照路径运动，层上的内容不会在影片中输出。

引导层类型如图 5－1－10 所示。

时间轴
运动引导层：图层 3
图层 3
普通引导层
普通图层
24.00 fps 0.0 s

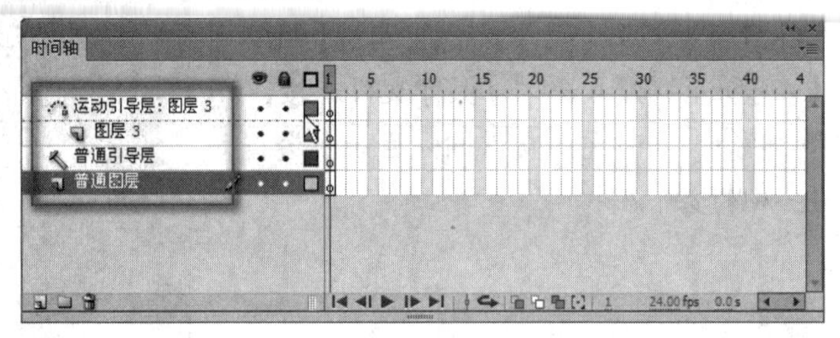

图 5－1－10　引导层类型

二、创建引导层的方法

1. 普通引导层

普通引导层是在普通层的基础上建立的。其方法是：选中需要创建普通引导层的图层，单击右键，弹出快捷菜单，选择【引导层】选项，如图 5－1－11所示，即可将当前图层设置为普通引导层，此时该层前面会出现🔨图标。

2. 传统运动引导层

传统运动引导层动画由两层组成：引导层和被引导层。引导层上放置对象的运动轨迹，被引导层上放置运动对象。

要创建引导动画，选择被引导的普通图层，单击右键，在快捷菜单中选择【添加传统运动引导层】命令，如图 5－1－12 所示，即可以在选中图层的上方创建一个运动引导层，并且建立两者之间的链接，此时引导层前面会出现⌒图标。

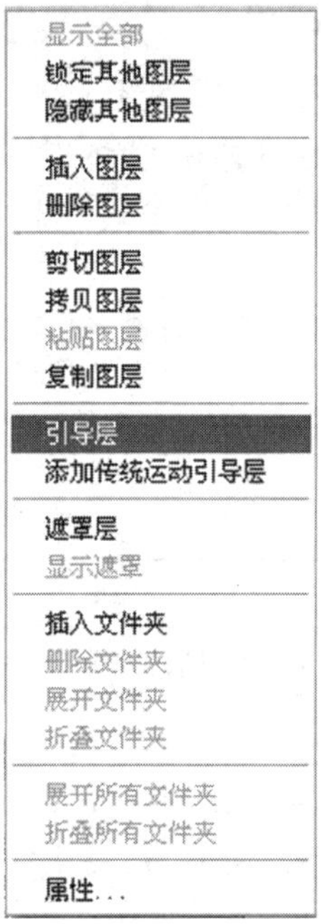

显示全部
锁定其他图层
隐藏其他图层
插入图层
删除图层
剪切图层
拷贝图层
粘贴图层
复制图层
引导层
添加传统运动引导层
遮罩层
显示遮罩
插入文件夹
删除文件夹
展开文件夹
折叠文件夹
展开所有文件夹
折叠所有文件夹
属性...

图 5－1－11　创建普通引导层

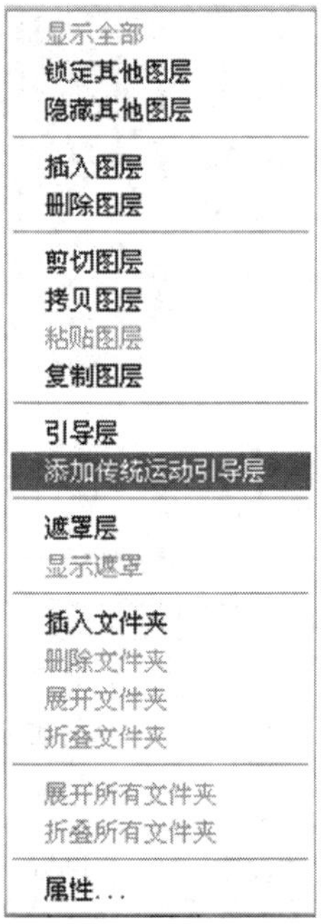

显示全部
锁定其他图层
隐藏其他图层
插入图层
删除图层
剪切图层
拷贝图层
粘贴图层
复制图层
引导层
添加传统运动引导层
遮罩层
显示遮罩
插入文件夹
删除文件夹
展开文件夹
折叠文件夹
展开所有文件夹
折叠所有文件夹
属性...

图 5－1－12　创建传统运动引导层

3. 二者之间的转换

(1)普通引导层转换为传统运动引导层

将普通图层拖拽到普通引导层的下一层，当两层之间出现一条黑线时松开鼠标，即可建立二者之间的引导与被引导的关系，此时普通引导层转换为运动引导层，但图层名称不变。

(2)传统运动引导层转化为普通引导层

将被引导的普通图层拖拽到运动引导层的上一层，此时运动引导层的图标变为普通引导层图标，但图层名称不变。

特别提示

1. 引导轨迹必须是具有起点和终点的不封闭曲线，若想让对象做封闭环绕运动，可以在【引导层】画个封闭曲线，再用橡皮擦去一小段，变为具有起点和终点的开放曲线，再把对象与起点和终点对齐即可。

2. 一个引导层可以引导多个被引导层，但是一个被引导层只能对应一个引导层。

任务拓展

拓展练习：利用所学制作"爱心环绕"动画，效果如图 5－1－13 所示。

要点分析："爱心环绕"动画是对所学知识的巩固拓展，练习封闭环绕运动的引导线处理方法，以及一个引导层可以对应多个被引导层。引导轨迹必须是具有起始点和终止点的不封闭曲线，在该实例中制作心形轨迹后，需要用橡皮擦擦除一小段曲线，使心形变为非封闭曲线。一个引导层对应多个引导层的方法是将需要被引导的图层直接拖曳到引导层下方，使二者建立引导与被引导的链接关系。

图 5－1－13 "爱心环绕"动画效果

任务2 宝宝相册

任务描述

简单的宝宝相册由两张照片组成，通过遮罩动画，制作照片的切换效果。效果如图 5－2－1所示。

图 5－2－1 "宝宝相册"动画效果

任务目标

- 了解遮罩层的概念
- 掌握遮罩动画的制作流程
- 灵活制作遮罩动画

任务分析

遮罩动画是一种比较特殊的动画形式,必须由两个或两个以上的图层来实现,位于上面的层是遮罩层,位于下面的层是被遮罩层。在遮罩动画中,我们看到的是遮罩层上对象的形状,被遮罩层上对象的内容。

任务实施

一、任务准备

宝宝相片,Flash CS 6 软件。

二、任务实施

步骤1:新建 Flash 文档,保存为【宝宝相册.fla】,按【Ctrl+J】组合键,打开【文档设置】对话框,设置宽为【800】像素,高为【600】像素,其他为默认。如图5-2-2所示。

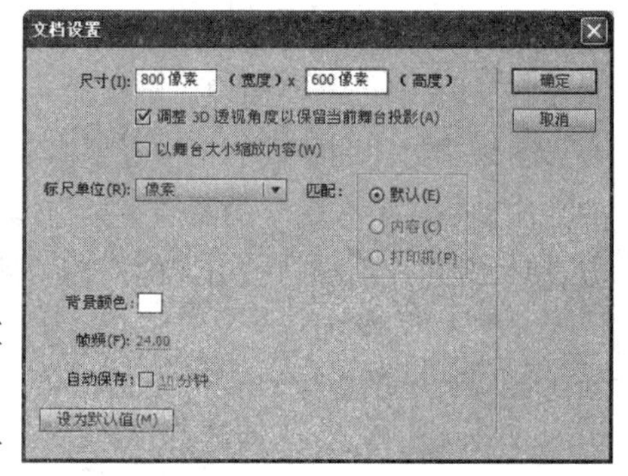

图5-2-2 【文档设置】对话框

步骤2:按【Ctrl+R】组合键,打开【导入】对话框,选择本书配套光盘【单元五】|【素材】目录下的【baby1.jpg】,点击【导入】对话框的打开按钮,会弹出一个对话框。如图5-2-3所示,选择【否】,将该图片导入到当前舞台中。

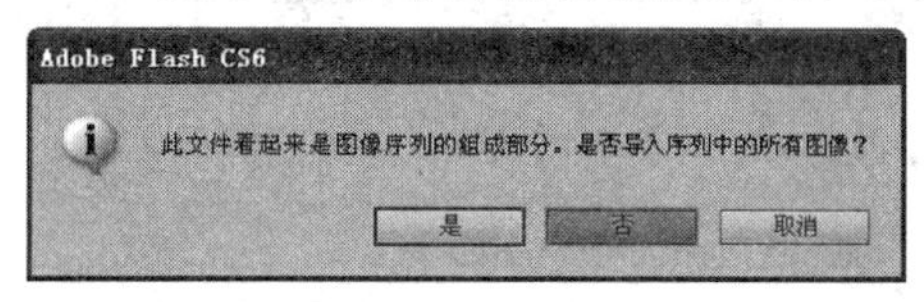

图5-2-3 询问对话框

特别提示

出现该对话框的原因是,在素材文件夹中有图像序列,如果选择对话框中的【是】按钮,则会将图像序列中的所有图片按序号以逐帧形式导入到场景中,选择【否】,则会只导入选择的单张图片。

步骤3:在舞台中选择已导入的图片,按【Ctrl+I】打开【信息】面板,设置参数如下图5-2-4,让图片与舞台完全重合。

步骤4:双击时间轴面板中【图层1】图层名称,将其改名为【相片1】。

步骤5:鼠标单击时间轴面板【相片1】图层第100帧,按【F5】键插入帧,以延长【相片

1】在舞台上的显示,为动画留下足够的时间。如图 5 –2 –5 所示,将背景图层锁定。

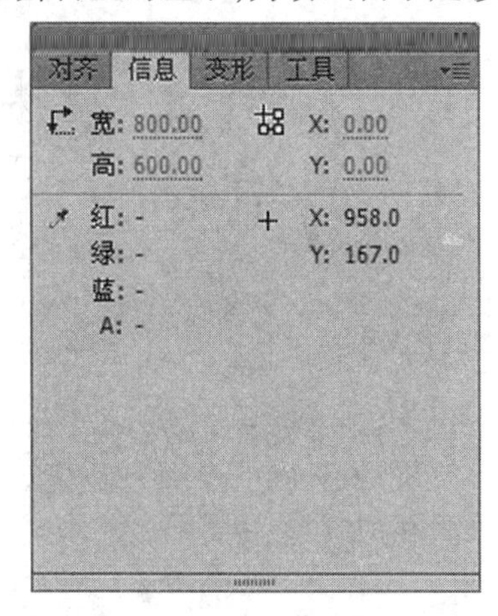

图 5 –2 –4 【信息】面板

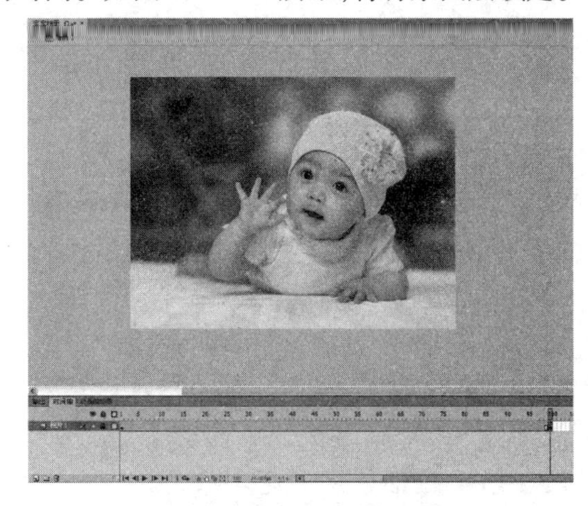

图 5 –2 –5 【相片 1】图层

步骤 6:单击时间轴面板中的【新建图层】按钮,创建一个新的图层,双击图层名称,改名为【相片 2】,该层会自动产生与【相片 1】图层同等时间的普通帧。

步骤 7:选中【相片 2】图层第 1 帧,按下【Ctrl + R】打开【导入】对话框,选择本书配套光盘【单元五】|【素材】目录下的【baby2. jpg】,导入到舞台中,像【步骤 3】一样设置图片的 X 和 Y 坐标都为 0,与舞台对齐。选中第 1 帧,按住鼠标左键拖动到第 35 帧松开鼠标,锁定该图层。如图 5 –2 –6 所示。

步骤 8:新建图层,改名为【遮罩】,选择该层的第 35 帧,按【F7】键插入空白关键帧,选择【多角星形】工具,打开【属性】面板,在【工具设置】选项中,单击【选项】按钮,打开【工具设置】对话框,选择【星形】样式,其他不变,如图 5 –2 –7 所示,点【确定】。

特别提示

【遮罩】层第 1 帧是空白关键帧,所以在第 35 帧按【F6】键插入关键帧也可以达到相同的效果。

图 5 –2 –6 导入【baby2. jpg】

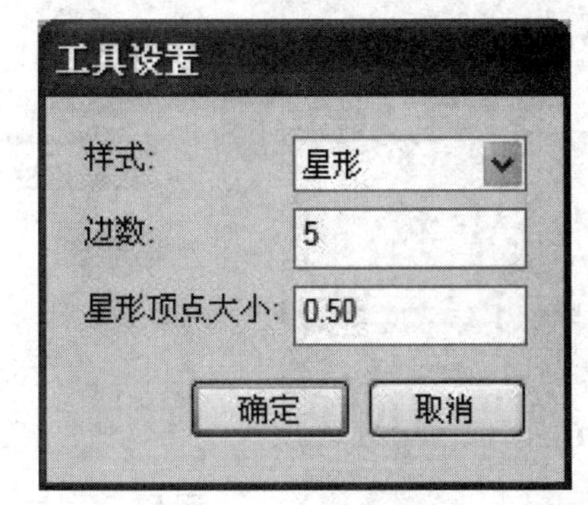

图 5 –2 –7 选择星形工具

步骤 9:设置星形工具的填充为任意色,线条无色,按住【Shift】键,在舞台的中间位置画一个很小的五角星,按【F8】转换为元件,如图 5 –2 –8 所示,选择第 65 帧,按【F6】插入关键帧,按【Q】键切换到【任意变形工具】,变形的同时按住【Alt + Shift】组合键,将星星放大直至覆盖住整个舞台。如图 5－2－9 所示。

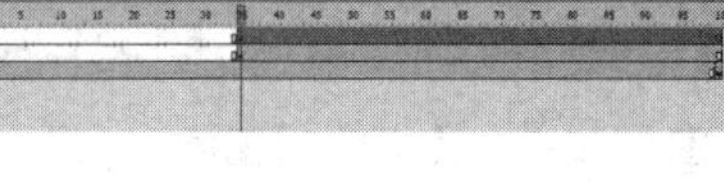

图 5－2－8　在 35 帧绘制五角星

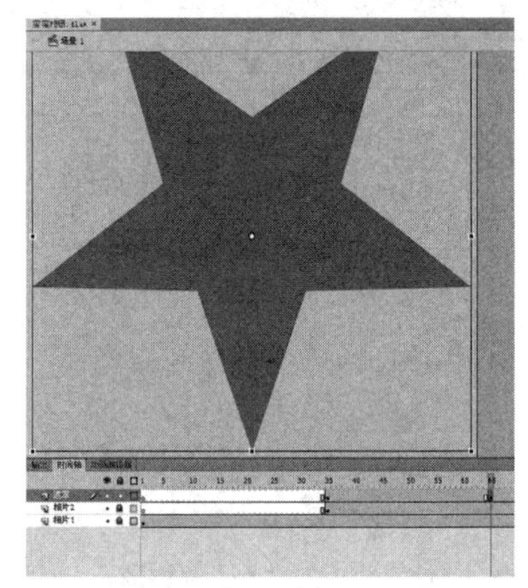

图 5－2－9　在 65 帧将五角星放大覆盖舞台

步骤 10:选择 35 帧至 65 帧之间任意帧,点右键,弹出快捷菜单,选择【创建传统补间】。打开【属性】面板,在补间选项中,设置顺时针旋转 1 次。如图 5－2－10 所示。

步骤 11:选择【遮罩】图层,单击右键弹出快捷菜单,选择【遮罩层】,将该层转换为遮罩层,如图 5－2－11 所示。此时,【遮罩】层和【相片 2】图层之间自动建立起遮罩与被遮罩关系,如图 5－2－12 所示,图层【遮罩】是遮罩层,用图层标志表示,图层【相片 2】是被遮罩图层,用图层标志表示。

步骤 12:按【Ctrl + S】保存,按【Ctrl + Enter】测试影片,同时在源文件同一目录下会自动生成【宝宝相册. swf】影片文件,最终效果如图 5－2－1 所示,我们通过【遮罩】层的形状区域,看到【相片 2】层的内容。

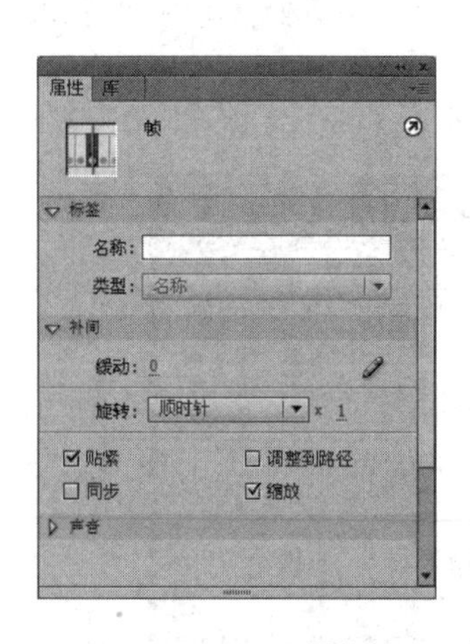

图 5－2－10　设置旋转

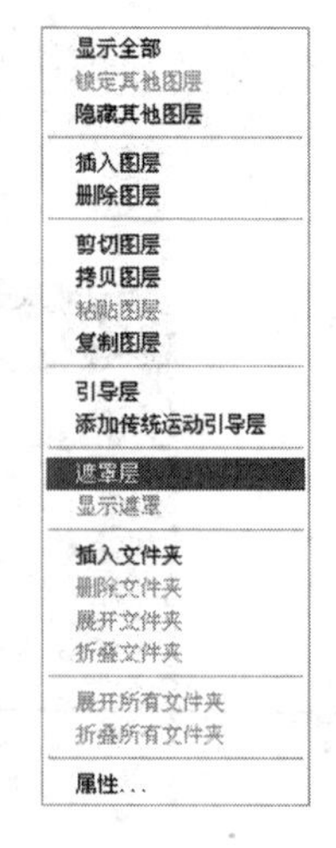

图 5－2－11　设置遮罩

图 5－2－12　建立遮罩关系

任务评价

评价项目	评价要素
背景设置	能成功导入素材,图片与舞台大小匹配,位置对齐
创建动画	能够创建星星元件,制作星星由小变大并旋转的基本动画
建立遮罩	能够转换遮罩层,实现遮罩动画

相关知识

遮罩动画是 Flash 中的一个很重要的动画类型,很多效果丰富的动画都是通过遮罩动画来完成的。

一、遮罩的含义

遮罩由遮罩层和被遮罩层组成。遮罩层上的内容类似于窗口,能够透过该图层中的对象看到被遮罩层中的对象及其属性(包括它们的变形效果),但是遮罩层对象的许多属性如渐变色、透明度、颜色和线条样式等却是被忽略的。被遮罩层上除了透过遮罩层项目显示的内容外,其余的所有内容都被隐藏起来。

遮罩层中的对象可以是填充的形状、文字、图形元件或影片剪辑等,但是线条不能达到遮罩的效果,如果想用线条,需要通过【修改】|【形状】|【将线条转换为填充】命令,把线条转换为填充之后即可。

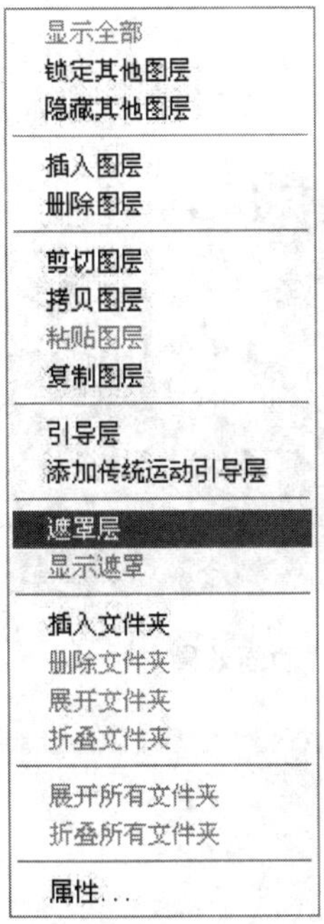

显示全部
锁定其他图层
隐藏其他图层
插入图层
删除图层
剪切图层
拷贝图层
粘贴图层
复制图层
引导层
添加传统运动引导层
遮罩层
显示遮罩
插入文件夹
删除文件夹
展开文件夹
折叠文件夹
展开所有文件夹
折叠所有文件夹
属性...

图 5-2-13 创建遮罩层

二、遮罩动画的制作流程

在 Flash CS 6 中没有一个专门的按钮来创建遮罩层,遮罩层其实是由普通图层转化的。

选择要作为遮罩层的图层,单击右键,在弹出的快捷菜单中选择【遮罩层】,该图层就会转化为遮罩层。如图 5-2-13 所示。

此时层图标会变为遮罩层图标,Flash 会自动把遮罩层下面的一层关联为被遮罩层,其图标在缩进的同时变为,如图 5-2-14 所示。如果你想关联更多层被遮罩,只要把这些层拖到被遮罩层下面即可。

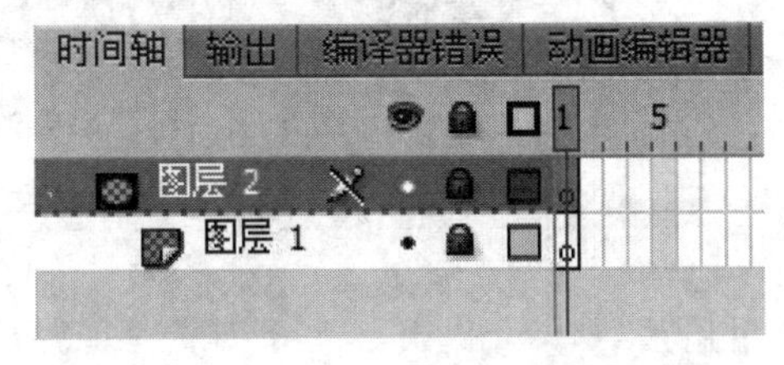

图 5-2-14 遮罩层与被遮罩层

任务拓展

拓展练习：利用所学制作【婚纱】动画。动画效果如图 5－2－15所示。

要点分析：该动画是对遮罩动画的巩固拓展，遮罩层上的内容可以是绘制的填充形状、文字、图形元件或影片剪辑等，本例中遮罩层上放置静态文字，被遮罩层上放置左右移动的婚纱图片，由此得到婚纱照遮罩文字的效果。

图 5－2－15 【婚纱】动画效果

任务3 跳舞的米奇

任务描述

之前所学习的内容只能实现简单对象的大小、位置、旋转、透明度、色调等基本属性的变化，对于人物、角色等自身的肢体运动，即反向运动难以表达。本实例通过骨骼工具实现米奇翩翩起舞的各个动作，学习骨骼的相关知识。动画效果如图 5－3－1 所示。

图 5－3－1 “跳舞的米奇”动画效果

任务目标

- 学习骨骼工具的使用用法
- 掌握创建骨骼的方法
- 掌握编辑骨骼的方法
- 掌握骨骼动画的制作方法

任务分析

之前所学的基本动画，在解决生物关节的反向运动、机械的转动、链接运动等动画效果时会非常复杂，本节任务通过为米奇添加骨骼、创建骨架，改变骨架的状态、位置等，为米奇变换不同的姿势，轻松实现米奇顺畅而自然的舞蹈动作。

任务实施

一、任务准备

舞台背景素材、米奇角色、Flash CS 6 软件。

二、任务实施

步骤1：打开【跳舞的米奇. fla】Flash 文档，文档中已经有一个在舞台上静止的米奇。米奇的身体各部分已经转换为元件，如图5－3－2 所示。

步骤2：选择【骨骼工具】，按住鼠标左键从米奇的头部向胸部拖动，建立第一根骨骼，将头部连接在身体上，这时创建了一根头部大、尾部小且两端都是圆形的骨骼，如图5－3－3所示。此时，flash 会自动在米奇的上层建立骨架层，此处为【骨架_34】图层，已经建立连接的元件都会被放入到骨架层中。

图5－3－2　打开文档

图5－3－3　建立第一根骨骼

步骤3：再从胸部的关节向米奇的左上臂拖动，从左上臂向左小臂拖动，从左小臂拖动到左手，这样就建立起了左手臂与身体的骨骼连接。如图5－3－4 所示。

步骤4：按照同样的做法，依次建立起右手臂、左腿及右腿的骨骼连接，如果所有元件都成功建立骨骼连接，所有元件都会放入骨架层中，米奇层会变成空白图层。建立完成的骨架如图5－3－5 所示。

步骤5：鼠标单击【时间轴】面板【背景】图层第100 帧，按【F5】键插入帧，以延长背景图片在舞台上的显示，为米奇跳舞动画留下足够的时间。

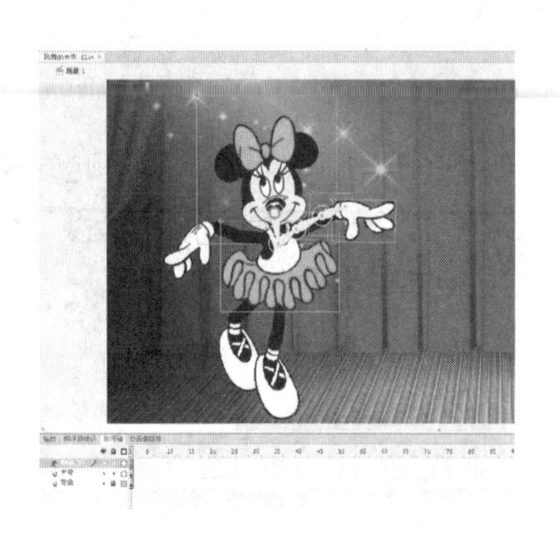

图 5－3－4　米奇左手臂的骨骼连接

图 5－3－5　建立起米奇的整副骨架

步骤 6：单击【骨架_34】图层第 100 帧，点击右键，在弹出的快捷菜单中选择【插入姿势】命令，设置米奇最后姿势与开始相同，这样使动画循环播放时不会产生画面跳跃，视觉效果比较流畅，此时骨架层各帧的背景变为绿色。如图 5－3－6 所示。

步骤 7：单击【时间轴】面板中的【骨架_34】图层第 25 帧，点击右键，在弹出的快捷菜单中选择【插入姿势】命令，设置米奇姿势。使用【选择】工具，拖动米奇的左手、右手、左脚、右脚等，调整米奇四肢的动作，在调整骨架的过程中，要移动米奇的位置，可以使用【任意变形工具】选中所有元件，进行移动，如果出现关节脱位，可以使用【任意变形】工具，调整各个元件的位置，使米奇各部分顺畅的连接起来。如图 5－3－7 所示。

图 5－3－6　在 100 帧插入姿势

图 5－3－7　第 25 帧插入姿势

步骤 8：按照上述方法依次在 40 帧、60 帧、80 帧处插入姿势。如图 5－3－8、5－3－9、5－3－10 所示。

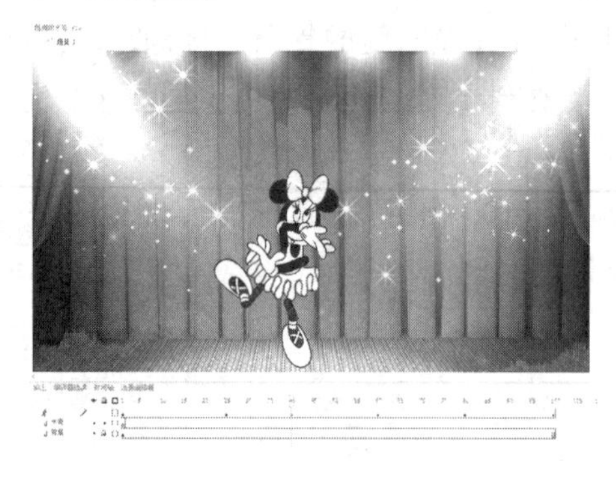

图 5－3－8　第 40 帧插入姿势

图 5－3－9　第 60 帧插入姿势

图 5-3-10 第 80 帧插入姿势

步骤 9:按【Ctrl + S】保存源文件为【跳舞的米奇. fla】。按【Ctrl + Enter】测试影片,同时在源文件同一目录下会自动生成【跳舞的米奇. swf】影片文件。

任务评价

评价项目	评价要素
创建骨骼	能够为米奇添加骨骼成功,合理建立起整副骨架
插入姿势	能够在骨架层的时间轴中插入姿势帧
变换姿势	能够为米奇调整变换不同的姿势
细节处理	能够适当处理细节,使米奇舞蹈过程中,肢体运动协调流畅

相关知识

使用骨骼工具可以创建一系列链接的对象,轻松实现链型效果,帮助用户实现各种生物角色和机械运动等对象的动画效果。

一、添加骨骼

在 Flash 中有两种添加骨骼的方法:一是在形状内部添加骨架;二是向元件添加骨骼,将元件和元件链接在一起。

1. 向形状内部添加骨骼

向形状添加骨骼之前,必须选择所有的形状。将骨骼添加到所选内容后,Flash 将所有的形状和骨骼转换为骨骼形状对象,并将该对象移动到新的骨架图层。在形状转换为骨骼形状之后,无法再与骨骼形状外的其他形状合并。

要为形状添加骨骼,选中形状图形,打开【工具】面板,选择【骨骼工具】,在图形中的骨架根部位置单击并拖动到形状其他位置。释放鼠标,在起始点和结束点之间会显示一个实心骨骼。每个骨骼都由头部、圆端、尾部组成。

继续添加其他骨骼,可以拖动前一个骨骼的尾部到形状内的其他位置即可,该骨骼会成为前一个骨骼的子级。可以从同一骨骼的尾部分支出多个骨骼,形成分支骨架。按照需要创建的父子关系和分支骨架创建好形状的所有骨骼,完成骨架的创建。

总的来说,一个父级骨骼可以对应多个子级骨骼,而一个子级骨骼只能对应一个父级骨骼。如图 5-3-11 中,在火柴人的脖子处分别分出两只手臂和躯干三个分支骨架,在臀部又分出两条腿两个分支骨架。图 5-3-12 是修改姿势之后的骨架。

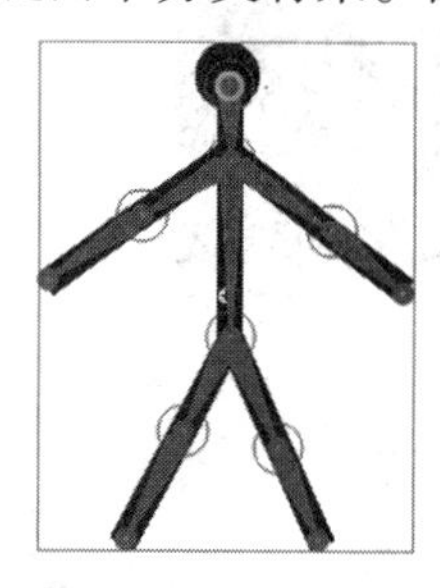

图 5-3-11 添加形状骨骼

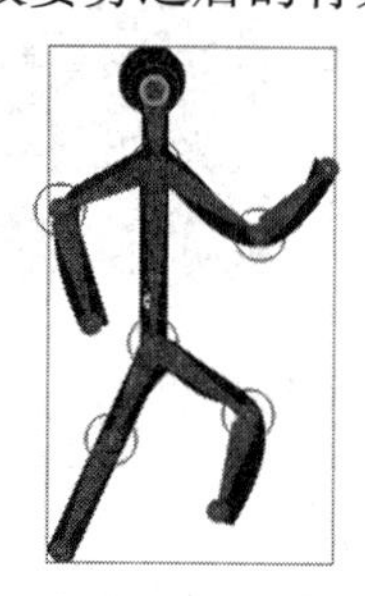

图 5-3-12 修改姿势后的骨架

2. 添加元件骨骼

使用【骨骼工具】还可以将不同层的图形、按钮、影片剪辑等元件实例链接起来,形成骨架。其创建方法和为形状添加骨骼方法类似。

选择【骨骼工具】,单击要成为骨架的根部的元件的,拖动到另一个元件实例,将两个元件链接在一起。从前一个骨骼的根部向下一个元件拖动继续添加骨骼。若需要创建分支骨架,则可以从成为分支点的骨架尾部向多个元件添加分支骨骼。向元件添加骨骼之后,Flash 会创建骨架图层,用于放置骨架和元件。如图 5-3-13 向元件添加骨骼,图 5-3-14是修改姿势后的骨架。

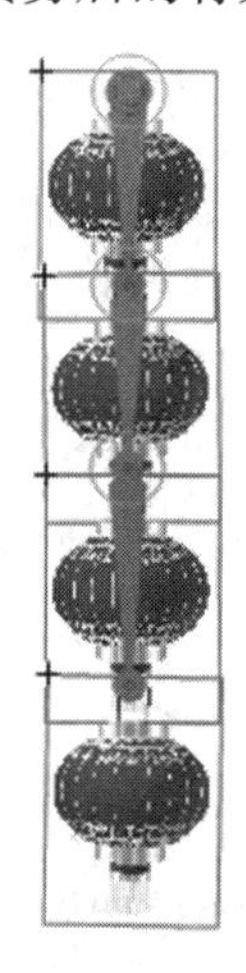

图 5-3-13 创建元件骨架

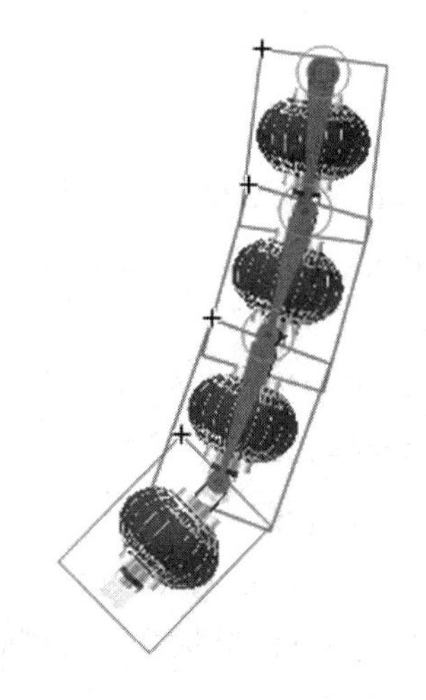

图 5-3-14 修改姿势后的元件骨架

二、编辑骨骼

创建骨骼后,可以对骨骼动画进行编辑操作。

1. 选择骨骼

- 如果想要选择单个骨骼,可以使用【选取】工具,单击该骨骼。
- 若要选择多个骨骼,在键盘上按下【shift】键并单击,可以选择多个骨骼。

➢ 要将所选内容移动到相邻骨骼，单击【属性】面板中的【上一个同级】、【下一个同级】、【父级】、【子级】按钮即可。

➢ 单击骨架图层中的帧可以选择整个骨架。

2. 重新定位骨骼

➢ 如果要重新定位骨架的某个分支，可以拖动该分支骨架中的任何骨骼，如果骨骼已连接到元件实例中，还可以拖动实例。

➢ 按住【Shift】键拖动骨骼，可以将其与子级骨骼一起旋转，而其父级骨骼不会变化。

3. 修改骨骼

修改骨骼可以移动骨骼任意端位置，还可以修改其长度。

➢ 如果移动骨骼形状中骨骼任意端点的位置，使用【部分选取】工具，拖动骨骼任意端点即可。

➢ 使用【任意变形】工具，移动实例的变形中心，骨骼会随变形中心移动，这样可以修改骨骼连接、头部、尾部的位置。

➢ 如果移动骨架中的单个元件实例，可以按住【Alt】键同时拖动该实例，或使用【任意变形】工具拖动。

4. 删除骨骼

➢ 若要删除单个骨骼及所有子级骨架，可以选中该骨骼，按【Delete】键将其删除。

➢ 若要将整个骨架删除，按【Ctrl + B】组合键，或选择【修改】|【分离】命令，即可删除整个骨架。

三、创建骨骼动画

骨架图层中的关键帧称为姿势，两个姿势之间的所有帧都会自动充当补间帧。因此只需要在骨架图层中插入姿势帧并重新定为骨架即可。

选择【骨骼】图层，右键单击需要插入姿势的帧，在弹出的快捷菜单中选择【插入姿势】命令，然后在该帧中修改骨架的位置，变换动画角色的姿势。Flash 会自动在两个姿势之间的帧中插入骨骼位置，创建补间，形成流畅的动画。

任务拓展

拓展练习：制作【机器人】动画，动画效果如图 5 - 3 - 15所示。

要点分析：在舞台中绘制机器人，将机器人身体各部分转换为元件，使用【骨骼工具】为机器人添加骨骼，创建骨架。然后插入姿势帧，在每个姿势帧里修改机器人的动作姿势，创建骨骼动画。

图 5 - 3 - 15 【机器人】动画效果

单元小结

本单元主要讲解了引导层动画、遮罩动画、骨骼动画的制作方法。

引导层分为普通引导层和传统运动引导层。运动引导层动画由引导层和被引导层组成,引导层存放运动轨迹,被引导层放置运动对象。引导层的轨迹不会输出在影片中。

遮罩层上的对象控制显示区域,被遮罩层上放置显示内容后,可遮罩动画由遮罩层和被遮罩层组成。

骨骼动画可以实现生物的反向运动、机械的链接运动等,骨骼工具创建骨架,使用多种方法编辑骨骼,调整动画角色的姿势,制作骨骼动画。

综合运用本章所学,可以更轻松地制作一些复杂的动画效果。

综合测试

一、填空题

1. 在 Flash CS 6 中,引导层分__________引导层和__________运动引导层。
2. 传统运动引导层动画要由两层来完成:__________和__________。
3. 在遮罩动画中,我们看到的是________层上对象的形状,________层上对象的内容。
4. 在 Flash 中有两种添加骨骼的方法:一是在__________内部添加骨架;二是向__________添加骨骼,将元件和元件链接在一起。
5. 按住______键拖动骨骼,可以将其与子级骨骼一起旋转,而其父级骨骼不会变化。

二、选择题

1. 传统运动引导层以弧线图标(　　)表示,层上绘制的图形均被视为路径,使被引导层中的对象可以按照路径运动,层上的内容不会在影片中输出。

   A.　　B.　　C.　　D.

2. 被引导层上的对象在运动时,还可以更细致的设置,比如运动方向,在"属性"面板上钩选"(　　)",对象的基线就会调整到运动路径,使运动对象的变化更加自然。

   A. 缩放　　B. 调整到路径　　C. 贴紧　　D. 同步

3. 遮罩层中的不能使用(　　)达到遮罩的效果。

   A. 线条　　B. 图形元件　　C. 文字　　D. 影片剪辑

4. 若要将整个骨架删除,按(　　)组合键。

   A. Delete　　B. Ctrl + B　　C. Alt + B　　D. Shift + B

5. 如果移动骨架中的单个元件实例,可以按住(　　)键同时拖动该实例,或使用【任意变形】工具拖动。

   A. Tab　　B. Ctrl　　C. Alt　　D. Shift

三、简答题

1. 简述普通引导层和传统运动引导层互相转换的方法。
2. 简述遮罩层的含义。
3. 在 Flash CS 6 中如何修改骨骼?

单元六　元件、实例和库

单元概述

在前面的单元中，我们已经了解了如何利用图形元件制作动画，本单元将详细阐述Flash中三种不同元件的区别及应用，在任务中展开理解元件与实例的关系以及库的运用。

在Flash中，元件包括图形、按钮、影片剪辑3种形式。

● 图形元件是指静止的矢量图形或没有音效或交互的简单动画(GIF动画)。

● 影片剪辑元件用于创建可独立于主时间轴播放并可重复使用的动画片段。影片剪辑就像主时间轴中的独立小电影，如果主时间轴中只有1帧，其内的影片剪辑元件有10帧，则该10帧影片剪辑元件仍能完整播放。影片剪辑支持音频信息、交互响应或包含另一个元件等。

● 按钮元件：支持鼠标操作，用于创建鼠标事件，如单击、指向等，做出相应的交互式按钮。

元件只需创建一次，即可在整个文档或其他文档中重复使用。元件不单纯可以通过Flash制作产生，还可以通过导入操作从其他应用程序中获得。在Flash中，任何元件一旦被创建后都会自动存放在库中。每个元件都有自己的时间轴，可以将帧、关键帧和层添加到元件的时间轴中，如果元件是影片剪辑或按钮，则可以使用动作脚本控制元件。

实例是元件在舞台上的一次具体使用。重复使用实例不会增加文件的大小，因此在制作Flash动画时，应尽量使用实例，这样不仅可以减少重复劳动、提高制作效率，而且可以大幅度降低Flash文档的大小。元件和实例之间存在着关联关系，元件的改变将直接导致所有对应的实例的改变。每个元件实例都有独立于该元件的属性，可以更改元件实例的色调、透明度和亮度，对元件实例进行变形等。

库是Flash中存放和管理元件的场所。Flash中的库有两种类型：一种是Flash自身所带的公共库，此类库可以提供给任何Flash文档使用；另一种是在建立元件或导入对象时形成的库，此类库仅可以被当前文档或同打开的文档调用，该类库会随创建它的文档打开而打开，随文档关闭而关闭。使用库可以减少动画制作中的重复制作并且可以减小文件的体积，在Flash制作过程中，应有调用库的意识，养成使用库面板的习惯。

任务1 房地产旗帜广告

任务描述

运用影片剪辑子动画，制作房地产旗帜广告，如图 6－1－1 所示。

图 6－1－1 房地产旗帜广告

任务目标

- 理解影片剪辑的概念并加以运用
- 理解影片剪辑中动画与场景中时间轴之间的关系
- 综合运用时间轴与影片剪辑制作出广告效果

任务分析

通过本任务掌握影片剪辑的创建过程，并理解影片剪辑中动画与主场景动画之间的关系，综合应用图形元件形成的补间动画形成视觉层次，打造出实际可用的房地产旗帜广告。

任务实施

一、任务准备

方正超粗黑简体字体安装。

二、任务实施

步骤1:可使用【Ctrl + N】快捷键新建 Flash 文档,选择【修改】|【文档】命令(或【Ctrl + J】),打开文档【属性】对话框,设置宽为【120】像素,高为【320】像素,【背景颜色】设为【#FF9900】,其他为默认,如图6-1-2所示。

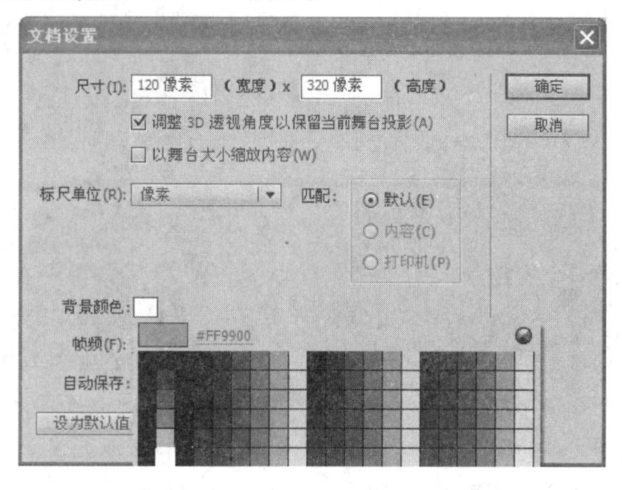

图6-1-2 文档【属性】对话框

步骤2:将【图层1】重命名为【bg】,选择矩形工具,将【线条色】设为无,【填充色】设为白色在画布底端绘制矩形,选择选择工具,将矩形变形,如图6-1-3所示。

步骤3:在【bg层】的画布上端再次绘制无线条矩形,【填充色】为【#FFCCOO】,使用选择工具变形。如图6-1-4所示。

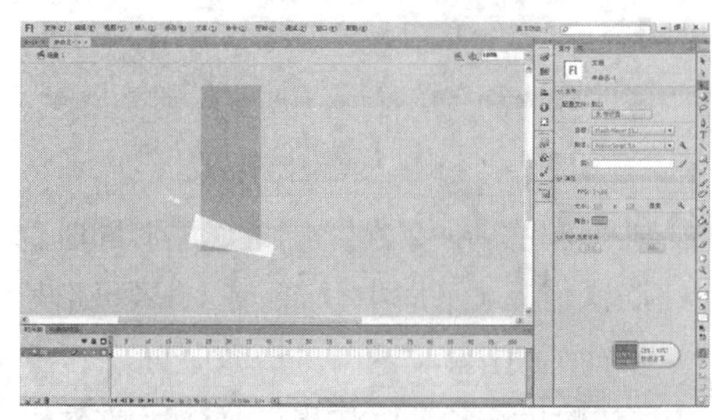

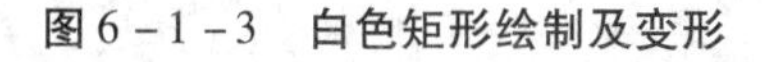

图6-1-3 白色矩形绘制及变形

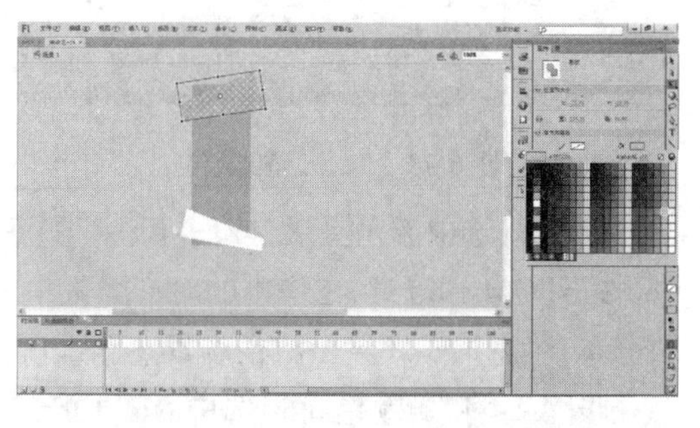

图6-1-4 矩形绘制及变形

步骤4:新建图层并重命名文字层,在文字层内在画布上端输入【THIS IS MY LIFE】和【这是有我,和我想要的生活】广告语,【文字颜色】设为【白色】,并按如图6-1-5所示排版。

步骤5:同步骤四,在画布下端输入文本【TEL:81236656 FAX:81236666】,字体设置为

【IMPACT】,锁定文字层和背景层,防止在其他层操作时对完成层产生误操作。如图6－1－6。

步骤6:新建图层并重命名为【星】,选取多边形工具,更改其工具选项为五角星形,并在场景中绘制白色五角星。如图6－1－7所示。

步骤7:根据动画需求,选择星形,并按下【Ctrl＋G】将星形转为对象,然后根据动画需求,按下【Ctrl＋Alt＋S】快捷键调出缩放和旋转对话框,将比例缩放。如图6－1－8所示。

图6－1－5　文字层排版

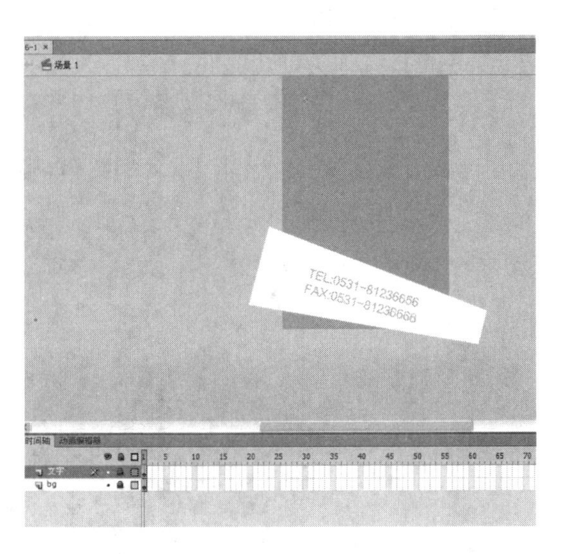

图6－1－6　底端文字排版

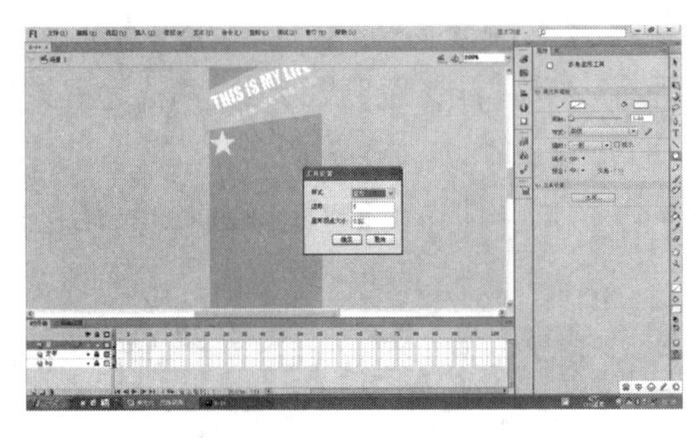

图6－1－7　五角星绘制

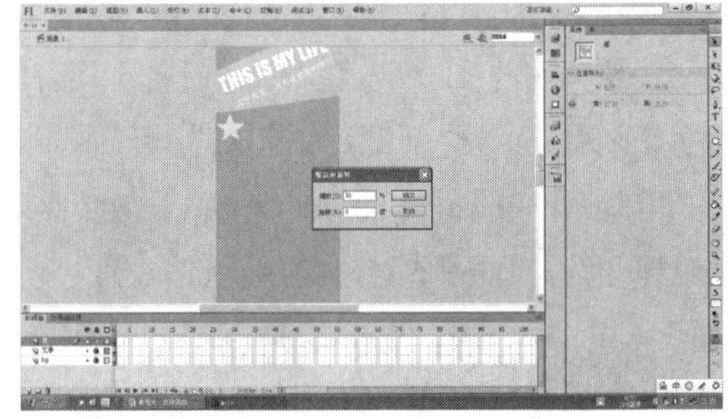

图6－1－8　五角星比例缩放

步骤8:选中五角星形,按下【Ctrl＋D】键将星形连续复制12次,将13个星形同时选中,按下【Ctrl＋K】键,在弹出的对齐面板中选择顶端对齐,水平居中分布,将13颗星形均匀分布,注意第一颗星保留在场景左侧,以备下一步动画使用。如图6－1－9所示。

步骤9:将13颗星同时选中,按【Ctrl＋G】成组,然后按【F8】,弹出转换为元件对话框,在对话框中名称中输入【星mc】,类型选择【影片剪辑】。如图6－1－10所示。

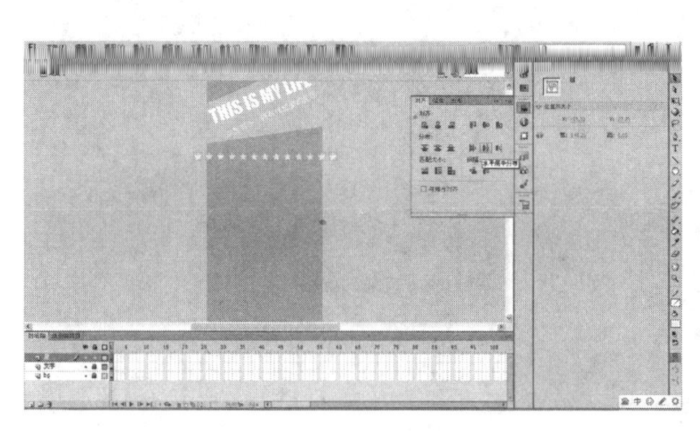

图 6-1-9 五角星均匀分布排版

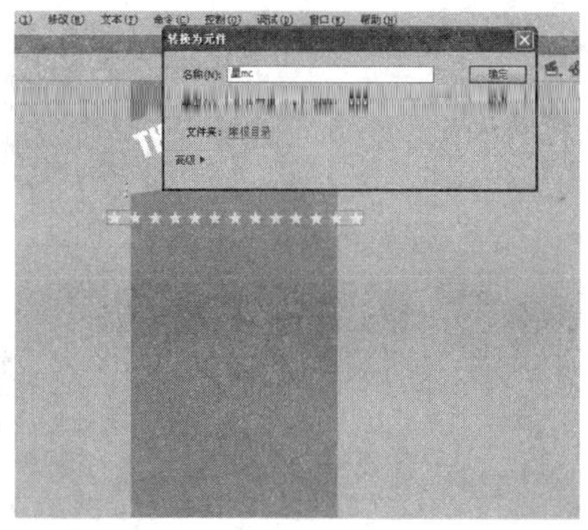

图 6-1-10 转换为"星 mc"影片剪辑

步骤 10:在场景中双击星形所在位置,进入【星 mc】影片剪辑内,下面的操作将把"星 mc"作为一个独立的小动画进行编辑。我们需要把星形组组起来,遵照基本补间动画的原理,我们首先将星形组转换为图形元件。选中星形,按下【F8】键, 在名称内输入【星】,选择类型为"图形",将星形组转为图形元件。如图 6-1-11 所示。

步骤 11:在这个步骤中我们要实现这组星形从第二颗星的位置到第一颗星位置的移动,为了在移动后精确确定星形的位置,在【星 mc】中新建"比较"层并将【图层 1】第 1 帧复制到比较层中。在第 30 帧处按【F6】插入关键帧,再次选择第 1 帧向右移动星形直至第 1 颗星到第 2 颗星的位置。如图 6-1-12 所示。

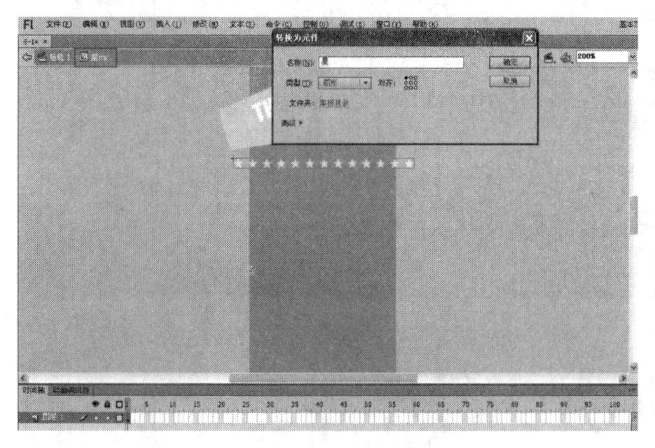

图 6-1-11 转换为"星"元件

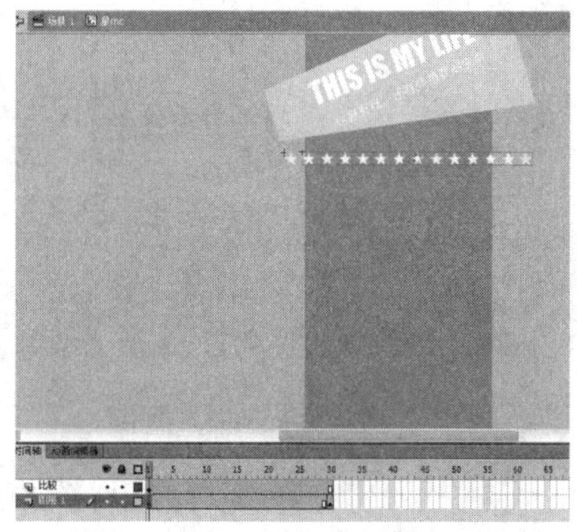

图 6-1-12 星形的位置确定

步骤 12:在【图层 1】中,右键单击第 1 帧和第 30 帧中间,创建传统补间动画,删除比较层。如图 6-1-13 所示。

步骤 13:单击左上角场景 1,回到场景,这样在【星层】第 1 帧中就存在一个影片剪辑动画,新建图层【星 2】,右键单击"星"层第 1 帧,选择【复制帧】。如图6-1-14所示。

图 6－1－13　创建传统补间动画

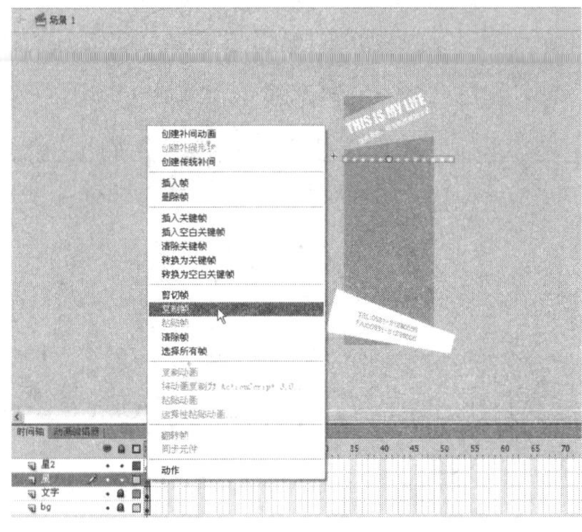

图 6－1－14　复制帧复制影片剪辑

步骤 14：右键单击【星 2 层】第 1 帧，选择【粘贴帧】，然后将粘贴后的元件移动到画布下方。如图6－1－15所示。

步骤 15：新建图层【文字 mc】，在画布中输入文字【400 万平方米】，字体设置为【方正超粗黑简体】，选中文字，按【F8】键，转换为【文字 mc】影片剪辑。如图6－1－16所示。

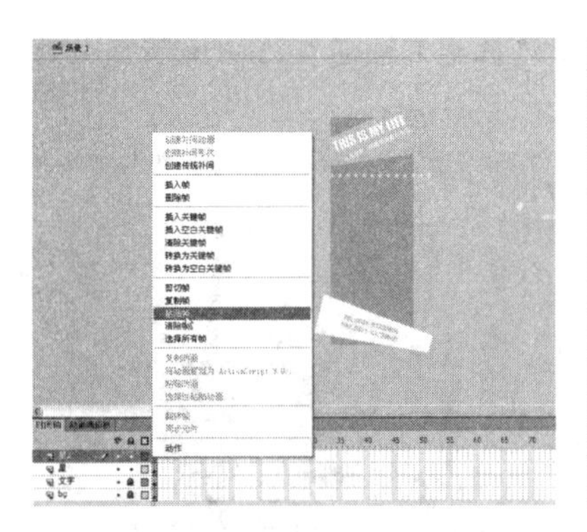

图 6－1－15　粘贴帧粘贴影片剪辑

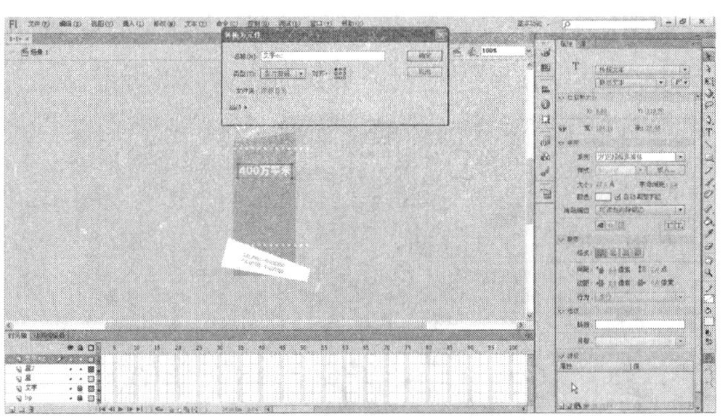

图 6－1－16　文字 mc 创建

步骤 16：双击进入影片剪辑【文字 mc】，选中文字，按【F8】键将文字转换为图形元件【400 万平方米】。如图6－1－17所示。

步骤 17：我们要实现文字由上到下由透明出现的效果，在第 10 帧按 F6 插入关键帧，选择第一帧，在场景中选择文字【400 万平方米】，按向上方向键移动【10】px，在右侧元件属性更改 Alpha 值为【0】，创建传统补间动画。如图 6－1－18 所示。

步骤 18：新建图层，在第 10 帧处按【F6】插入关键帧，绘制白色线条，线条粗细设为【3】px，按【F8】键转换为【线】图形元件。如图 6－1－19 所示。

步骤 19：我们要实现线条从右到左出现到场景中的动画。在 15 帧处按 F6 插入关键帧，改变第 10 帧线条的位置，使用向右方向键将其移至画布外，创建传统补间动画。新建【图层 3】，在 15 帧处按【F6】插入关键帧，并输入文字【国际青年社区】，按【F8】键转换为图形元件，如图 6－1－20 所示。

图 6-1-17 文字图形元件创建

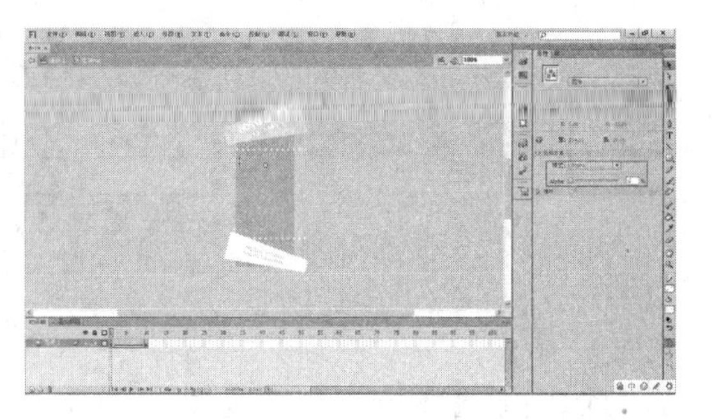
图 6-1-18 400 万平方米的动画制作

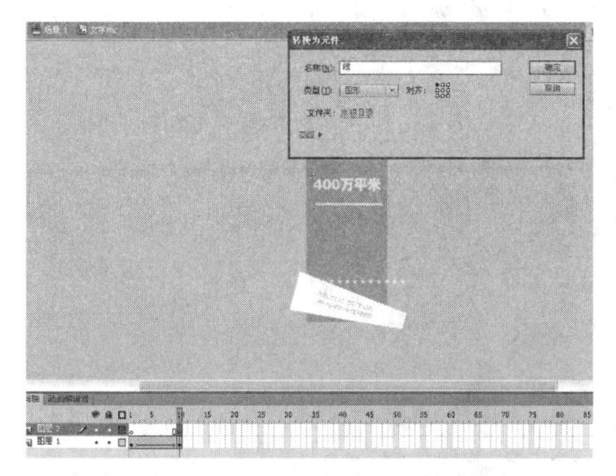

图 6-1-19 线图形元件创建

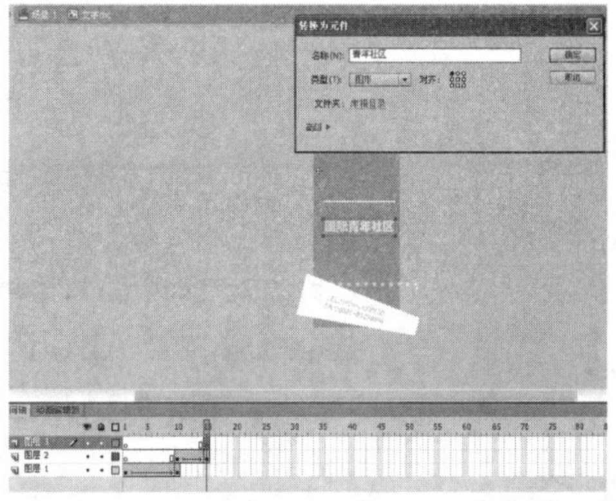

图 6-1-20 国际青年社区元件创建

步骤 20:在 25 帧处播入关键帧,我们要实现【国际青年社区】由下而上由透明出现的过程,选中第 15 帧,选择【国际青年社区】图形元件,使用方向键向下移动【10】px,并更改 Alpha 属性为【0】,创建传统补间动画。如图 6-1-21 所示。

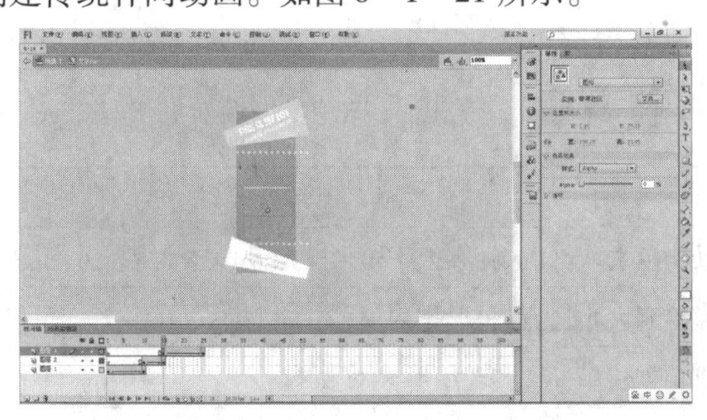

图 6-1-21 国际青年社区补间动画创建

步骤 21:同时选择三个图层的 40 帧处,按【F5】播入普通帧,用于延长停留时间。如图6-1-22所示。

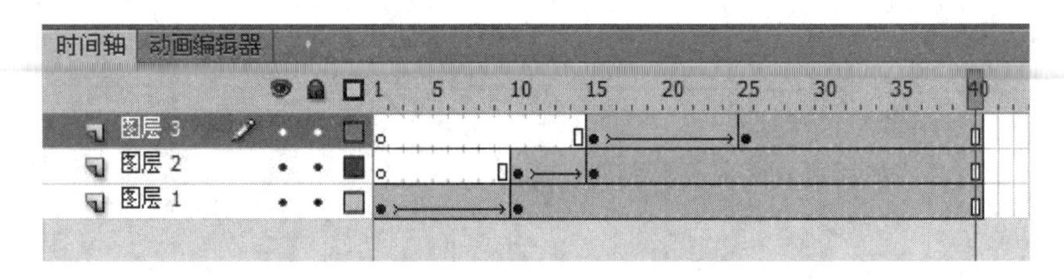

图 6－1－22　文字 mc 图层

步骤 22：单击场景 1，回到场景，广告制作完成，主场景中图层显示如图 6－1－23 所示。

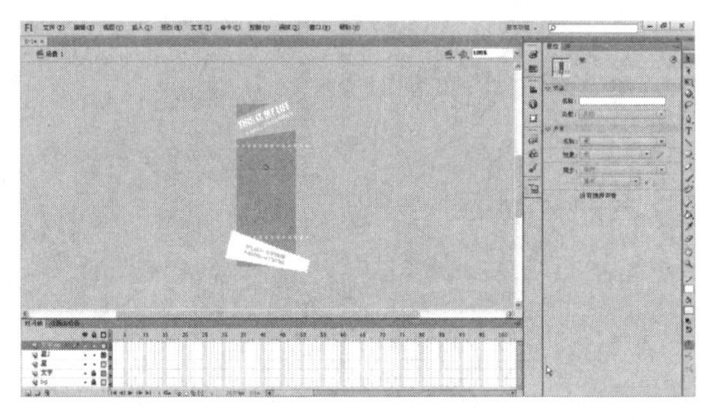

图 6－1－23　主场景和图层显示

特别提示

影片剪辑可以理解为场景内的子动画，本动画中只有 1 帧，所以影片剪辑可以自动循环播放。星形循环滚动动画的形成是利用人视觉上的错觉，在制作时要注意星形位置的精确性。

任务评价

评价项目	评价要素
静态背景制作	背景颜色选取准确，画布上下矩形变形及静态文字大小位置适宜。
星形制作	星形绘制大小适宜，星形排列规整
滚动星	能成功创建星 mc，实现星形滚动效果
文字动画	能成功创建文字 mc，实现动画效果

相关知识

一、元件的类型

在 Flash 中，元件的类型一共有 3 种，它们分别是图形元件（Graphic）、按钮元件（Button）和影片剪辑元件（Movie Clip）。每一类元件都有它自己的用途，用户可以选择【插入】|【新建元件】命令或按【Ctrl＋F8】组合键创建元件。在打开的创建新元件对话框

中，可以选择所创建的元件类型，如图 6－1－24 所示。

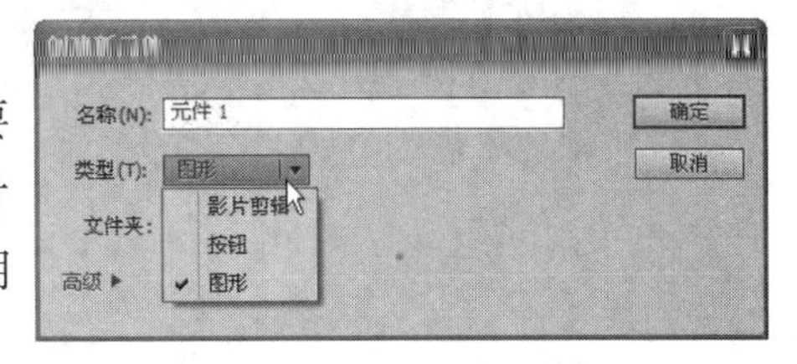

图 6－1－24 创建新元件对话框

1. 影片剪辑元件

影片剪辑元件是 Flash 影片中一个相当重要的角色，大部分的影片其实是由许多独立的影片剪辑元件的实例组成的，它可以响应脚本行为，拥有绝对独立的时间轴，不受场景和时间轴的影响。

2. 按钮元件

按钮元件是一个比较特殊的元件，它不是单一的图像，它用 4 种不同的状态来显示，按钮的另一个特点是每一个显示状态均可以通过声音或图形来显示。它是一个交互性的动画。

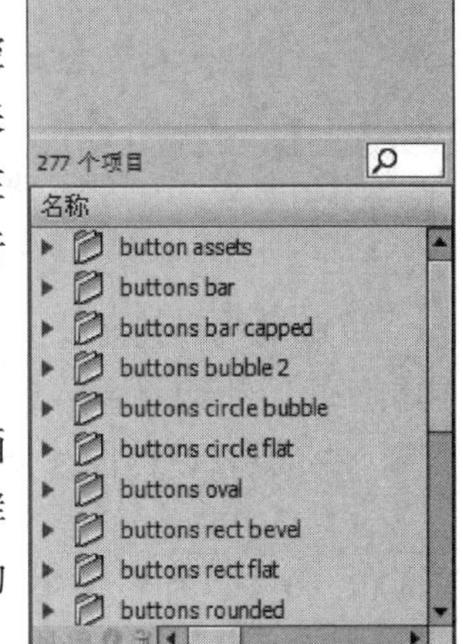

图 6－1－25 公用按钮库

按钮元件对鼠标运动能够做出反应，并且可以使用它来控制影片。在影片中，用户可以通过新建的方法创建一个按钮来执行各种动作，也可以【选择窗口】|【公用库】|【按钮命令】，在打开的【库】－【按钮面板】中选择一个程序提供的按钮来执行动作，公用按钮库面板如图6－1－25所示。

3. 图形元件

图形元件通常由在影片中使用多次的静态（或不具有动画效果的）图形组成。例如，用户可以通过在场景中加入一朵鲜花元件的多个实例来创建一束花，这样每朵不具有动画效果的花便是图形元件的很好例子。

二、图形元件与影片剪辑元件的创建

在 Flash CS 6 中，元件可以包含的功能非常广泛，用户在使用 Flash 创建的一切功能，都可以通过某个或多个元件来实现。所以制作 Flash 动画的第一步，就是要创建元件。至于具体要创建什么类型的元件，则需根据具体的情况而定。

图形元件通常由在影片中使用多次的静态（或不具有动画效果的）图形组成，影片剪辑元件是一个具有动画效果的相对独立的影片片断，因此，两种元件的编辑方法不同。

1. 创建新元件

用户在动画或影片的编辑过程中，创建元件的方法有两种，一种是创建一个空元件，另一种是从舞台中选定某个对象转换为元件，然后在元件编辑模式下为其添加内容。

创建一个空元件的操作步骤如下：

步骤 1：从菜单栏中选择【插入】|【新建元件】命令，在打开的创建新元件对话框中选择好元件类型后，单击确定按钮将切换到元件编辑模式，元件名将出现在舞台的左上角场景名后面。编辑面板中还包含一个十字准星，代表元件的定位点。如图 6－1－26 所示。

图 6－1－26　Flash CS 6 的元件编辑模式

步骤 2：在创建元件内容时，用户可以使用时间轴和绘图工具来绘制，也可以通过【选择文件】|【导入】|【导入到舞台】命令，打开如图 6－1－27 所示的导入对话框，并中从选择要导入媒体文件、图片文件或其他元件。

步骤 3：在打开的导入对话框中选择好需要的文件，单击“打开”按钮将文件导入到 Flash CS 6 中。如图 6－1－28 所示。

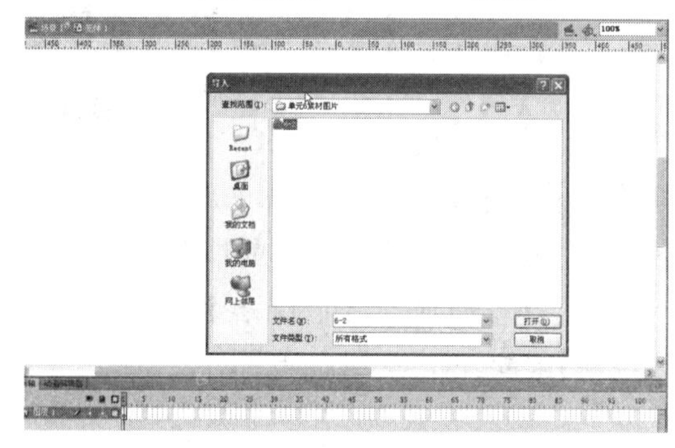

图 6－1－27　【导入】对话框

图 6－1－28　导入的文件

要将选定的对象转换为元件的操作步骤如下：

步骤 1：在舞台中使用选择工具选择需要转换为元件的对象，选择【修改】|【转换为元件】命令或按【F8】功能键，打开转换为元件对话框。如图 6－1－29 所示。

步骤 2：在转换为元件对话框的名称文本框中输入元件名称，然后从类型选项中选择元件类型，并单击确定按钮即可创建元件。

2. 编辑元件

在编辑元件时，Flash 将自动更新影片或动画中所有运用该元件的实例。我们可以在元件编辑模式下进行编辑，也可以在菜单栏中选择【编辑】|【在当前位置编辑】命令在舞台上直接编辑该元件。此时舞台上的其他对象将以浅色显示，表示和当前编辑的元件的

区别,如图 6－1－30 所示。

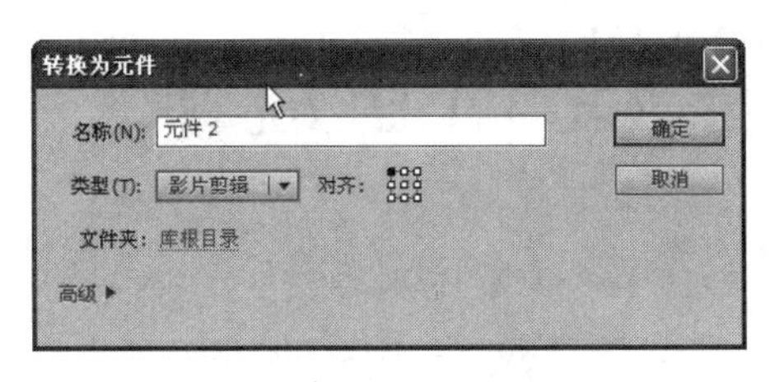

图 6－1－29 转换为元件对话框

图 6－1－30 元件的编辑模式

要在舞台上直接编辑元件,必须先选中该元件。在元件上单击右键,在弹出的快捷菜单中选择【在当前位置编辑】命令,也可以直接双击场景舞台上要进行编辑的元件。如果需要将该元件单独提出并在元件编辑状态对其进行编辑,可在该元件上单击右键,并从弹出的快捷菜单中选择【在新窗口中编辑】命令,或者以直接双击库面板中的元件图标对元件进行编辑。

3. 复制元件

如果要在一个元件的基础上制作一个新的元件,使用复制元件功能就可以很方便地完成该操作。可以在库面板中右击元件,选择【直接复制】即可。

4. 创建影片剪辑元件

可以直接创建新的影片剪辑元件,如果在影片中需要重复使用一个已经创建的动画,或者要将该动画作为一个实例来操作时,最简单的方法就是将该动画转换为影片剪辑元件。

最常见的做法如本任务所示,将绘制对象直接转换为影片剪辑,在影片剪辑内进行子动画编辑。

任务拓展

拓展练习:利用所给素材图片制作电台旗帜广告,如图 6－1－31 所示。

要点分析:该动画广告中有三个影片剪辑,每个影片剪辑自成一个小动画,与主场景时间轴无关。注意分析人物 mc 中如何实现人物的循环出现。

图 6－1－31 拓展任务效果图

任务2 横幅广告 banner 的制作

任务描述

运用场景主动画和影片剪辑子动画，制作横幅广告，如图 6－2－1 所示。

图 6－2－1 横幅广告

任务目标

- 理解影片剪辑的概念并加以运用
- 通过任务体验理解影片剪辑中动画与场景中时间轴之间的关系
- 综合运用时间轴与影片剪辑制作出广告效果

任务分析

通过本任务掌握影片剪辑的创建过程，并理解影片剪辑中动画与主场景动画之间的关系，综合应用图形元件形成的补间动画形成视觉层次，打造出实际可用的横幅广告。

任务实施

一、任务准备

安装方正超粗黑简体字体。

二、任务实施

步骤 1：可使用【Ctrl＋N】快捷键新建 Flash 文档，设置宽为【738】像素，高为【80】像素，帧频为【24】fps，其他为默认，如图 6－2－2 所示。

步骤 2：按【Ctrl＋R】键导入素材图片【栈桥】，素材图片原大为【1 024×768】px，尺寸大于画布，将画布覆盖，按【Ctrl＋K】键调出对齐面板，选择【与舞台对齐】后，点击【匹配宽度】按钮。如图 6－2－3 所示。

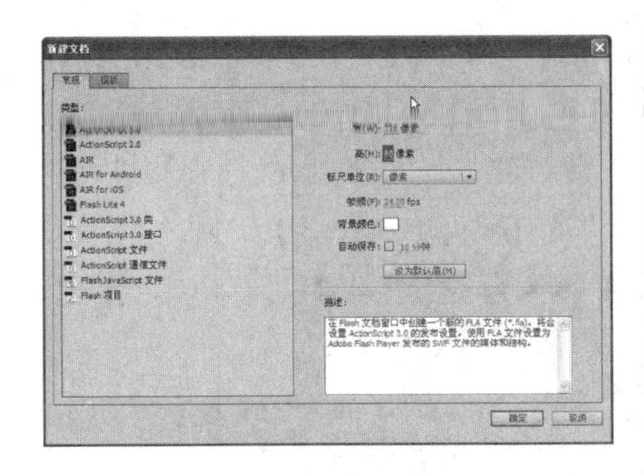

图6－2－2 新建文档

图6－2－3 导入图片并对齐

步骤3:为了方便动画操作的定位,我们需要按【Ctrl＋Alt＋Shift＋R】将标尺调出,并从标尺中拖拽出两条参考线,以标注画布的位置,此是导入的背景图隐藏。如图6－2－4。

步骤4:实现背景由下向上移动的动画制作,在90帧处插入关键帧,并创建传统补间动画。选中90帧处的背景实例对象,按【Shift】＋【向上方向】键,每次移动【10】px至合适位置。如图6－2－5所示。

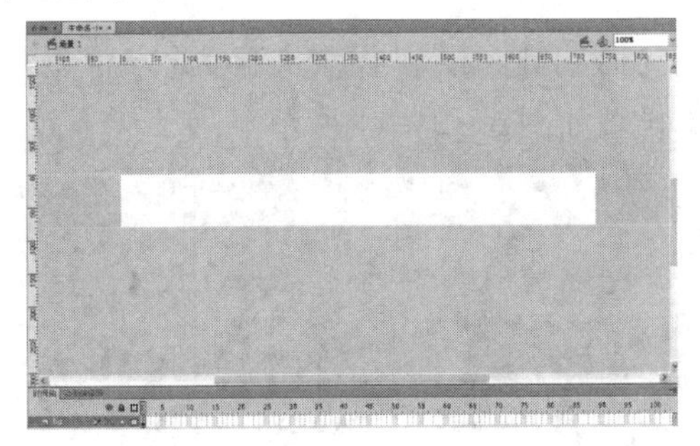

图6－2－4

图6－2－5 背景层运动补间动画

步骤5:新建图层并重命名为【矩形mc】,在画布左端绘制矩形框,线条设为无,填充色设为白色,不透明度60%,选择矩形框按【F8】转换为【矩形mc】影片剪辑元件。如图6－2－6所示。

步骤6:双击【矩形mc】进入影片剪辑编辑状态,选择矩形,按【F8】转换为“矩形”图形元件,25帧处按【F6】插入关键帧,移动25帧处矩形实例的位置,创建传统补间动画,选择第1帧,将补间缓动设为【－100】,实现矩形由左向右,越来越快的移动过程。如图6－2－7所示。

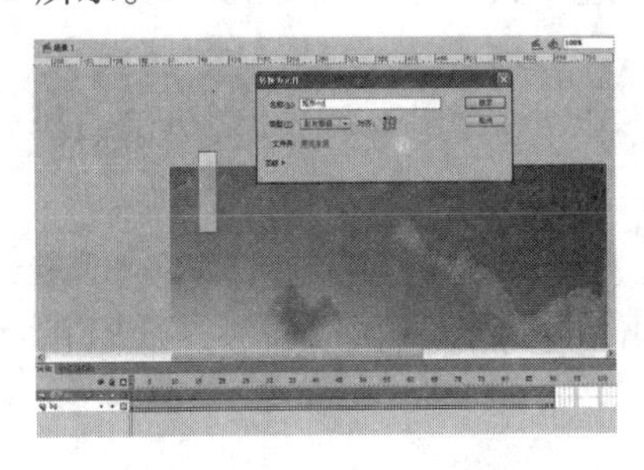

图6－2－6 矩形mc创建

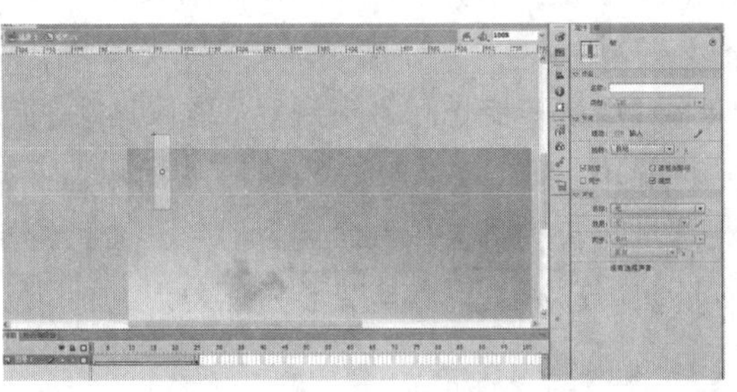

图6－2－7 矩形移动

步骤7:我们下一步要实现4个矩形先后出现错落移动的效果,新建3个新图层,然后点击【图层1】右侧空白处,选择【图层1】的1到20帧,按下【Alt】键同时拖拽复制1到20帧到【图层2】第7帧处,此时箭头右下方出现【+】号,如图6-2-8所示,同理复制到【图层3】和【图层4】,时间依次延后7帧,如图6-2-9所示。

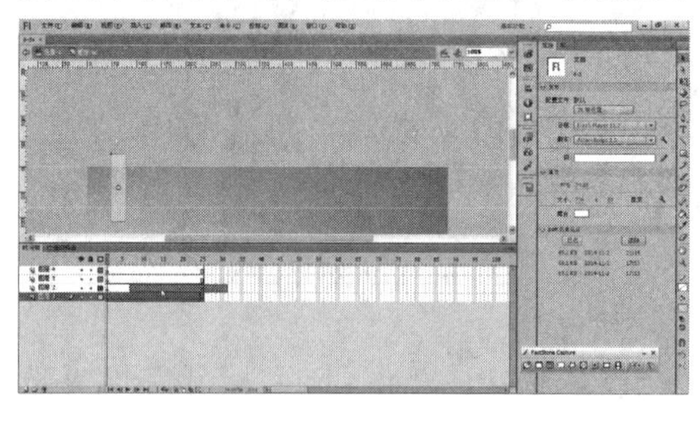

图6-2-8　图层复制

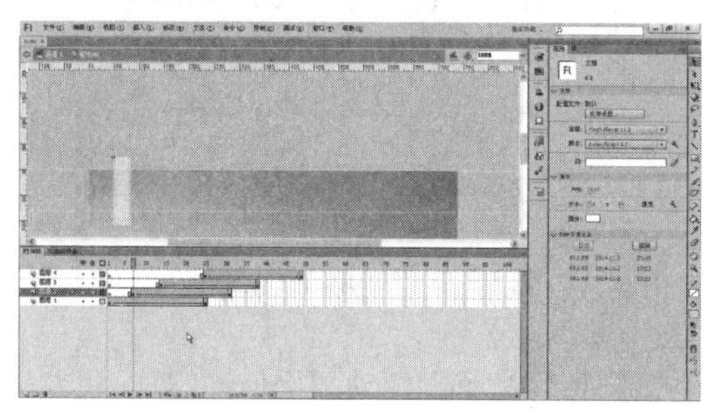

图6-2-9　多个图层复制

步骤8:选中【图层2】的起始关键帧,单击场景中的实例,更改矩形实例的大小、位置和不透明度,同理改变结束关键帧,形成大小不同、位置不同的矩形先后出现的效果,如图6-2-10所示。

步骤9:新建图层并重命名为【海阔】,输入文字【海阔凭鱼跃】,设置文字为【方正超粗黑简体】,25点,并添加文字滤镜,投影效果,参数设置如图6-2-11所示。

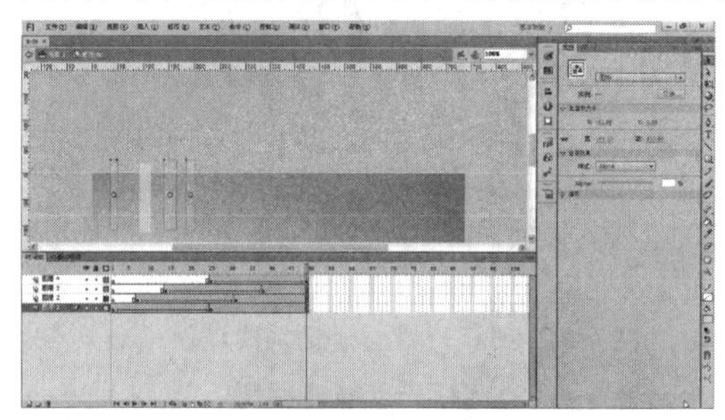

图6-2-10　关键帧中对象实例改变

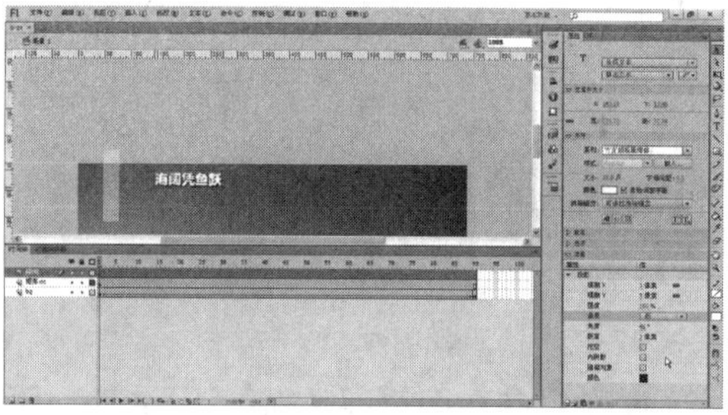

图6-2-11　文字属性设置

步骤10:我们要实现文字由左边进入,由快至慢,再由慢至快的运动,可以考虑移动时间与移动位移的配合,在视觉上实现变速运动的效果。选中文字,按【F8】转换为图形元件【海阔】,分别在25帧、65帧、90帧处插入关键帧,选中三段区域,右键单击,同时创建传统补间动画,如图6-2-12所示。设置关键帧中文字实例的具体位置,并选中第1帧,设置补间缓动为100,选中25帧,补间缓动为100,选中第65帧,补间缓动为-100,如图6-2-13所示。

步骤11:这一步我们要实现【天高任鸟飞】文字由右至左,由快而慢,由慢而快的运动,与步骤10同理,效果如图6-2-14所示。

步骤12:新建图层并重命名为【灯光mc】,绘制矩形,填充色为【白色】,不透明度设为【60%】,使用选择工具将其变形为三角形,并填充由上到下白到透明渐变。如图6-2-15所示。

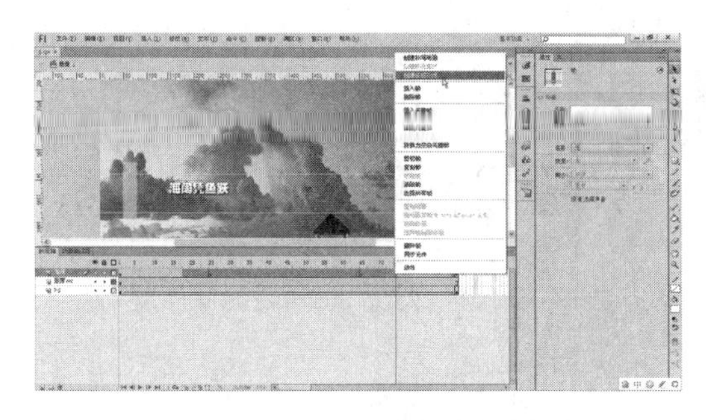

图 6－2－12　补间动画创建

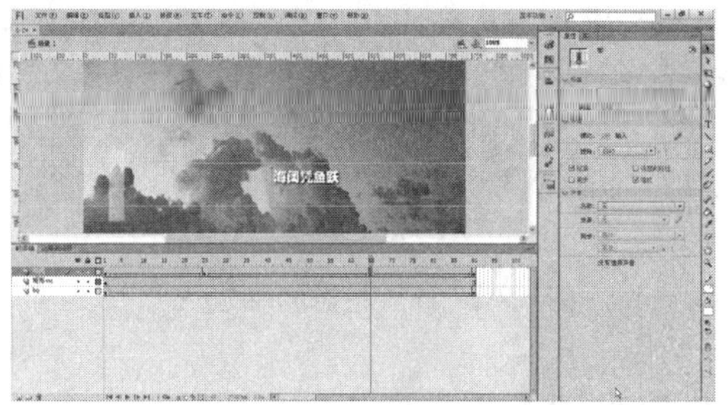

图 6－2－13　实例位置确定及缓动设置

图 6－2－14　“天高任鸟飞”文字移动

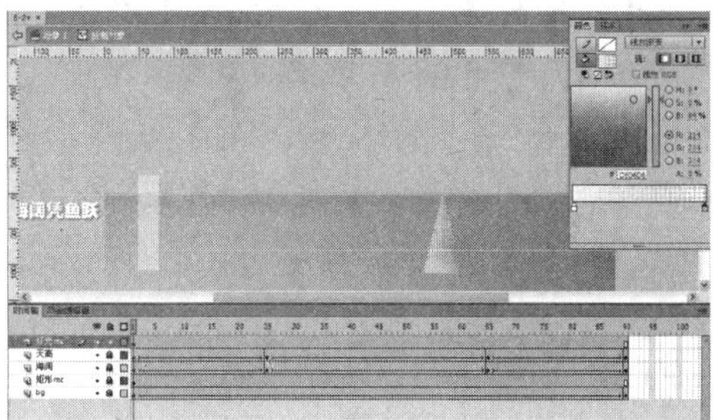

图 6－2－15　灯光绘制

步骤 13：选中灯光图形，【F8】转换为【灯光 mc】影片剪辑，双击进入影片剪辑，将灯光转换为【灯光】图形元件，分别在第 5 帧、第 10 帧、第 15 帧和第 20 帧处插入关键帧，使用任意变形工具更改变形中心点至上方，分别更改第 5 帧处到第 15 帧处的实例，创建补间对画实现灯光类似单摆左右晃动的效果。如图 6－2－16 所示。

步骤 14：复制图层，依次延后 5 帧的时间，形成多组灯光。如图 6－2－17 所示。

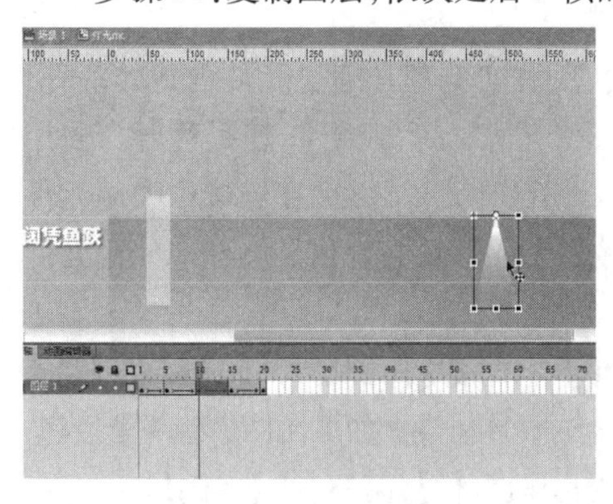

图 6－2－16　灯光动画

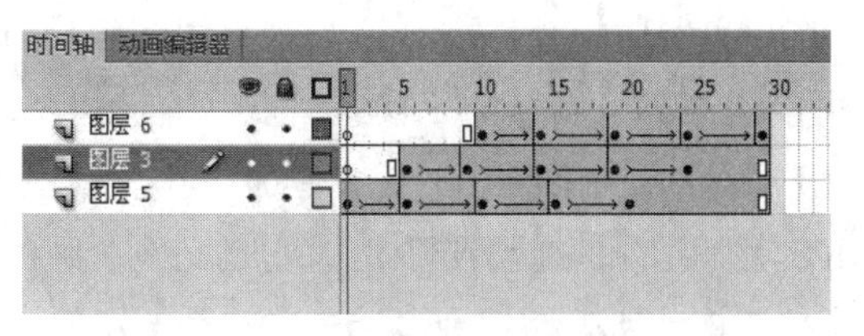

图 6－2－17　灯光动画复制

步骤 15：回到主场景，按【Ctrl】＋【enter】测试后发现背景层消失太快，选中所有图层第 120 帧处，按 F5 延长主动画时间。如图 6－2－18 所示。

步骤 16：我们要实现当小亭子出现时，灯光 mc 方可出现，在【灯光 mc】层，95 帧处，主场景中背景小亭子刚出现到画布时，这时插入关键帧，删除第 1 帧，如图 6－2－19 所示。至此，横幅广告制作完毕。

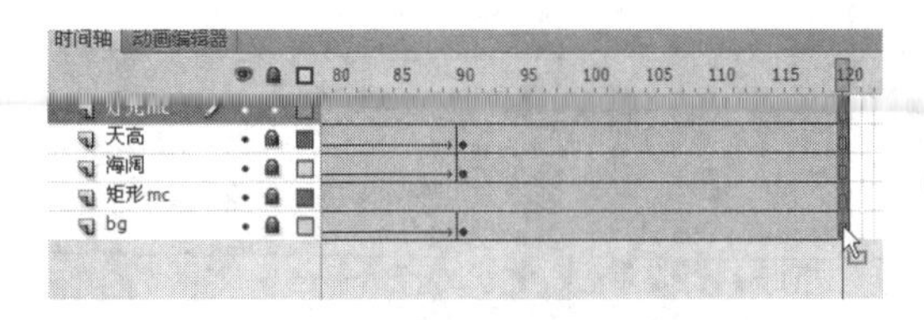

图 6-2-18　主时间轴延长

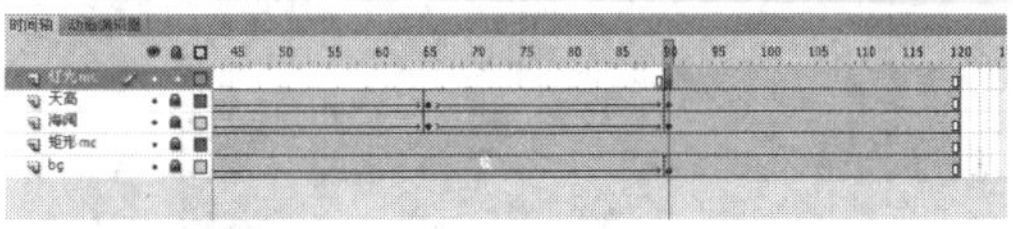

图 6-2-19　灯光 mc 出现时间修改

特别提示

当影片剪辑子动画与主场景动画同时进行时，制作者要计算动画的播放时间，以达到子动画与主场景动画配合播放的效果。本例中，灯光 mc 出现时间为栈桥出现后，所以影片剪辑在 90 帧处出现。

任务评价

评价项目	评价要素
背景层制作	能够使用标尺定位画布位置，背景移动位置准确
矩形 mc 制作	能够使用矩形 mc 设置不同透明度，实现错落移动
文字动画制作	能够使用文字动画效果实现快慢变化
灯光 mc 制作	能够使用灯光 mc 出现时间准确，动画制作流畅

相关知识

一、实例概述

在 Flash 动画中很大一部分的操作对象是实例，所有实例都是通过元件创建的，而所有的元件又存放在库中，了解三者的关系与操作，对于掌握动画制作至关重要。使用 Flash 制作动画影片的一般流程是先制作动画中所需的各种元件，然后在场景中引用元件实例，并对实例化的元件进行适当的组织和编排，最终完成影片的制作。合理地使用元件和库可以提高影片制作的工作效率。

用户在 Flash 中创建了一个元件，但是这个元件并不能直接应用到场景中，还需要创建实例。实例就是把元件拖动到舞台上，它是元件在舞台上的具体体现。如果元件中有一个按钮，将这个按钮拖动到舞台上，那舞台上的这个按钮就不再称作【元件】，而是一个【实例】。

二、实例样式修改

一个元件的每个实例都可以有自己的颜色效果。当改变某一帧的实例颜色和透明度时，Flash 会在显示该帧时做出变化。如果想得到颜色的渐变效果，就必须对颜色进行运动变化处理。当对颜色进行运动变化时，需要在实例的开始帧和结束帧输入不同的效果，然后设定运动，实例的颜色将会随时间发生变化。

改变实例样式的操作步骤如下：

步骤1:在舞台中选择要编辑的实例(图6－2－20),在属性面板中,单击样式下拉列表框后面的三角按钮,下拉列表如图6－2－21所示。

图6－2－20 实例原始效果

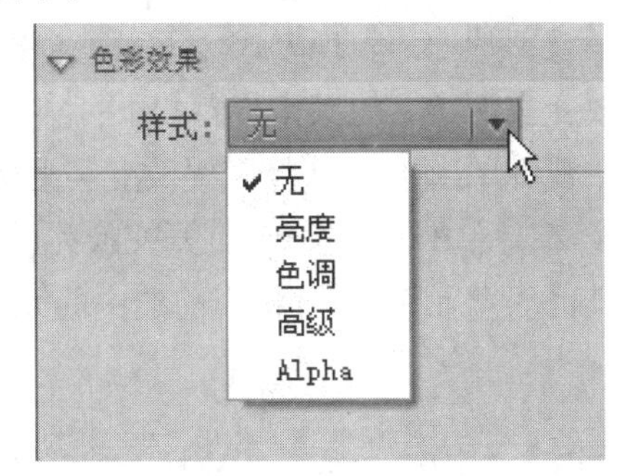

图6－2－21 属性面板

步骤2:在颜色下拉列表中选择亮度选项,并拖动右侧的滑动条,可以改变当前选中实例的亮度,例如:把它的值设为－60%,则实例的效果如图6－4－3所示。亮度值为100%时,实例亮度为最大,0%为正常,－100%为最黑。

步骤3:在样式下拉列表中选择色调选项,可以在打开的面板中选择一种颜色,也可以从RGB列表框中输入数值来调整颜色,即可改变该实例的色调。如图6－2－23所示。

图6－2－22 改变实例亮度

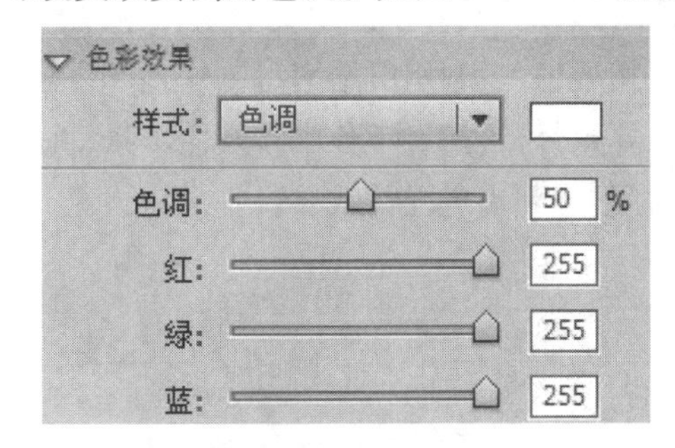

图6－2－23 改变实例色调

步骤4:在样式下拉列表中选择Alpha选项。在列表框右侧的文本框中输入所需的Alpha数值或者拖动滑动条,即可改变该实例的透明度。其中当Alpha值为100%时,实例为完全不透明,当Alpha值为0时,该实例完全不可见。把它设置为40%时的效果如图6－2－24所示。

步骤5:在样式下拉列表中选择高级选项,打开高级效果对话框,在该对话框中,可以更改实例的RGB颜色值和Alpha值,如图6－2－25所示。

图6－2－24 改变实例透明度

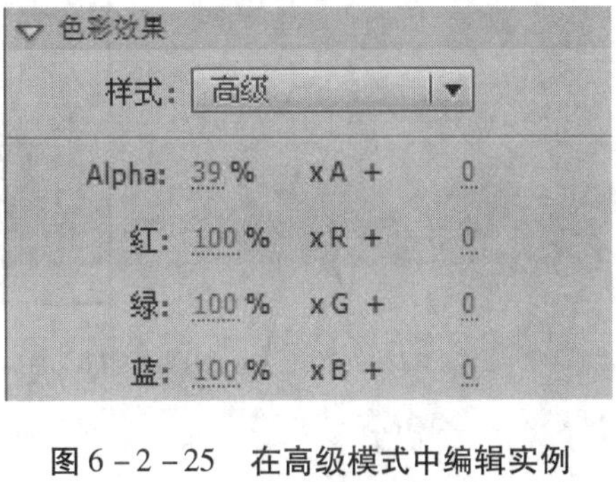

图6－2－25 在高级模式中编辑实例

三、改变实例类型

在制作动画的过程中,用户可以根据实例的需要,改变实例的类型,用来重新定义它在动画或影片中的表现方式。下面结合把一个元件的实例转换的实例来详细说明。

改变实例类型的操作步骤如下:

步骤1:在舞台中选择需要改变类型的实例,打开属性面板,如图6-2-26所示。

步骤2:单击交换按钮,打开交换元件对话框,如图6-2-27所示。双击元件列表框中的其他任意元件,即可将当前选中的元件替换。

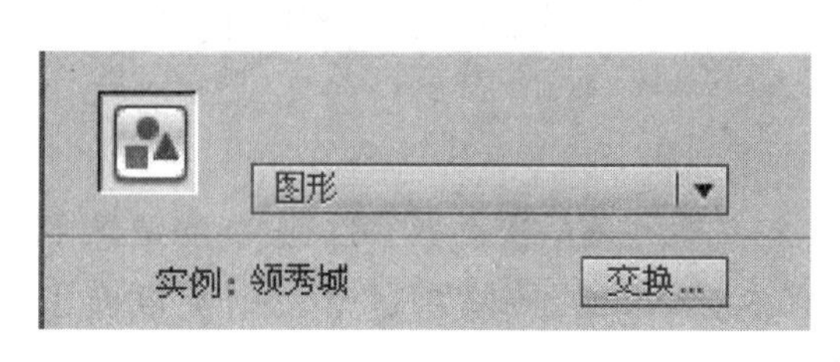

图6-2-26 图形实例的属性面板

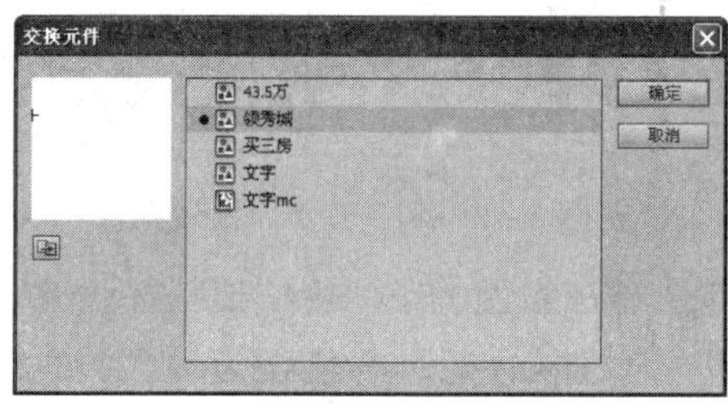

图6-2-27 交换元件对话框

任务拓展

拓展练习:利用所给素材制作地产广告banner。

要点分析:拓展任务中涉及主场景动画和影片剪辑子动画,正确处理动画开始与运行的时间,达到一定视觉效果。

任务3 Go按钮的制作

任务描述

制作Go按钮,如图6-3-1所示。

图6-3-1 Go按钮

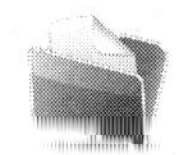

任务目标

- 理解按钮制作原理
- 掌握按钮的制作过程

任务分析

通过本任务掌握按钮的创建过程，并理解按钮中如何运用影片剪辑，制作按钮不同状态的动画效果。

任务实施

一、任务准备

Flash CS 6 软件

二、任务实施

步骤1：可使用【Ctrl + N】快捷键新建 Flash 文档，设置宽为【200】像素，高为【200】像素，帧频为【24】fps，其他为默认。如图 6－3－2 所示。

步骤2：在画布中绘制蓝色圆形，按【F8】键转换为按钮元件。如图 6－3－3 所示。

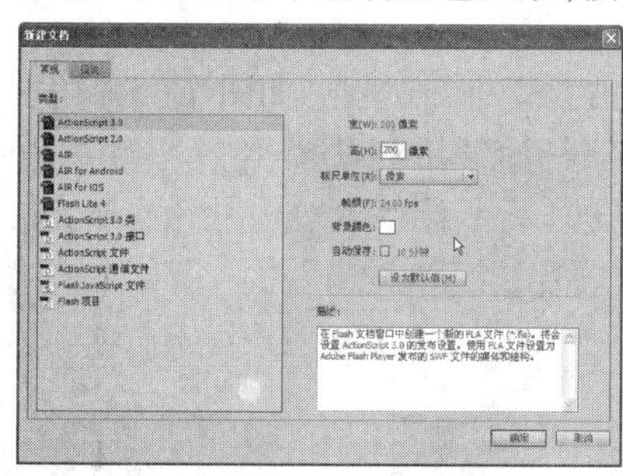

图 6－3－2　新建文档

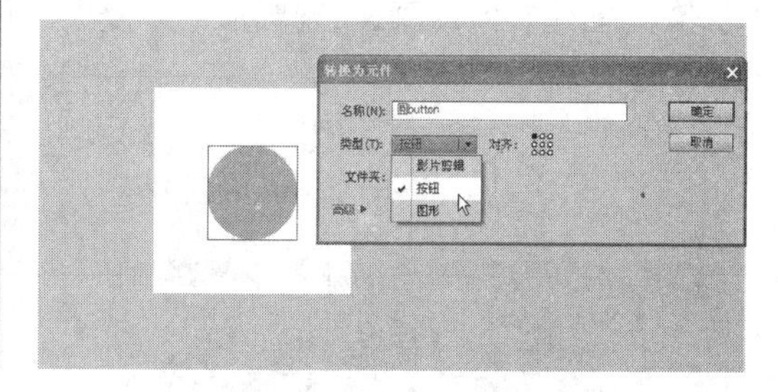

图 6－3－3　转换为按钮元件

步骤3：双击进入按钮元件编辑状态，在【按钮】元件编辑模式中的【时间轴】面板中显示了【弹起】、【指针经过】、【按下】和【点击】等4个帧，新建文字图层，在弹起帧中输入文字“Go”。设置如图 6－3－4 所示。

步骤4：新建图层重命名为【变化圆】，我们要在指针经过时实现圆逐渐放大再复原的过程。复制【bg 层】第一帧，在【变化圆】处右键单击粘贴帧。如图 6－3－5 所示。

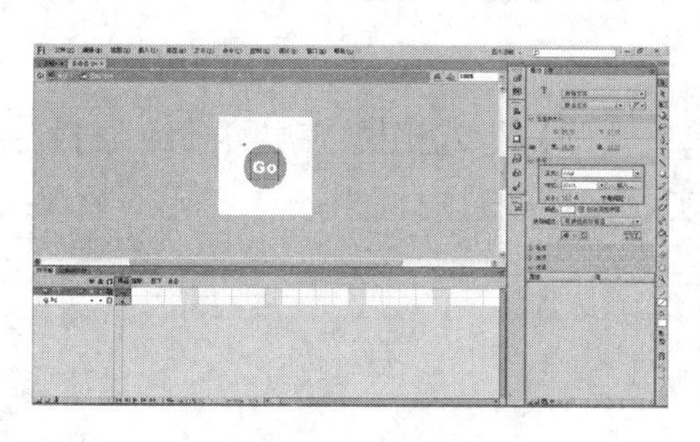

图 6－3－4　弹起状态文字输入

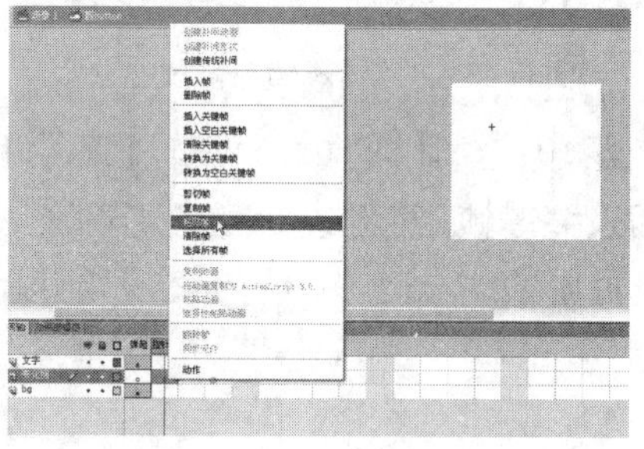

图 6－3－5　复制粘贴帧

步骤5:选中场景中的圆形对象,按【F8】键转换为影片剪辑元件,命名为【变化圆】,如图6－3－6所示。

步骤6:双击进入【变化圆】影片剪辑编辑状态,将圆转为图形元件。如图6－3－7所示。

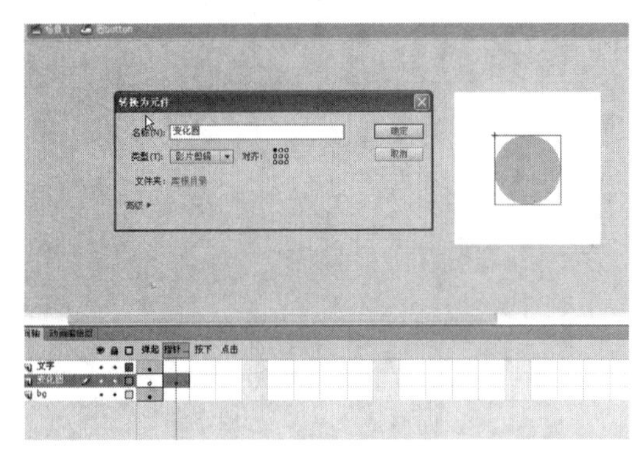

图6－3－6　指针经过状态影片剪辑创建

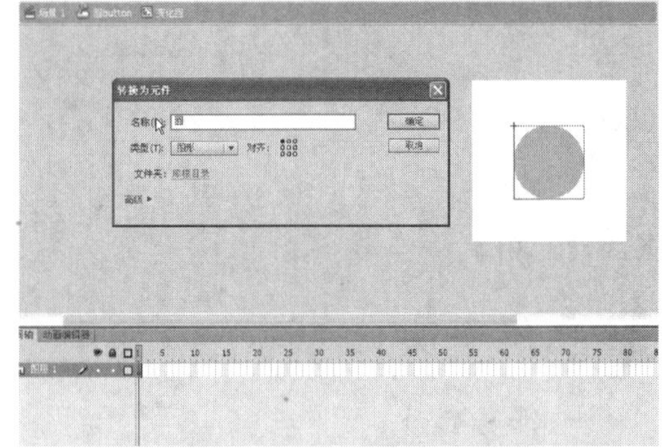

图6－3－7　影片剪辑编辑

步骤7:双击圆图形元件,进入圆编辑状态,选中圆形,打开颜色面板,填充色设为【径向渐变】,中心为蓝,边缘为白色。如图6－3－8所示。

步骤8:回到影片剪辑编辑状态,分别在第10帧和第20帧插入关键帧,改变第10帧圆形大小为原大的150%。如图6－3－9所示。

步骤9:创建补间动画,实现圆形由小变大,再由大变小的过程。如图6－3－10所示。

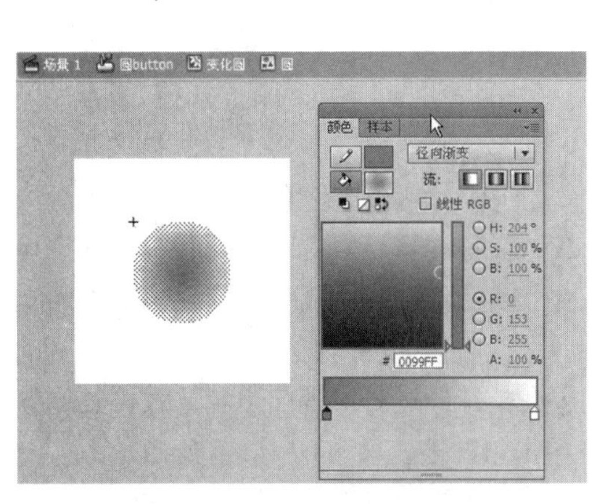

图6－3－8　圆形颜色修改

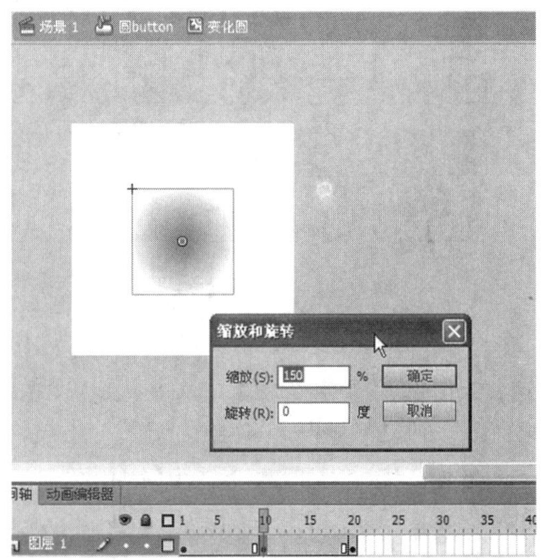

图6－3－9　圆形缩放

步骤10:返回【圆button】编辑状态,将【变化圆】层移至图层底层,在【bg层】指针经过帧处插入关键帧,并更改此处圆形颜色,实现指针经过时圆形颜色变化的效果。如图6－3－11所示。

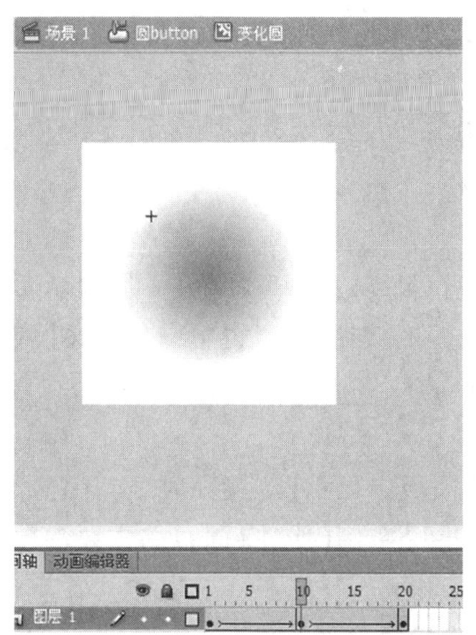

图 6－3－10　变化圆影片剪辑

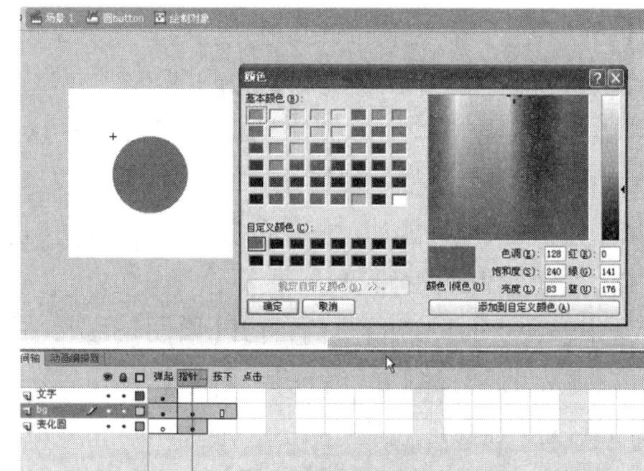

图 6－3－11　指针经过帧编辑

步骤 11：在文字层指针经过帧处插入关键帧，改变文字颜色，实现鼠标经过文字颜色改变的效果，【bg 层】点击区域帧处按【F5】插入普通帧，按钮制作完成。如图 6－3－12 所示。

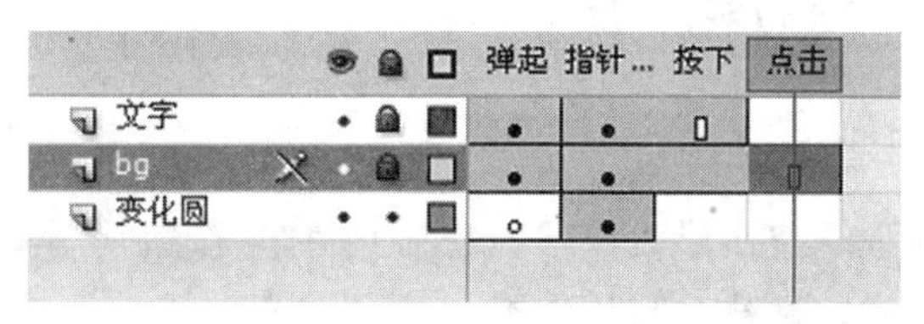

图 6－3－12　按钮制作完成

任务评价

评价项目	评价要素
按钮图层	图层清晰，各帧内容明确
影片剪辑	能够理解影片剪辑在按钮中的应用，完成正确
文字层	文字图层制作正确
点击区域	能够理解点击区域的作用，鼠标响应区域正确

相关知识

一、按钮知识

【按钮】元件是一个 4 帧的交互影片剪辑，选择【插入】|【新建元件】命令，打开【创建新元件】对话框，在【类型】下拉列表选择【按钮】选项，单击【确定】按钮，打开元件编辑模式。

在【按钮】元件编辑模式中的【时间轴】面板中显示了【弹起】、【指针经过】、【按下】和【点击】等4个帧，每一帧都对应了一种按钮状态，其具体功能如下。

【弹起】帧：代表指针没有经过按钮时该按钮的外观。

【指针经过】帧：代表指针经过按钮时该按钮的外观。

【按下】帧：代表单击按钮时该按钮的外观。

【点击】帧：定义响应单机的区域。该区域中的对象在最终的SWF文件中不被显示。

若要制作一个完整的按钮元件，可以分别定义4个帧的按钮状态，也可以只定义【弹起】帧按钮状态，但只能创建静态的按钮。

二、按钮实例属性修改

选中舞台中的【按钮】实例，打开【属性】面板，在该面板中显示【位置和大小】、【色彩效果】、【显示】、【音轨】和【滤镜】5个选项卡。有关【按钮】实例【属性】面板的主要参数选项的具体作用如下。

【位置和大小】：可以设置【按钮】实例X轴和Y轴坐标位置以及实例大小。

【色彩效果】：可以设置【按钮】实例的透明度、亮度和色调等色彩效果。

【显示】：可以设置【按钮】实例的显示效果。

【音轨】：可以设置【按钮】实例的音轨效果，可以设置作为按钮音轨或作为菜单项音轨。

【滤镜】：可以设置【按钮】实例的滤镜效果。

任务拓展

拓展练习：在正确理解按钮形成原理的基础上制作“按钮复制实例”。

要点分析：注意在弹起帧建立影片剪辑。

任务4 菜单栏的制作

任务描述

运用按钮与影片剪辑，制作企业菜单栏。如图6-4-1。

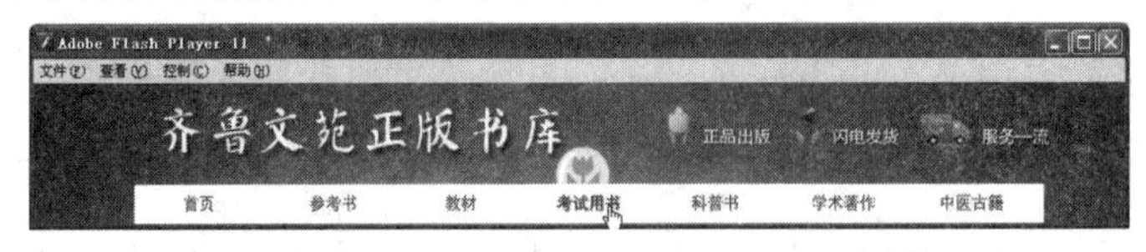

图6-4-1　企业菜单栏

任务目标

- 掌握按钮与影片剪辑的综合运用
- 掌握库的操作和应用

任务分析

通过本任务掌握按钮创建和复制的过程，制作好“首页”按钮后，可在库内进行直接复制，然后依次修改元件中的具体内容。

任务实施

一、任务准备

齐鲁文苑素材图。

二、任务实施

步骤1：可使用【Ctrl + N】快捷键新建 Flash 文档，设置宽为【550】像素，高为【400】像素，帧频为【24】fps，其他为默认。如图6－4－2所示。

步骤2：按【Ctrl + R】导入【齐鲁文苑】素材图片，按【Ctrl + K】调出对齐面板，选中【与舞台对齐】后，点击【顶对齐】和【左对齐】，让素材图片居于画布左上。如图6－4－3所示。

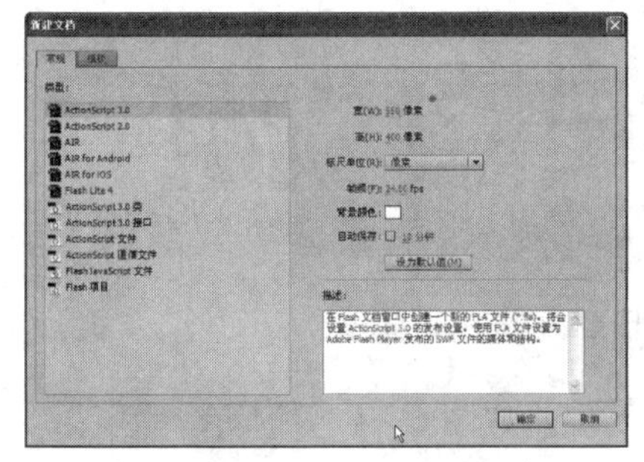

图6－4－2　新建文档

图6－4－3　素材与画布对齐

步骤3：按【Ctrl + J】调出文档设置面板，选中匹配【内容】，画布大小将自动调整到与素材等大。如图6－4－4所示。

步骤4：新建图层，并在画布中绘制白色矩形，我们需要把白色矩形均匀分为7份，在画布中绘制和复制出9根线条，用于均匀隔分。如图6－4－5所示。

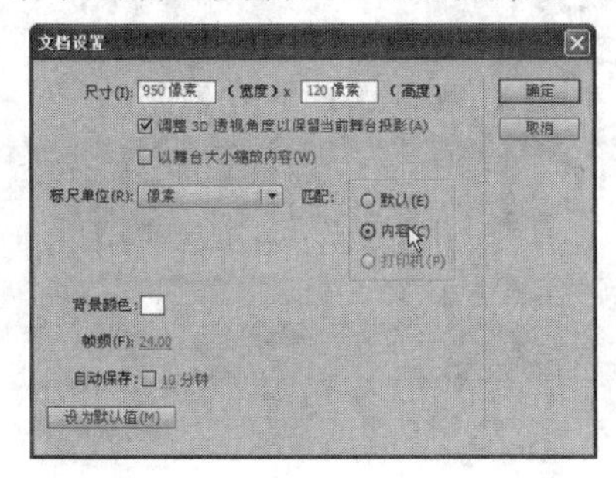

图6－4－4　设置画布大小与内容等大

图6－4－5　矩形和线条绘制

步骤 5：我们需要选择出所有的线条，可以用选择工具框定，默认情况下只要接触到的对象都会被选择，这样就为我们操作带来麻烦，所以操作之前选择【编辑】菜单，找到首选参数命令，将【接触感应选择和套索工具】去掉选择，如图 6－4－6 所示。

步骤 6：选中场景中的 9 根线条，按【Ctrl＋K】调出对齐面板，选中【与舞台对齐】，点击【底部对齐】和【水平居中分布】，将 9 根线条均匀排列。如图 6－4－7 所示。

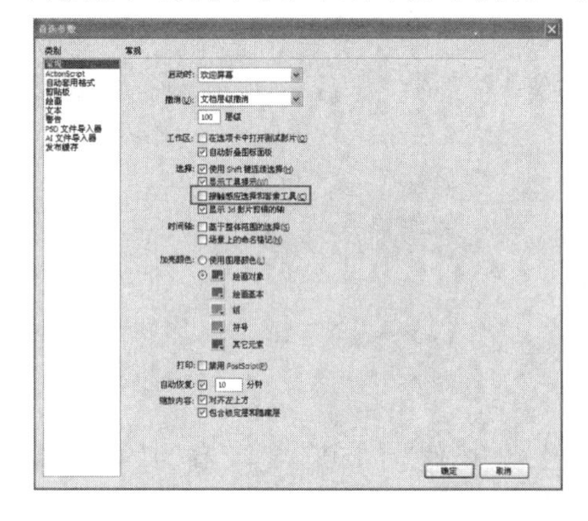

图 6－4－6　首选参数调整

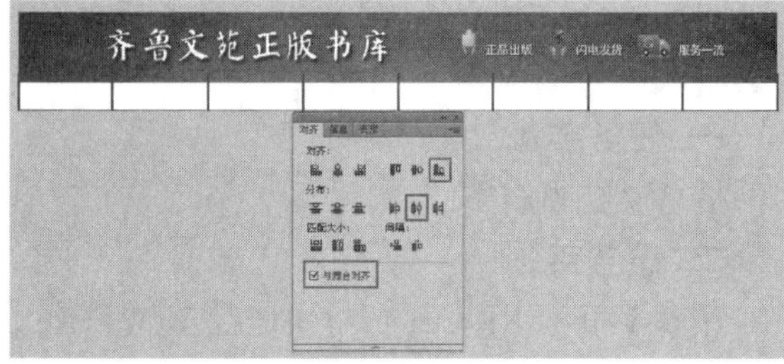

图 6－4－7　线条均匀分布

步骤 7：将矩形和线条同时选中，按【Ctrl＋B】打散，线色将矩形均匀分隔。如图 6－4－8所示。

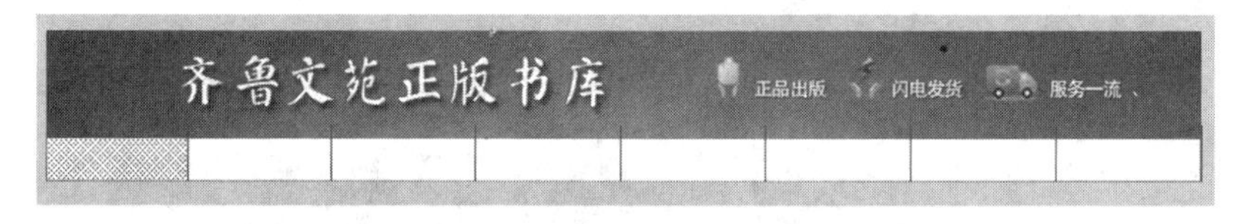

图 6－4－8　打散为图形

步骤 8：选中第一个矩形块，按【F8】转换为按钮元件。如图 6－4－9 所示。

步骤 9：双击进按钮编辑状态，将【图层 1】延续至点击区域，新建文字层，并在弹起帧输入文字【首页】；新建【动画】图层，在指针经过帧绘制圆形。如图 6－4－10 所示。

图 6－4－9　转换为按钮元件

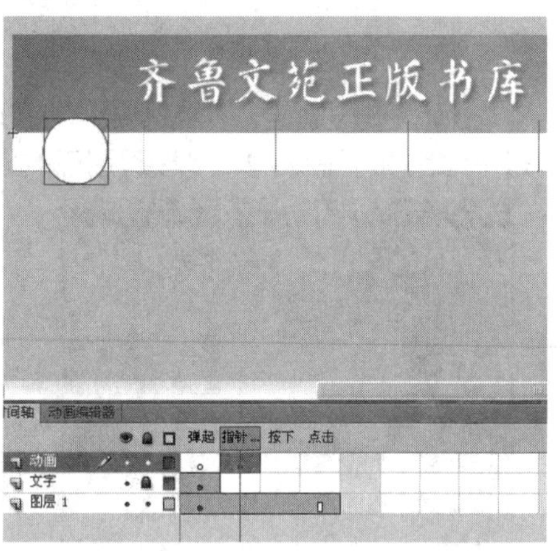

图 6－4－10　按钮编辑

步骤10:选中圆形,转换为【动画】影片剪辑。如图6-4-11所示。

步骤11:双击进入影片剪辑编辑状态,更改圆形的【填充色】为【#F0F0F0】,绘制白色高光在圆形左上。如图6-4-12所示。

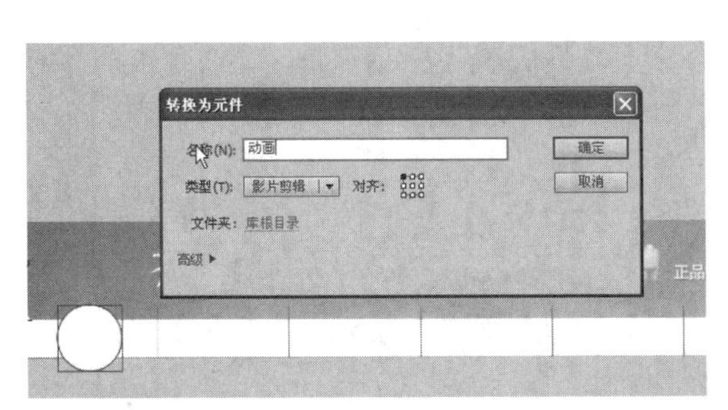

图6-4-11 动画影片剪辑

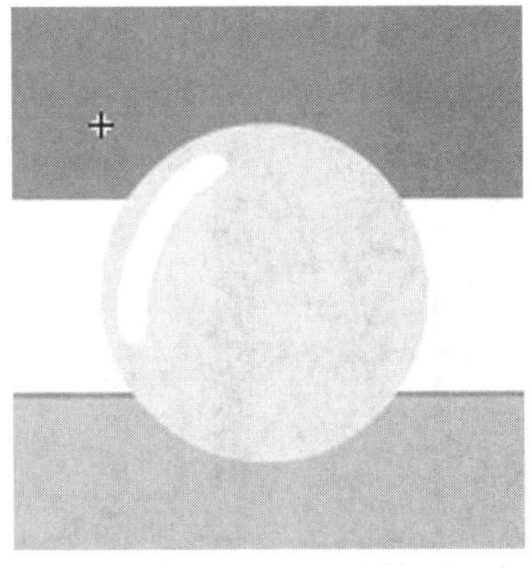

图6-4-12 圆形编辑

步骤12:绘制花形,并选中三个对象转换为【hua】图形元件。如图6-4-13所示。

步骤13:双击进入元件编辑状态,建立【hua】从下到上的移动过程,新建图层在第10帧插入关键帧,并右键单击动作,弹出动作面板。如图6-4-14所示。

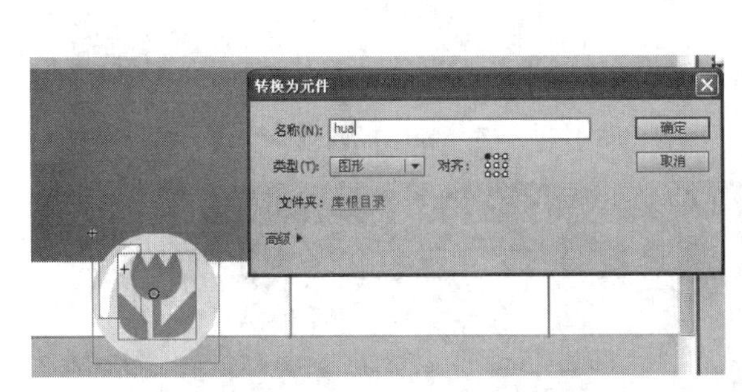

图6-4-13 图形元件创建

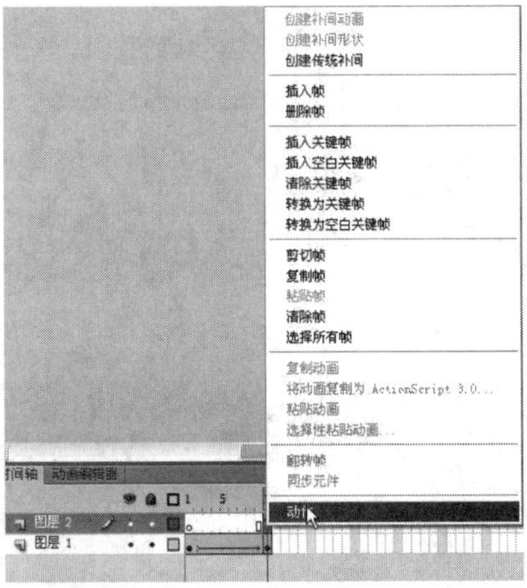

图6-4-14 动作控制停止

步骤14:在弹出的动作面板中输入【stop();】。如图6-4-15所示。

步骤15:回到按钮编辑状态,调整图层顺序,文字层【指针经过】帧插入关键帧,并给文字添加文字投影滤镜。如图6-4-16、图6-4-17所示。

步骤16:回到场景1,将除了按钮外的矩形块和线条删除,按【Ctrl+L】调出库面板。如图6-4-18所示。

步骤17:右键单击【按钮】元件,选择直接复制。如图6-4-19所示。

步骤18:在弹出的对话框中,输入【参考书】,确定后在库中复制出一个新的按钮。如图6-4-20所示。

步骤19:双击【参考书】按钮元件,进入编辑状态,更改文字层内各帧的文字为【参考书】。如图 6－4－21、图 6－4－22 所示。

步骤 20：同理，复制按钮并进行修改，在库内出现如图 6－4－23 所示按钮。

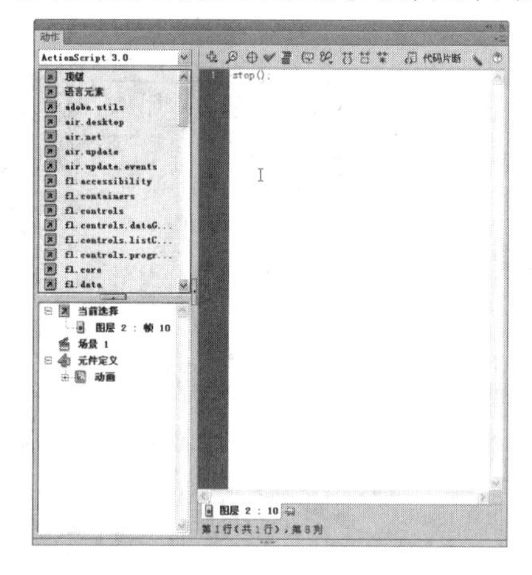

图 6－4－15　动作命令添加

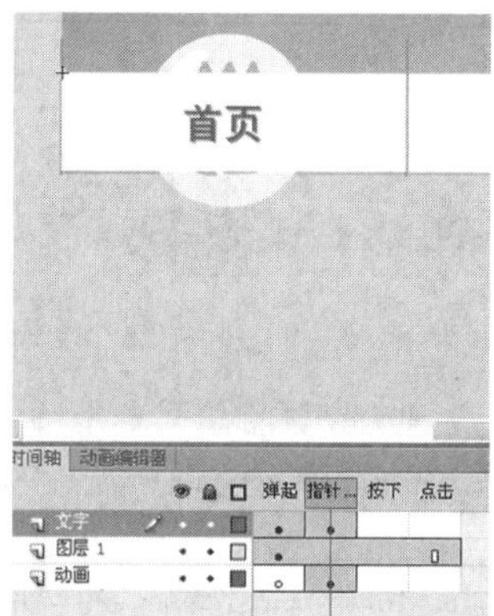

图 6－4－16　按钮图层

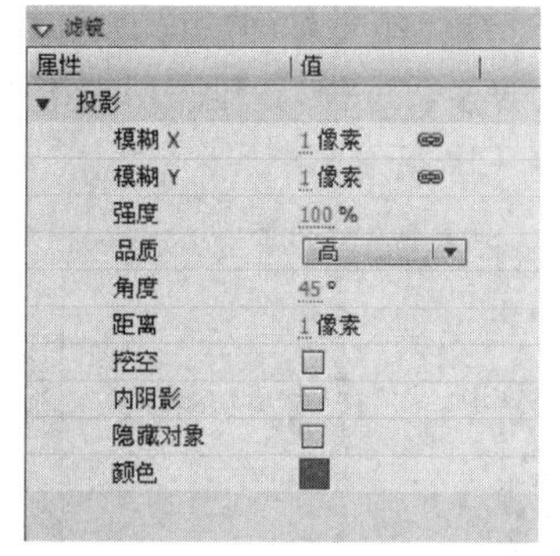

图 6－4－17　文字滤镜设置

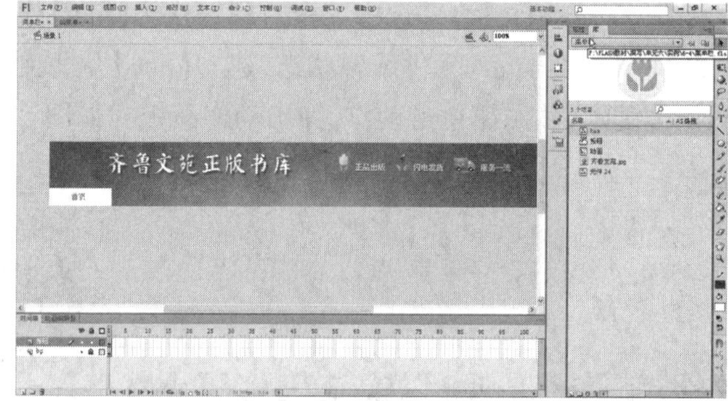

图 6－4－18　库面板调用

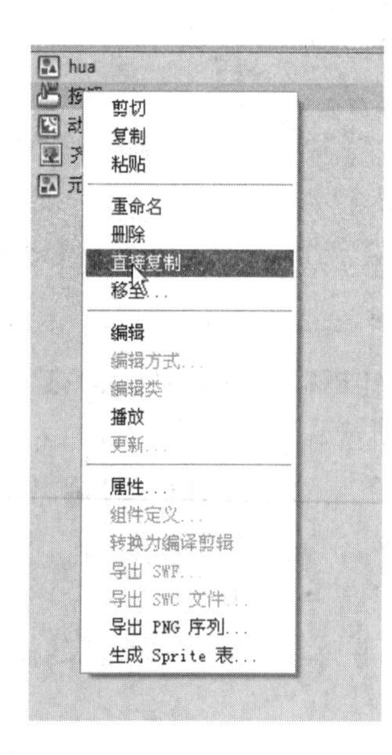

图 6－4－19　直接复制按钮

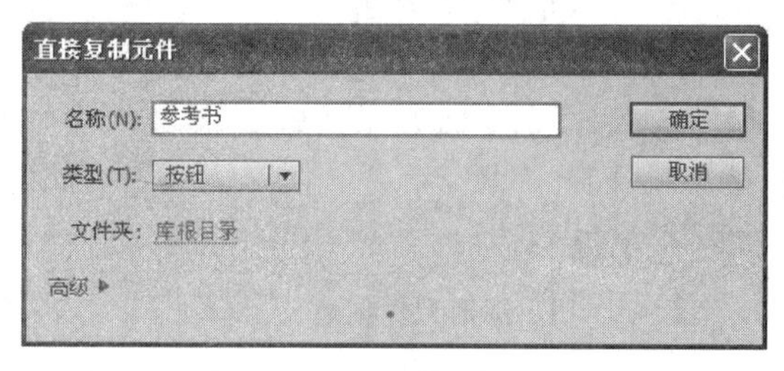

图 6－4－20　直接复制元件

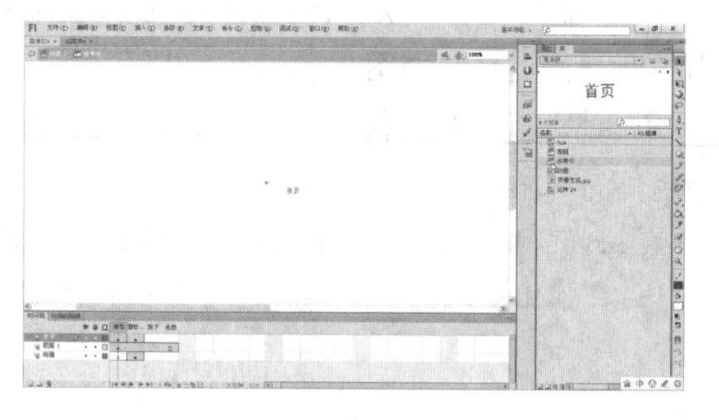

图 6－4－21　参考书按钮文字修改

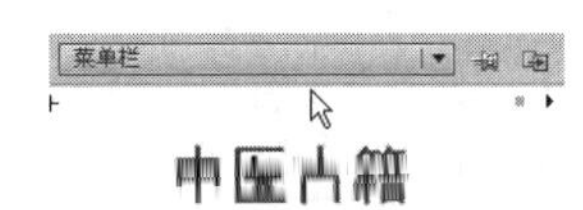

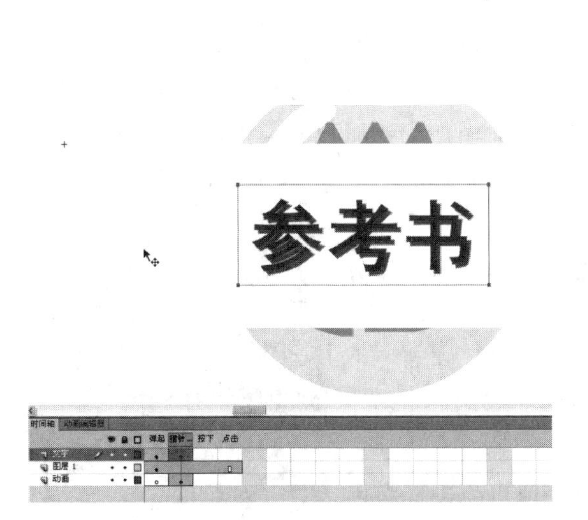

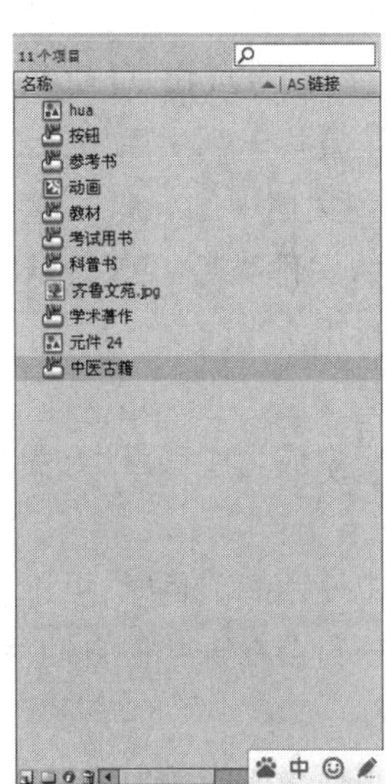

图 6－4－22　指针经过帧文字修改　　　　图 6－4－23　按钮元件复制

步骤 21：回到场景，将库中按钮依次拖拽入。如图 6－4－24 所示。

图 6－4－24　按钮元件排列

步骤 22：按【Ctrl＋K】调出对齐面板，和方向键配合使用，菜单栏制作结束。如图 6－4－25所示。

图 6－4－25　菜单栏按钮排列

任务评价

评价项目	评价要素
背景层制作	会根据内容修改画布大小
矩形块	会使用线条均匀分隔矩形块
按钮制作	会制作按钮，实现动画效果
元件复制	会在库中复制按钮元件并进行修改

相关知识

一、库面板概述

选择【窗口】|【库】命令或按下【Ctrl + L】快捷键,打开库面板。该面板的列表主要用于列出库中所有项目的名称,可以通过其查看并组织这些文档中的元素。库面板中项目名称旁边的图标表示该项目的文件类型,可以打开任意文档的库,并能够将该文档的库项目用于当前文档。如图 6-4-26 所示。

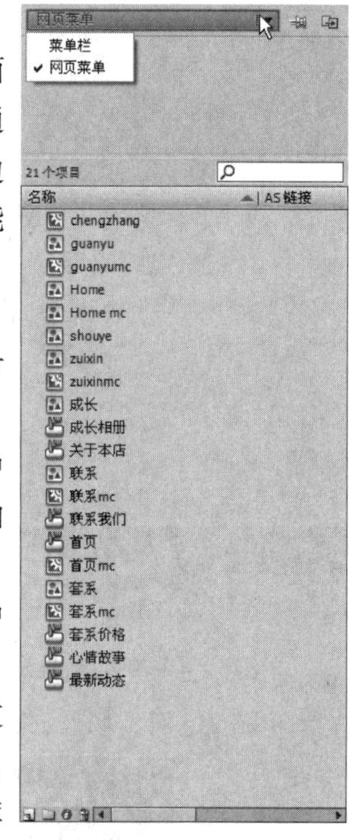

图 6-4-26 库面板

二、库项目操作

在库面板中的元素成为库项目,有关库项目的具体操作方法如下。

1. 在当前文档中使用库项目时,可以将库项目从库面板中拖动到舞台中。该项目会在舞台中自动生成一个实例,并添加到当前图层中。

2. 若要将对象转换为库中的元件,可以将项目从设计区中拖动到当前库面板中,打开转换为元件对话框,转换元件即可。

3. 若要在文件夹之间移动库项目,可以将库项目从一个文件夹拖动到另一个文件夹中。如果新位置中存在同名库项目,那么会打开解决库冲突对话框,提示是否要替换正在移动的库项目。

4. 在库面板中,可以使用库面板菜单中命令对库项目进行编辑、排序、重命名、删除以及查看未使用的库项目等管理操作。

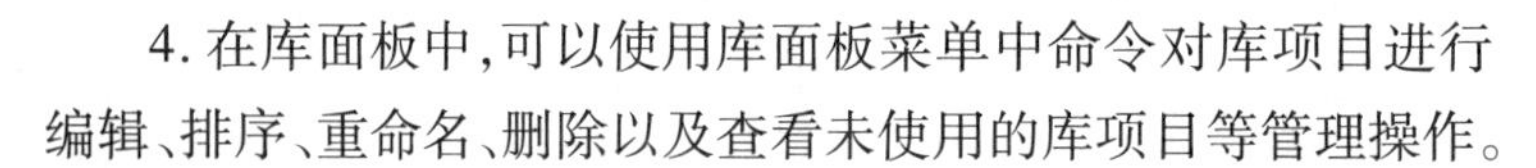

任务拓展

拓展练习:网页菜单栏制作。

要点分析:注意动画效果出现在哪个帧上。

单元小结

通过本单元任务的制作,你应该具体了解元件、实例与库之间的关系。元件是存放在【库】中,实例是在舞台中展现元件 ,一个元件在舞台上可以有很多个实例,如果修改了元件舞台上所有这个元件的实例都会相应改变。各种元件实例在时间轴上播放时间和速度的不同,就形成了我们要实现的动画。

综合测试

一、填空题

1. __________是控制实例在场景中显示的透明度。

2. 将元件从库面板中拖放到舞台上就创建了该元件的一个__________。

3. 要创建独立于时间轴播放的动画片段，必须使用的元件是__________。

4. 转换元件的快捷键是__________，打开库面板的快捷键是__________。

5. 按钮元件包括__________、__________、__________、__________四个关键帧。

二、选择题

1. Flash 中，我们可以创建几种类型的元件(　　)。

   A. 2　　B. 3　　C. 4　　D. 5

2. 属性面板中的 Alpha 命令是专门用于调整某个实例的(　　)的。

   A. 对比度　　B. 高度　　C. 透明度　　D. 颜色

3. 在按钮编辑模式中，其时间轴上有__________个帧？(　　)

   A. 2　　B. 3　　C. 4　　D. 5

4. 元件和与它相应的实例之间的关系是(　　)。

   A. 改变元件，则相应的实例一定会改变
   B. 改变元件，则相应的实例不一定会改变
   C. 改变实例，对相应的元件一定有影响
   D. 改变实例，对相应的元件可能有影响

5. 有一个花盆形状的按钮，如果需要当把鼠标放在这个按钮上没有点击时，花盆会有一朵花长出来，应该怎样设置这个按钮(　　)。

   A. 制作一朵花生长的电影剪辑，在编辑按钮时创建一个新层，并在第一个状态所在帧创建空关键帧，把电影剪辑放置在这个关键帧上并延迟到第四个状态
   B. 制作一朵花生长的电影剪辑，在编辑按钮时创建一个新层，并在第二个状态所在帧创建空关键帧，把电影剪辑放置在这个关键帧上
   C. 制作一朵花生长的电影剪辑，在编辑按钮时创建一个新层，并在第三个状态所在帧创建空关键帧，把电影剪辑放置在这个关键帧上
   D. 制作一朵花生长的电影剪辑，再创建一个按钮，都放置在场景中，使用 ACTION 来控制这电影剪辑

三、简答题

1. 请简述 Flash 三种元件的区别。
2. 请简述本单元任务 2 中“拓展任务”的制作过程。
3. 请简述库面板的基础应用。

单元七　音频和视频的使用

单元概述

Flash CS 6 可以导入外部的音频和视频文件作为特殊的对象使用,从而为 Flash 动画提供更多可以应用的素材,使动画效果更加丰富多彩。

声音是 Flash 动画的重要组成元素之一,它可以增添动画的表现能力,用户可以向时间轴中的帧上添加声音,作为动画的背景音乐。还可以向按钮的不同状态上添加声音,制作不同的按钮音效。用户还可以编辑声音的播放效果,控制声音与动画同步的方式,达到多种表达效果。Flash 中可以导入多种格式的视频,根据所导入的视频格式和所选导入方式的不同,可以将具有视频的影片发布为 Flash 影片(SWF 文件)或 QuickTime 影片(MOV 文件)。在导入视频剪辑时,可以将其设置为嵌入文件或链接文件,并且可以自行设置视频播放器的外观,导入后,用户还可以对视频组件进行参数设置,满足自己需要的效果。

任务1 化 蝶

任务描述

为“化蝶”动画添加音乐。动画效果如图 7 – 1 – 1 所示。

图 7 – 1 – 1 “化蝶”动画效果

任务目标

- 掌握声音的导入方法
- 掌握为动画添加声音的方法
- 为声音设置同步播放效果

任务分析

之前所学只是利用文字、图片来展示动画的意图。在本任务中制作好在空中飞舞的两只蝴蝶的引导动画后导入声音到库中,为动画添加声音,设置适宜的同步播放效果,使动画效果更加丰富多彩,表现力更强。

任务实施

一、任务准备

蝴蝶、花丛图片素材,【化蝶.fla】源文件,Flash CS 6 软件。

二、任务实施

为节约篇幅,对于蝴蝶飞舞的引导动画,在这里不再赘述,大家可根据所给素材,自己动手制作。制作过程中,使用影片剪辑元件制作蝴蝶扇动翅膀的效果,蝴蝶飞舞效果使用引导动画完成,注意设置【调整到路径】选项,使蝴蝶飞舞更加自然。以下步骤从导入音乐开始。

步骤1:打开【单元七】|【素材】|【化蝶.fla】源文件,效果如图7-1-2所示。

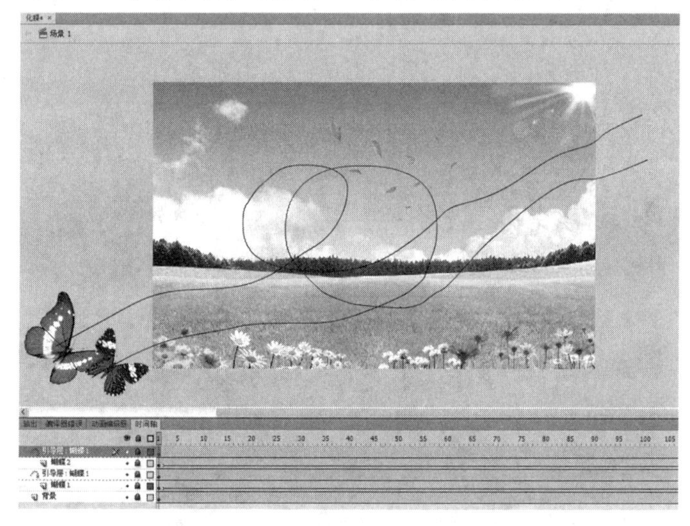

图7-1-2 打开【化蝶.fla】源文件

步骤2:单击【时间轴】面板中的【新建图层】按钮,创建一个新的图层,双击图层名称,改名为【音乐】,该层会自动产生与动画同等时间的普通帧。

步骤3:选择【文件】|【导入】|【导入到库】命令,打开【导入】对话框,选择本书配套光盘【单元七】|【素材】目录下的【化蝶.mp3】文件,将音乐文件导入到库中。

步骤4:选择【音乐】图层第1帧,按【Ctrl+F3】组合键,打开【属性】面板,在【声音】的【名称】下拉列表里选择【化蝶.mp3】,将声音添加到帧上。如图7-1-3所示。

步骤5:在【同步】项下拉列表中选择【开始】项,为动画和音乐设置同步播放效果。如图7-1-4所示。

步骤6:按【Ctrl+S】保存文件。按【Ctrl+Enter】测试影片,欣赏【化蝶】动画视听效果。

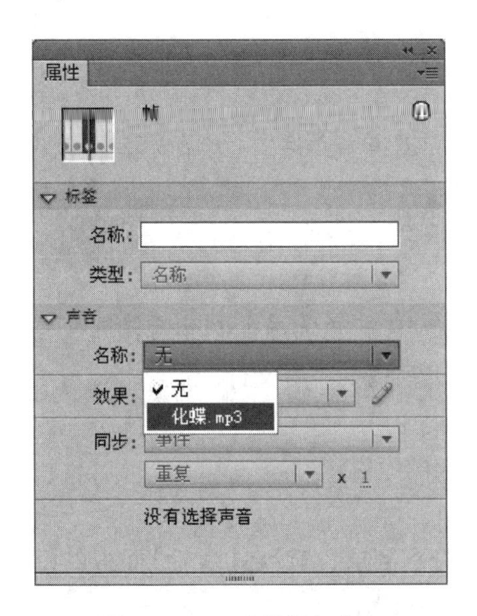

图7-1-3 为帧添加声音

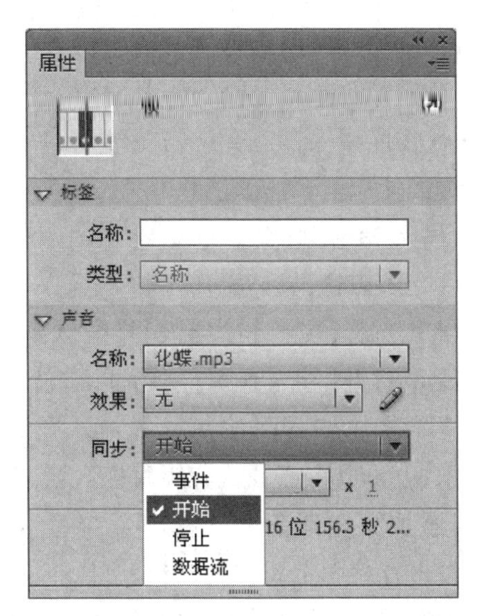

图7-1-4 设置音乐【同步】效果

任务评价

评价项目	评价要素
背景	能将所给素材导入到库中,并能进行素材的对齐、大小、位置等的处理。
创建动画	会创建元件,能制作基本动画
建立引导	能创建引导层,实现引导动画
调整到路径	会设置相关属性,使对象运动更符合自然规律
添加声音	成功导入声音到库,并在帧正确位置添加声音
设置声音同步效果	为动画设置声音的同步效果

相关知识

一、可导入 Flash 的声音类型

通过将声音文件导入到当前文档的库中,可以把声音文件加入 Flash。

可以将以下声音文件格式导入到 Flash 中:

- WAV(仅限 Windows)
- AIFF(仅限 Macintosh)
- MP3(Windows 或 Macintosh)
- 如果系统上安装了 QuickTime 4 或更高版本,则可以导入这些附加的声音文件格式:
- AIFF(Windows 或 Macintosh)
- Sound Designer II(仅限 Macintosh)
- 只有声音的 QuickTime 影片(Windows 或 Macintosh)
- Sun AU(Windows 或 Macintosh)

➤ System 7 声音(仅限 Macintosh)

➤ WAV(Windows 或 Macintosh)

Flash 在库中保存声音。与图形元件一样,只需声音文件的一个副本就可以在文档中以多种方式使用这个声音。

二、导入声音到库

若要导入声音,具体操作步骤如下:

步骤 1:选择【文件】|【导入】|【导入到库】命令(或按【Ctrl + R】组合键)。

步骤 2:打开【导入到库】对话框,定位并打开所需的声音文件。

步骤 3:单击【打开】按钮。

注意:也可以将声音从公用库拖入当前文档的库中。

三、添加文档声音

要将声音从库中添加到文档,可以把声音分配到层,然后在【属性】面板的【声音】控件中设置选项。建议将每个声音放在一个独立的层上。

要测试添加到文档中的声音,可以使用与预览帧或测试 SWF 文件相同的方法:在包含声音的帧上拖动播放头,或者使用【时间轴】上的【控制器】或【控制】菜单中的命令。

要向文档中添加声音,具体操作步骤如下:

步骤 1:如果还没有将声音导入库中,将其导入库中。

步骤 2:单击时间轴面板中的【新建图层】按钮,为声音创建一个层。

步骤 3:选定新建的声音层后,将声音从【库】面板中拖到舞台中。声音就添加到当前层中。可以把多个声音放在一个层上,或放在包含其他对象的多个层上。但是,建议将每个声音放在一个独立的层上。每个层都作为一个独立的声道。播放 SWF 文件时,会混合所有层上的声音。

步骤 4:在【时间轴】上,选择包含声音文件的第 1 帧,打开【属性】面板,从【声音】下拉列表框中选择声音文件。如图 7 - 1 - 5 所示。

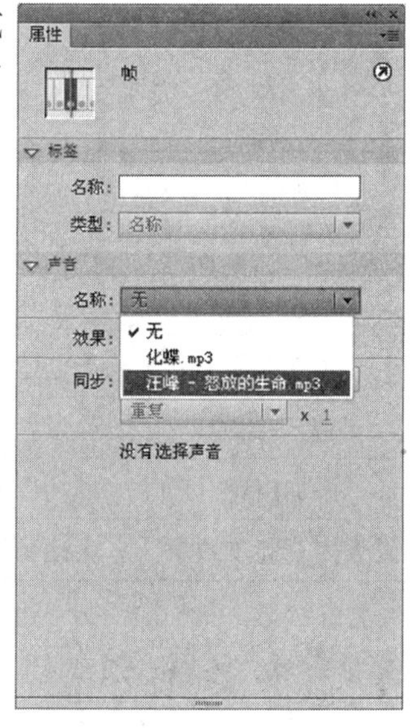

图 7 - 1 - 5　在【属性】面板中选择声音文件

步骤 5:从【效果】下拉列表框中选择效果选项:

【无】:不对声音文件应用效果。选择此选项将删除以前应用的效果。

【左声道/右声道】:只在左声道或右声道中播放声音。

【从左到右淡出/从右到左淡出】:会将声音从一个声道切换到另一个声道。

【淡入】:在声音的持续时间内逐渐增加音量。

【淡出】:在声音的持续时间内逐渐减小音量。

【自定义】:允许使用“编辑封套”创建自定义的声音淡入和淡出点。

步骤 6:从【同步】下拉列表框中选择【同步】选项。

【事件】:会将声音和一个事件的发生过程同步起来。事件声音在显示其起始关键帧时开始播放，并独立于时间轴完整播放，即使 SWF 文件停止播放也会继续。例如当用户单击一个按钮时，事件声音开始播放。声音再次被实例化（若用户再次单击按钮），则第个声音实例继续播放，另一个声音实例同时开始播放。

【开始】：与【事件】选项的功能相近，但是如果声音已经在播放，则新声音实例不会播放。

【停止】：将使指定的声音静音。

【数据流】：将同步声音，以便在 Web 站点上播放。Flash 强制动画和音频流同步。如果 Flash 不能足够快地绘制动画的帧，就跳过帧。与事件声音不同，音频流随着 SWF 文件的停止而停止。

注意：如果使用 MP3 声音作为音频流，则必须重新压缩声音，以便能够导出。可以将声音导出为 MP3 文件，所用的压缩设置与导入它时的设置相同。

步骤 7：【重复】指定声音应循环的次数，选择【循环】连续重复声音。要连续播放，输入一个足够大的数，以便在扩展持续时间内播放声音。但如果将音频流设为循环播放，帧就会添加到文件中，文件的大小就会根据声音循环播放的次数而倍增。

四、添加按钮声音

可以将声音和一个按钮元件的不同状态关联起来。因为声音和元件存储在一起，它们可以用于元件的所有实例。要向按钮添加声音，具体操作步骤如下：

步骤 1：在【库】面板中选择按钮。

步骤 2：从面板右上角的选项菜单中选择【编辑】命令。

步骤 3：在按钮的时间轴上，添加一个新图层，作为声音层。

步骤 4：在声音层中，创建一个常规或空白的关键帧，以对应要添加声音的按钮状态。例如，要添加一段单击按钮时播放的声音，可以在声音层中标签为【按下】的帧中创建关键帧。如图 7－1－6 所示。

步骤 5：单击已创建的关键帧，在【属性】面板的【声音】下拉列表框中选择一个声音文件。选择声音文件，在【同步】下拉列表框中选择【事件】。

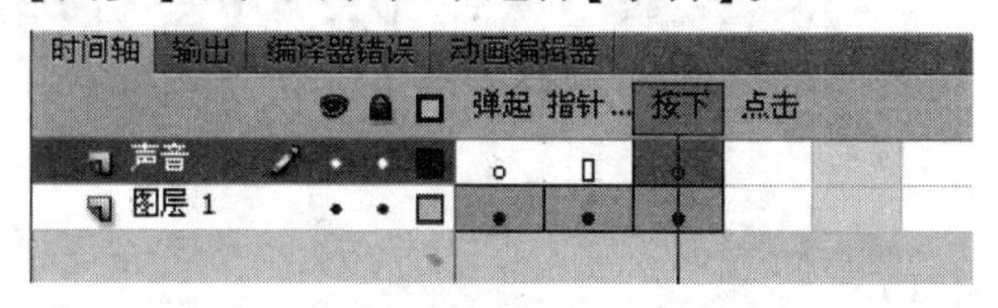

图 7－1－6　在声音层中插入关键帧

五、编辑声音

在 Flash CS 6 中，可以编辑声音开始和停止的位置，还可以控制声音播放的音量。要编辑声音，单击属性面板上的【编辑声音封套】按钮，打开【编辑封套】对话框。如图 7－1－7所示。

其中各参数选项作用如下。

【效果】：设置声音的播放效果，其选项包括：无、左声道、右声道、从左到右淡出、从右到左淡出、淡入、淡出和自定义。选择“自定义”可使用封套手柄自己编辑声音效果。

【封套手柄】：在封套线上单击即可创建新的封套手柄，最多可以创建 8 个。使用

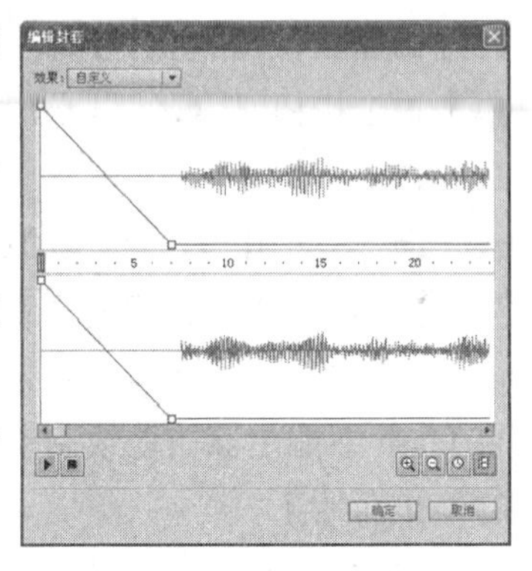

图7-1-7 【编辑声套】对话框

封套手柄可以编辑声音不同位置的音量大小。多余的手柄可以拖离对话框将其删除。

【放大/缩小】:单击可以在水平方向放大或缩小窗口中声音波形的显示。

【秒/帧】:单击可以设置声音以秒或以帧为单位显示。

【播放/停止】:单击可以测试或停止编辑后的声音效果。

【开始时间/停止时间】:拖动可以改变声音的起始点和结束点的位置。

任务拓展

拓展练习:利用所给素材制作【圣诞礼物】动画。动画效果如图7-1-8所示。

要点分析:圣诞礼物动画是对所学知识的巩固拓展,练习声音导入、为按钮添加声音、设置声音同步效果的制作方法。

图7-1-8 【圣诞礼物】动画效果

任务2 炫酷影院

任务描述

向Flash中导入视频,制作影院效果。动画效果如图7-2-1所示。

图7-2-1 “炫酷影院”动画效果

任务目标

- 掌握导入视频的方法
- 设置视频的属性

任务分析

使用影院大屏幕作为背景，将导入的视频放置在适宜的位置，并调整视频的大小与屏幕大小相匹配，制作炫酷的影院效果。

任务实施

一、任务准备

影院图片、视频素材，Flash CS 6 软件。

二、任务实施

步骤 1：新建 Flash 文档，保存为【炫酷影院. fla】，选择【修改】|【文档】命令，打开【文档设置】对话框，设置宽为【1024】像素，高为【655】像素，其他为默认，如图 7－2－2 所示。

步骤 2：单击【文件】|【导入】|【导入到舞台】命令，在弹出的【导入】对话框中，选择本书配套光盘【单元七】|【素材】目录下的【影院. jpg】，将该图片导入到当前舞台中。

步骤 3：在舞台中选择已导入的图片，按【Ctrl＋I】打开【信息】面板，设置参数如图 7－2－3，让图片与舞台完全重合。

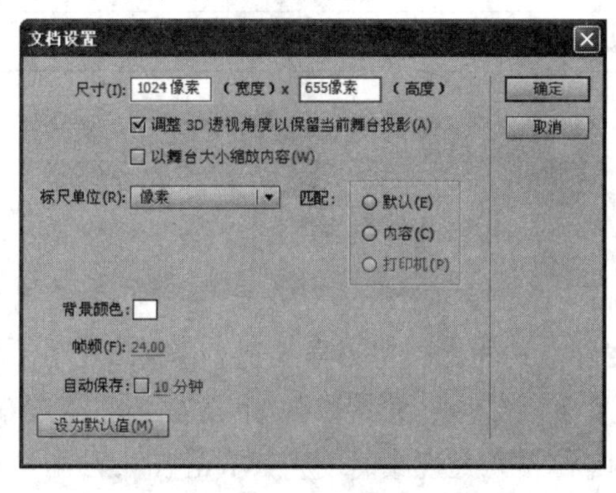

图 7－2－2 “文档设置”对话框

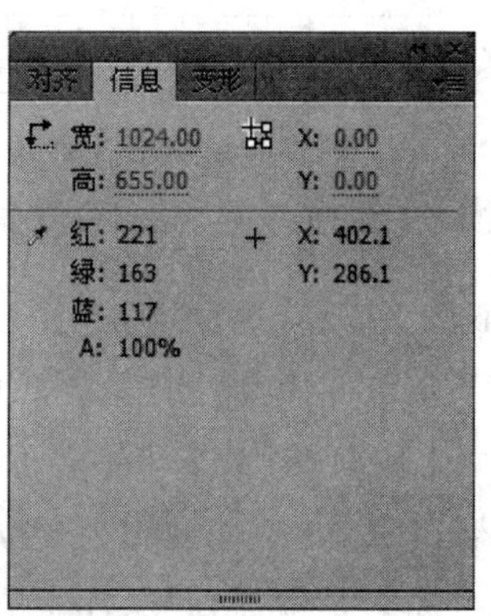

图 7－2－3 【信息】面板

步骤 4：双击【时间轴】面板中【图层 1】图层名称，将其改名为【背景】，锁定该图层。

步骤 5：单击【时间轴】面板中的【新建图层】按钮，创建一个新的图层，双击图层名称，改名为【视频】。

步骤 6：选中【视频】图层第 1 帧，选择【文件】|【导入】|【导入视频】命令，打开【导入视频】对话框，点击【文件路径】项的【浏览】按钮，选择本书配套光盘【单元七\素材】目录下的【神笔马良】文件，如图 7－2－4 所示。

步骤 7：点击【下一步】按钮，在【外观】下拉列表中选择【无】，如图 7－2－5 所示，点击【下一步】按钮，点击【确定】按钮，将视频导入到舞台中。

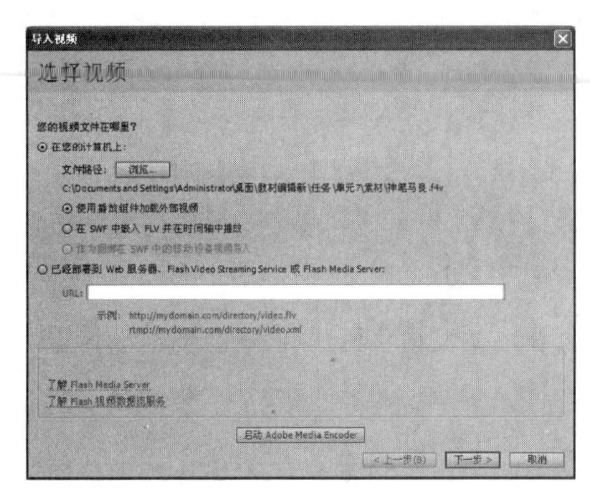

图 7-2-4　选择视频

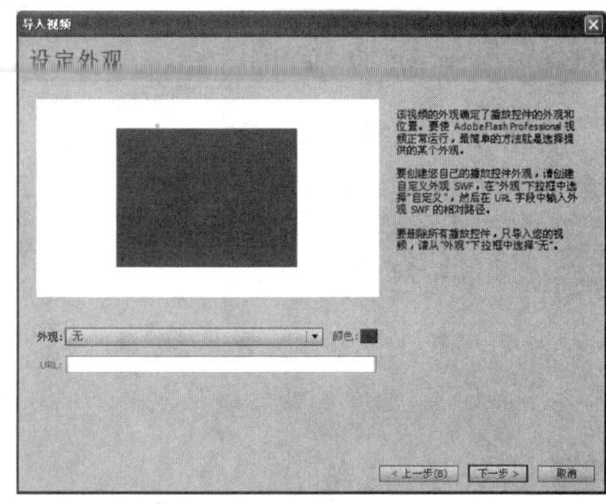

图 7-2-5　设定外观

步骤 8:选择导入的视频,使用【任意变形】工具,调整其与背景图片上的屏幕大小、位置相匹配,按【Ctrl + S】保存文件。按【Ctrl + Enter】,测试影片,同时在源文件同一目录下会自动生成【炫酷影院. swf】影片文件。

任务评价

评价项目	评价要素
设置背景	能够导入素材到舞台,背景图片与舞台对齐
导入视频	能够成功导入视频到库,设置合适外观

相关知识

一、可导入 Flash 的视频格式

如果 Windows 操作系统安装了 QuickTime 6 或 DirectX 9(或更高版本),就可以将包括 MOV、AVI 和 MPG/MPEG 等多种文件格式的视频剪辑导入到 Flash CS 6 中。可以将带有嵌入视频的 Flash 文档发布为 SWF 文件。带有链接视频的 Flash 文档必须以 QuickTime 格式发布。如果安装了 QuickTime 7,则导入嵌入视频时支持 avi、dv、mpg/mpeg、mov 视频格式。如果系统安装了 DirectX 9 或更高版本(仅限 Windows),则在导入嵌入视频时支持 avi、mpg/mpeg、wmf/asf、wmv 视频格式。

二、导入视频

导入视频文件到 Flash 中,方法如下。

步骤 1:单击【文件】|【导入】|【导入视频】命令,打开【导入视频】对话框,单击【浏览】按钮可以选择导入本地磁盘上的视频文件,选择【已经部署到 Web 浏览器……】单选项,还可以输入视频网址,选择导入 web 页中的视频文件。设置完成后,单击【下一步】按钮。

步骤 2:在【外观】下拉列表里选择一种合适的播放器样式,【颜色】项还可以更改播放器的颜色。设置完成后,单击【下一步】按钮。如果想要自定义播放器外观,还可以选择

【自定义外观】,然后在【URL】栏输入播放器控件URL地址。

步骤3:在【完成视频导入】面里给出该次导入视频的提示信息,检查无误后,单击【确定】按钮,完成视频导入。

三、设置视频属性

选择舞台上嵌入或链接的视频,打开【属性】面板,设置导入视频的属性。属性面板如图7-2-6所示。

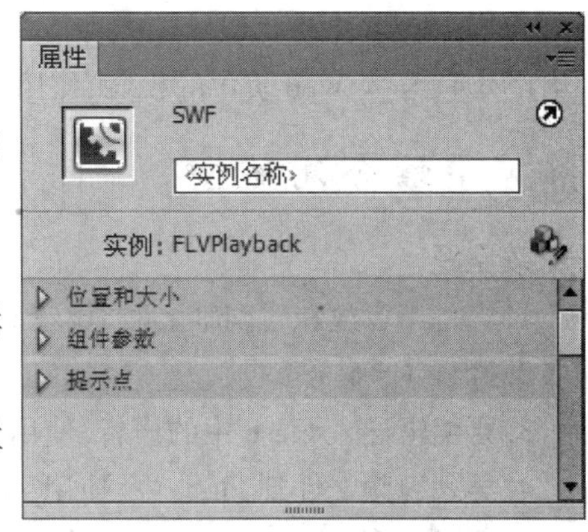

图7-2-6 【属性】面板

各项参数选项作用如下。

【实例名称】:在文本框里可以为该视频剪辑指定一个实例名称。

【位置和大小】:可以设置该视频剪辑的位置和大小。

【组件参数】:可以设置该视频组件播放器的相关参数。

【提示点】:可以为Action Script添加/删除、编辑、导入/导出提示点。

任务拓展

拓展练习:利用所给素材制作【消防版《小苹果》】动画。动画效果如图7-2-7所示。

图7-2-7 【消防版《小苹果》】动画效果

要点分析:拓展任务【消防版《小苹果》】动画是对导入视频、编辑视频的巩固练习。

单元小结

本单元主要讲解多媒体在Flash CS 6中的应用,多方面表达动画效果。

Flash动画如果配上音乐,或者加上合适的视频,使用多种媒体手段表现作者的意图,效果会更加震撼。在本单元中,通过两个任务学习了向Flash CS 6中导入音频和导入视频的方法。

Flash CS 6 中可以导入多种类型的声音，导入的声音使用属性面板设置其播放效果和与动画的同步效果。

Flash CS 6 中也可以导入多种格式的视频，既可以导入本地视频，还可以输入视频的 URL 网址，导入 Web 页中的视频，使用属性面板对导入的视频进行设置。

综合测试

一、填空题

1. 当将声音放在时间轴上时，比较好的习惯是将声音置于__________图层上。
2. Flash CS 6 可以向__________和__________添加声音。
3. 要编辑导入 Flash 中的声音，使用__________对话框。
4. 导入视频文件到 Flash 中，使用__________命令。
5. 选择舞台上嵌入或链接的视频，打开__________面板，设置导入视频的属性。

二、选择题

1. 在 Flash 文档上添加好声音后，可以使用属性面板设置其播放效果，其中，(　　)选项在声音的持续时间内逐渐增加音量。

   A. 淡入　　B. 淡出　　C. 左声道　　D. 右声道

2. 在 Flash 文档上添加好声音后，可以使用属性面板设置其音画同步效果，其中，(　　)选项会将声音和一个事件的发生过程同步起来。

   A. 数据流　　B. 事件　　C. 开始　　D. 停止

3. Flash 中设置声音的(　　)选项，如果声音已经在播放，则新声音实例不会播放。

   A. 停止　　B. 数据流　　C. 开始　　D. 事件

4. 选择舞台上嵌入或链接的视频，打开【属性】面板，设置导入视频的属性。在(　　)选项中可以设置导入视频的路径。

   A. 实例名称　　B. 提示点　　C. 位置和大小　　D. 组件参数

三、简答题

1. 简述 Flash CS 6 中可导入的声音格式。
2. 简述在 Flash CS 6 中为按钮添加声音的方法。
3. 简述 Flash CS 6 中导入视频的方法。

单元八　网页动画综合实例

单元概述

在前面的单元中,我们已经系统学习了动画制作的基础知识,本章将以两个任务展开进行网页动画的综合案例制作。在两个任务中,我们会综合运用前面章节所学到的动画制作、声音添加等,除此之外,拓展知识中会涉及色彩原理、版式原则和文字排版等相关知识,为我们的作品更添一分色彩。

任务　儿童摄影网站片头的制作

任务描述

综合运用相关知识，在正确理解时间轴的基础上，完成本综合任务制作。

图 8－1－1　儿童摄影网站片头制作

任务目标

- 会使用线条等基本形状制作片头
- 会实现不同图片之间转场效果
- 会在动画中使用音乐

任务分析

通过本任务复杂动画的创建过程，进一步理解影片剪辑中动画与主场景动画之间的关系，并加入声效使片头更具有动感。

任务实施

一、任务准备

儿童摄影相关图片相关图片素材。

二、任务实施

本任务制作细节较多，基本动画具体制作步骤不再赘述，下面讲解主要以制作思路为主。

步骤1:运用矩形长度、形状及数量的变化,形成片头动感的效果,左边图片淡出,右上方图片由大至小从透明出现,右下方标题使用遮罩效果出现,在226帧处设置动作stop(),并添加【play】按钮,右键单击按钮,选择动作,对话框内输入

```
"on (release)
{
  play();
}"
```

如图8-1-2和8-1-3所示。

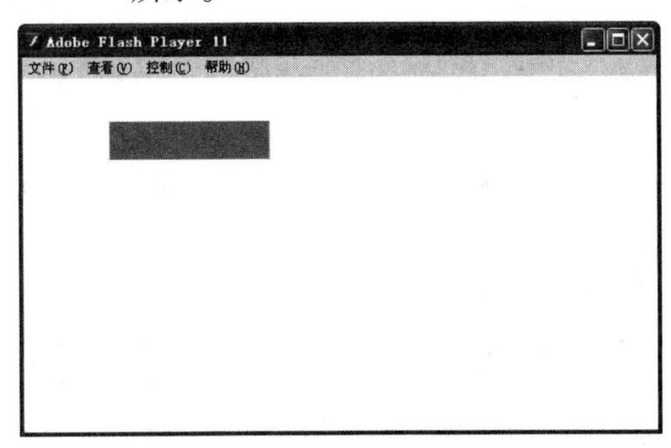

图8-1-2 矩形动作补间动画

步骤2:本片头动画7张图片依次出现,效果各有不同。第一张图片的出现效果是由左至右,朦胧渐出,制作思路是在图层上层制作一个形状补间,形状是左透明右白色覆盖整个画面的矩形,使用填充渐变工具调整起始帧和结束帧的透明区域,以上层透明区域的逐渐变大形成第一张图片的出现效果。如图8-1-4所示。

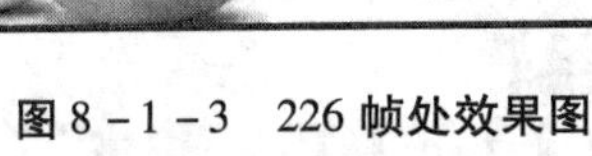

图8-1-3 226帧处效果图

图8-1-4 第一张图由左向右出现

步骤3:第二图出现的原理同第一张图,形状渐变的形状为圆形,透明区域由中心范围变为整个画布范围,形成第二张图由中心朦胧出现的过程。如图8-1-5所示。

步骤4:第三张图的出现由右向左推进,推进的过程中第二张图同时向左推进退出,两张图速度一致,形成第三张图将第二张图挤出的效果。如图8-1-6所示。

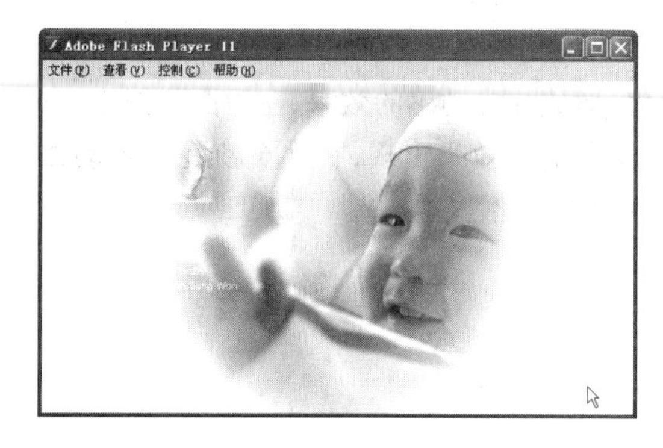

图 8-1-5　第二张图由中心出现

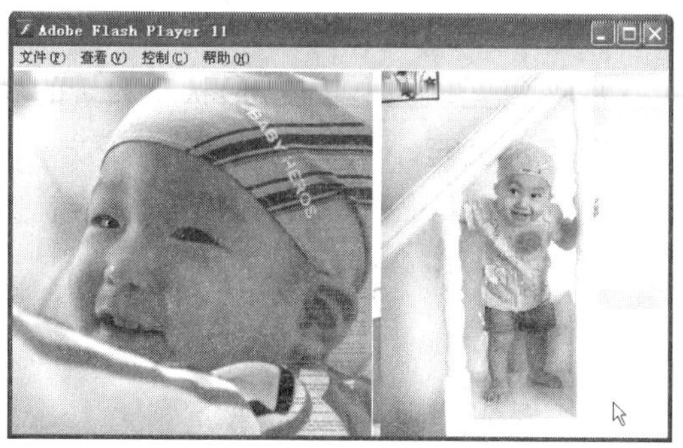

图 8-1-6　第三张图由右向左推进

步骤5:第四张图以第五张图为背景图从中心缩放出现,此时第五张图亮度降低。如图 8-1-7 如示。

步骤6:第四张图运用遮罩原理向中间收缩消失,第五张图亮度转为正常出现。如图 8-1-8所示。

步骤7:第五张图运用高亮效果消失在白色背景中,与此同时第六张图的左侧一半由高亮出现,如图 8-1-9,而后右侧一半由中间向右侧移动出现,如图 8-1-10 所示。

图 8-1-7　第四张图的出现

图 8-1-8　第五张图出现

图 8-1-9　第五张图左侧高亮出现

图 8-1-10　右侧画面向右移动出现

步骤8:第六张图遮罩效果由模糊出现,如图8-1-11所示。

步骤9:结束背景矩形由上至下展开,文字由下至上透明出现,结束帧处设置动作stop(),并播入【replay】按钮,右键单击按钮,给按钮添加动作

```
on (release) {
  gotoAndPlay(1);
}
```

如图8-1-12所示。

图8-1-11 第六张图遮罩出现

图8-1-12 结束画面

步骤10:新建music层,导入素材音乐“you are my sunshine. mp3”,并从库拖拽到场景内,声音属性设置如图8-1-13所示。

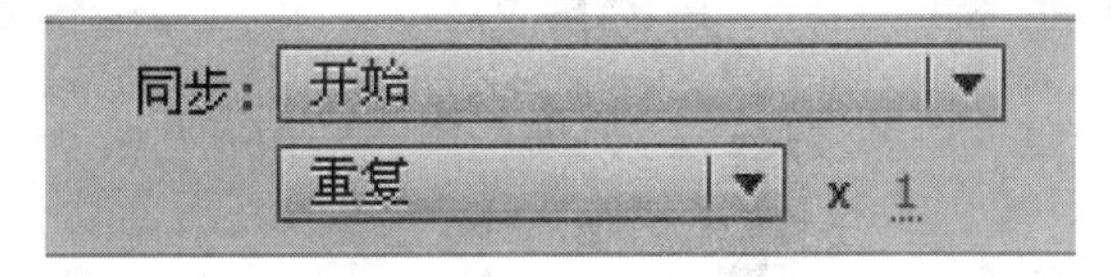

图8-1-13 声音设置

任务评价

评价项目	评价要素
片头动画	片头动画转换流畅,速度与背景音乐适合
图片出现和转场	图片出现和转场过渡自然,实现不同的出现效果
动作	动作设置正确
音乐	音乐正确导入,设置正确

相关知识

一、色彩基础知识

在进行设计之前,我们首先要清楚色彩三要素,即色相、纯度和明度。色相是指色彩的相貌,如红、黄、绿、蓝等各有自己的色彩面目,由原色、间色和复色组成。纯度是指色彩纯净、饱和的程度。原色纯度最高,间色次之,复色纯度最低。明度指色所显示的明暗、深

浅程度，如白色明度强、黄色次之、蓝色更次之、黑色最弱。

常见的配色会运用互补色、对比色、类似色、临近色等，如图 8－1－14 所示。

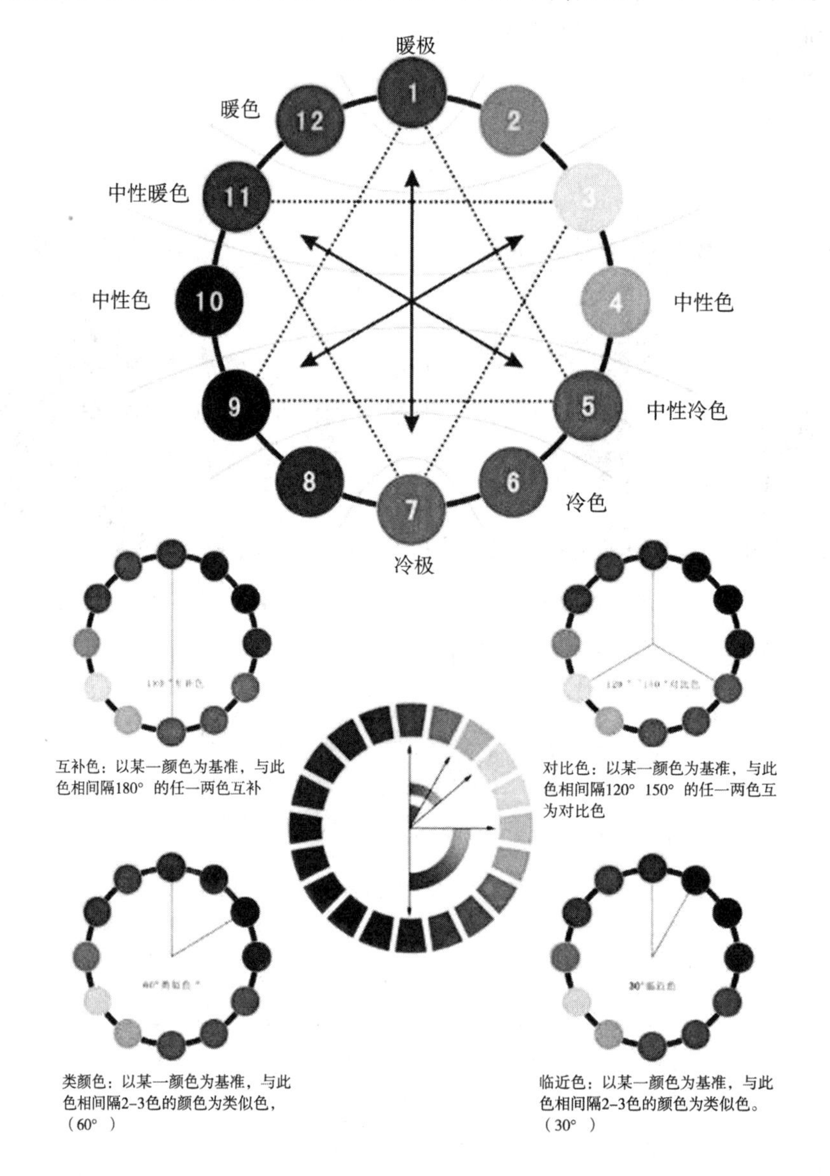

图 8－1－14　色相

二、色彩心理及常见配色方案

1. 色彩心理

色彩作用于人时产生一种单纯性的心理感应，是由色彩的固有感情导致的。这种直观性的刺激左右着我们的思想、感情、情绪。为了把色彩的表现力、视觉作用及心理影响最充分地发挥出来，达到给人的眼睛与心灵以充分的愉快、刺激和美的享受这一目的，我们又必须深入研究色彩的精神和情感的表现价值。在此，我们研究色相环上几个最主要的色彩的性格。

红色：红色光波长最长，又处于可见光谱的极限，最容易引起人的兴奋、激动、紧张情绪，同时给视觉以迫近感和扩张感，称为前进色。红色还给人留下艳丽、芬芳、青春、富有生命力、饱满、成熟的印象，被广泛地用于食品包装之中。红色又是欢乐、喜庆的象征，由于它的注目性和美感，在标志、旗帜、宣传等用色中占据首位。

橙色：橙色的波长居红与黄之间。伊顿说："橙色是处于最辉煌的活动性焦点。"它在有形的领域内，具有太阳的发光度，在所有色彩中，橙色是最暖的色。橙色也属于能引起食欲的色，给人香、甜略带酸味的感觉。橙色是明亮、华丽、健康、辉煌又容易动人的色。

黄色：黄色的波长适中，它是有彩色中最明亮的色。因此给人留下明亮、辉煌、灿烂、愉快、亲切、柔和的印象，同时又容易引起味美的条件反射，给人以甜美感、香酥感。

绿色：绿色光的波长恰恰居中，人的视觉对绿色光反应最平静，眼睛最适应绿色光的刺激。绿色是植物王国的色彩，它的表现价值是丰饶、充实、平静与希望。

蓝色：蓝色光波长短于绿色光，它在视网膜上成像的位置最浅，因此，当红橙色是前进色时，蓝色就是后褪色。红色是暖色，蓝色是冷色。蓝色表现千种精神领域，让人感到崇高、深远、纯洁、透明、智慧。

紫色：紫色光波长最短，眼睛对紫色光的细微变化分辨力弱，容易感到疲劳。紫色给人高贵、优越、奢华、幽雅、流动、不安的感觉，灰暗的紫色则是伤痛、疾病，容易造成心理上的忧郁、痛苦和不安的感觉。因此，紫色时而有胁迫性，时而有鼓舞性，在设计中一定要慎重使用。

在色立体的明度序列中，黑、白、灰有它自身的特点，但和有彩色紧密地连在一起，起着加强和削弱的作用。

白色：白是全部可见光均匀混合而成的，称为全色光。又是阳光的色，是光明色的象征。白色明亮、干净、卫生、畅快、朴素、雅洁，在人们的感情上，白色比任何颜色都清静、纯洁，但用之不当，也会给人以虚无、凄凉之感。

黑色：从理论上看，黑色即无光，是无色的色。在生活中，只要光照弱或物体反射光的能力弱，都会呈现出相对黑色的面貌。黑色对人们的心理影响可分为两类。首先是消极类。例如，在漆黑之夜或漆黑的地方，人们会产生阴森、恐怖、烦恼、忧伤、消极、沉睡、悲痛、绝望甚至死亡的印象。其次是积极类。黑色使人得到休息、安静、沉思、坚持、准备、考验，显得严肃、庄重、刚正、坚毅。在这两类之间，黑色还会有捉摸不定、神秘莫测、阴谋、耐脏的印象。在设计时，黑色与其他色彩组合，属于极好的衬托色，可以充分显示其他色的光感与色感，黑白组合，光感最强，最朴实，最分明，最强烈。

灰色：居于黑与白之间，属于中等明度。无彩度及低彩度的色彩，它有时能给人以高雅、含蓄、耐人寻味的感觉。如果用之不当，又容易给人平淡、乏味、枯燥、单调、没有兴趣，甚至沉闷、寂寞、颓丧的感觉。

数以千计的色彩，对人的心理产生不同的感受，这种心理感受有共通的，也有由于经历、性格、修养、习惯的差异而有所不同。

2. 常见配色方案

(1)红色的色感温暖,性格刚烈而外向,是一种对人刺激性很强的色。红色容易引起人的注意,也容易使人兴奋、激动、紧张、冲动、还是一种容易造成人视觉疲劳的色。

- 在红色中加入少量的黄,会使其热力强盛,趋于躁动、不安。
- 在红色中加入少量的蓝,会使其热性减弱,趋于文雅、柔和。
- 在红色中加入少量的黑,会使其性格变得沉稳,趋于厚重、朴实。
- 在红色中加入少量的白,会使其性格变得温柔,趋于含蓄、羞涩、娇嫩。

(2)黄色的性格冷漠、高傲、敏感、具有扩张和不安宁的视觉印象。黄色是各种色彩中最为娇气的一种色。只要在纯黄色中混入少量的其他色,其色相感和色性格均会发生较大程度的变化。

- 在黄色中加入少量的蓝,会使其转化为一种鲜嫩的绿色。其高傲的性格也随之消失,趋于一种平和、潮润的感觉。
- 在黄色中加入少量的红,则具有明显的橙色感觉,其性格也会从冷漠、高傲转化为一种有分寸感的热情、温暖。
- 在黄色中加入少量的黑,其色感和色性变化最大,成为一种具有明显橄榄绿的复色印象。其色性也变得成熟、随和。
- 在黄色中加入少量的白,其色感变得柔和,其性格中的冷漠、高傲被淡化,趋于含蓄,易于接近。

(3)蓝色的色感冷静,性格朴实而内向,是一种有助于人头脑冷静的色。蓝色的朴实稳重、内向性格,常为那些性格活跃、具有较强扩张力的色彩,提供一个深远、广阔、平静的空间,成为衬托活跃色彩的友善而谦虚的朋友。蓝色还是一种在淡化后仍能保持较强个性的色。

- 如果在橙色中黄的成分较多,其性格趋于甜美、亮丽、芳香。
- 在橙色中混入少量的白,可使橙色的知觉趋于焦躁、无力。

(4)绿色是具有黄色和蓝色两种成分的色。在绿色中,将黄色的扩张感和蓝色的收缩感相中庸,将黄色的温暖感与蓝色的寒冷感相抵消。这样使得绿色的性格最为平和、安稳。是一种柔顺、恬静、满足、优美的色。

- 在绿色中黄的成分较多时,其性格就趋于活泼、友善,具有幼稚性。
- 在绿色中加入少量的黑,其性格就趋于庄重、老练、成熟。
- 在绿色中加入少量的白,其性格就趋于洁净、清爽、鲜嫩。

(5)紫色的明度在有彩色的色料中是最低的。紫色的低明度给人一种沉闷、神秘的感觉。

- 在紫色中红的成分较多时,其知觉具有压抑感、威胁感。
- 在紫色中加入少量的黑,其感觉就趋于沉闷、伤感、恐怖。
- 在紫色中加入白,可使紫色沉闷的性格消失,变得优雅、娇气,并充满女性的魅力。

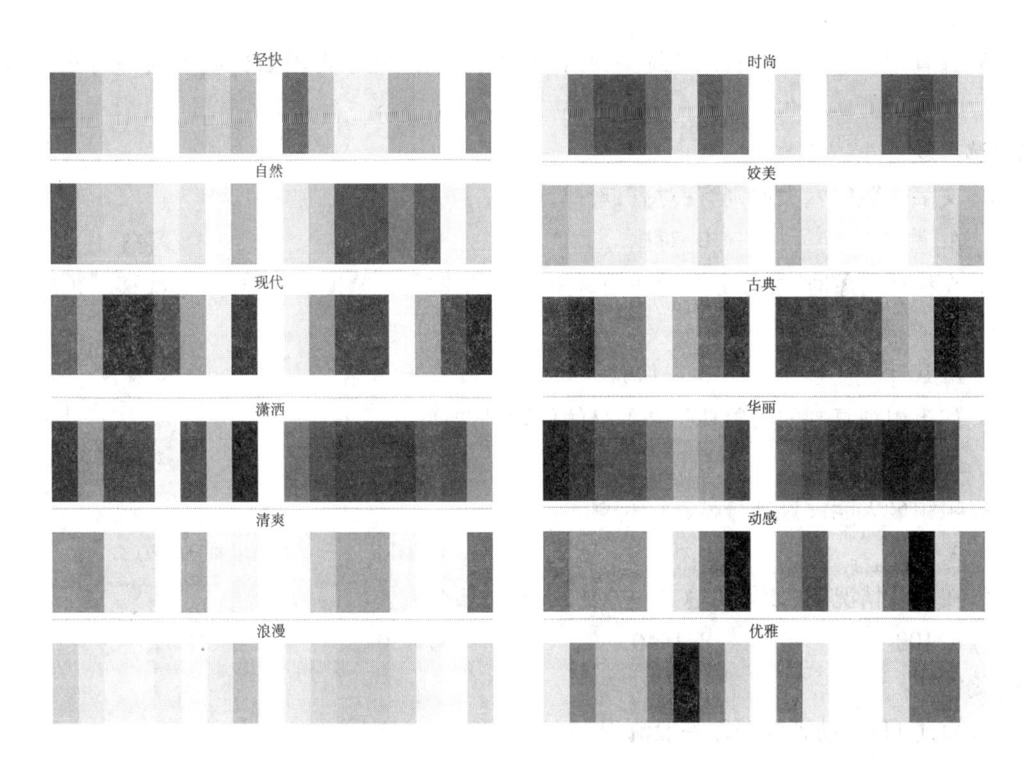

图 8－1－15 常见配色方案

任务拓展

拓展练习:利用三阳集团片头动画。

要点分析:制作动画出现的速度与动感音效匹配,音效可在源文件库中拿用。

单元小结

通过两个综合任务的制作,你应该更熟练地掌握和运用基本补间动画和高级动画,也进一步了解了图形、影片剪辑与按钮元件的实际运用,我们制作网页动画,不仅要求实现技术,同样美工设计也是网页动画制作的基本功,本章中只引入部分设计基础原理,有兴趣的同学可参考相关书籍继续学习。

综合测试

一、填空题

1. 版面离不开内容,更要体现__________,用以增强读者的注目力与理解力。
2. 主题明确后,__________和__________等则成为版面设计艺术的核心,也是一个艰辛的创作过程。
3. 版面的装饰因素是由文字、图形、色彩等通过__________、__________、__________的组合与排列构成的。
4. 独创性原则实质上是__________的原则。

5. 只有把__________合理地统一，强化整体布局，才能取得版面构成中独特的社会和艺术价值。

二、选择题

1. 文字排版的六大原则有：对齐，聚拢，(　　)。

A. 重复　　B. 对比　　C. 强调　　D. 留白

2. 在移动对象时，在按方向键的同时按住 Shift 键可大幅度移动对象，每次移动距离为(　　)。

A. 10 像素　　B. 4 像素　　C. 6 像素　　D. 8 像素

3. 如果想把复制的对象粘贴到本身的位置可选择(　　)。

A. 粘贴　　B. 选择性粘贴　　C. 粘贴到当前位置　　D. 多重粘贴

4. 帧频最大能设置到每秒(　　)帧。

A. 12　　B. 50　　C. 100　　D. 120

5. 在默认情况下，如果要输出一分钟的动画，那么需要(　　)帧。

A. 100　　B. 1440　　C. 720　　D. 72

三、简答题

1. 简述 Flash 动画的制作一般流程。

2. 简述如何构思个人简介的版面。